AF391128

UNE AGRONOMIE À L'ŒUVRE

PRATIQUES PAYSANNES DANS LES CAMPAGNES DU SUD

PIERRE MILLEVILLE

Préface de Chantal BLANC-PAMARD

COLLECTION « PARCOURS ET PAROLES »

Collection dirigée par Chantal BLANC-PAMARD

SAUTTER, Gilles, *Parcours d'un géographe. Des paysages aux ethnies, de la brousse à la ville, de l'Afrique au monde*, 2 volumes, décembre 1993, 397 + 322 p.

PÉLISSIER, Paul, *Campagnes africaines en devenir*, février 1995, 320 p.

COUTY, Philippe, *Les apparences intelligibles. Une expérience africaine*, mars 1996, 306 p.

DEFFONTAINES, Jean-Pierre, *Les sentiers d'un géoagronome*, octobre 1998, 360 p.

JOLLIVET, Marcel, *Pour une science sociale à travers champs paysannerie, ruralité, capitalisme (France XXe siècle)*, février 2001, 420 p

BERTRAND, Claude et Georges, *Une géographie traversière. L'environnement à travers territoires et temporalités,* novembre 2002, 330 p. + une carte hors-texte.

HUBERT, Bernard, *Pour une écologie de l'action. Savoir agir, apprendre, connaître,* avril 2004, 440 p.

FRÉMONT, Armand, *Géographie et action. L'aménagement du territoire,* janvier 2005, 218 p.

PINCHEMEL, Geneviève et Philippe, *Géographes. Une intelligence de la terre,* novembre 2005, 300 p.

ISBN 978-2-909109-34-3

ISBN 978-2-7592-0026-9

Éditions Arguments
11bis, rue Tiphaine
75015 Paris

Éditions Quæ
c/o Inra, RD 10
78026 Versailles cedex

à la mémoire de Sébastien
à Christine et à Eric
à mes parents

SOMMAIRE

I
LE CHAMP DU PAYSAN

II
CHANGEMENT TECHNIQUE ET DYNAMIQUES AGRAIRES

III
ACTIVITÉ AGRICOLE, MILIEUX ET ENVIRONNEMENT

PRÉFACE

Aucun objet scientifique, ni la ville et l'urbanisation, ni les questions agricoles, ni les mouvements de population ne sont plus le domaine réservé d'une ou deux spécialités. Ces « objets » eux-mêmes ne font désormais figure que de segments dans la continuité du réel. Le continuum est spatio-temporel, il relie le passé au présent, la nature à la société, la campagne au monde urbain.

Gilles SAUTTER, 1988

Les éditions Arguments ont été fondées en 1992 par Francisca Di Si qui a su créer avec Chimène Caputi-Joubert une unité et une identité autour de sa maison, de la rue Gozlin à la rue Tiphaine. La collection « Parcours et Paroles » que m'a confiée Francisca Di Si offre aujourd'hui au public, dans le domaine des sciences de la nature, des sciences techniques et des sciences sociales, un panorama de la recherche en train de se faire au plus près des chercheurs et des institutions. Chaque ouvrage rassemble des textes jusque-là dispersés dans des revues et des ouvrages collectifs qui s'inscrivent dans un parcours professionnel et dans une pratique de recherche traduisant la continuité et la cohérence d'un questionnement. Il revient à chaque auteur de relier ses textes les uns aux autres pour construire un véritable ouvrage. Cette collection me permet d'exercer sereinement ma mission : publier des livres nécessaires, des livres que j'ai envie de lire mais qui n'existent pas encore, entretenir une relation intellectuelle précieuse avec les auteurs, faite d'estime et d'intérêts partagés.

Avec « Une agronomie à l'œuvre », Pierre Milleville trouve pleinement sa place dans la collection, contribuant ainsi à la construction d'un édifice qui va désormais compter dix ouvrages. C'est un agronome qui s'est tourné très tôt vers une pratique pluridisciplinaire et, comme les autres auteurs, il est amené à dépasser sa spécialité avec les risques et les résultats que cela comporte. Il rend compte des pratiques réelles de l'interdisciplinarité. La durée du travail au cours de longs séjours sur le terrain témoigne bien qu'une telle interdisciplinarité n'est pas un objectif en soi et n'est pas inscrite dans l'ordre des choses, elle requiert une préparation et un accompagnement. Dès les années 1960, l'IRD ex-ORSTOM permettait cela et c'est une marque de qualité et d'ouverture pour une institution scientifique que d'avoir su encourager de telles pratiques de recherche. Pierre Milleville a manifesté tout au long de sa carrière une volonté de collaborer avec d'autres disciplines. Il montre dans son ouvrage les questions pour lesquelles la collaboration est viable et identifie les formes qu'elle revêt, et reconnaît du même coup que la recherche par discipline demeure plus que jamais nécessaire. Pierre Milleville nous informe de ses manières de faire, mais il a également enseigné et formé de jeunes chercheurs. Le dernier texte du volume, en forme de conclusion, porte sur l'alliance entre disciplines sur une question d'environnement, ce qui exige des disciplines bien identifiées et écarte une transdisciplinarité quelque peu utopique.

Pierre Milleville s'est donné les moyens de cette interdisciplinarité de diverses façons. Il a créé en 1983 l'Unité de Recherches « Dynamique des Systèmes de Production » du département MAA (Milieux et Activité Agricole) qui comprend une trentaine de chercheurs agronomes, géographes, économistes et sociologues. L'objectif était de faciliter une réelle coopération entre chercheurs relevant de disciplines différentes, et notamment entre agronomes et chercheurs de sciences sociales, en vue d'une approche plus intégrée des faits agraires et des problèmes liés au développement agricole. Il a également publié avec un agroclimatologue en 1989, sur un thème de recherche commun à plusieurs disciplines, un volume de la collection « À Travers Champs » intitulé « Le risque en agriculture ». Son itinéraire est fait de travaux individuels, mais aussi de recherches collectives d'accompagnement ou d'appui, et de constructions de programmes en partenariat avec les pays du Sud.

Pierre Milleville a commencé ses recherches en 1970 au Sénégal en conduisant des enquêtes agronomiques (mesures, pesées mais aussi observations et conversations…) sur les systèmes de culture de l'arachide. Ces enquêtes approfondies ont été menées sur d'autres systèmes de culture (mil, coton et maïs) afin d'identifier les principales contraintes s'exerçant sur l'élaboration du rendement de la production, et de comprendre la logique des décisions techniques prises par les agriculteurs sur leurs parcelles. De telles recherches s'inscrivent dans la durée, donc nécessairement sur une surface d'extension limitée, ce que montre magistralement la première partie intitulée « Le champ du paysan ». Pierre Milleville se remet en perspective dans une dynamique de l'agronomie qui ne se satisfait pas des modèles techniques élaborés par la recherche expérimentale. Il s'insurge contre une conception « prescriptive » de sa discipline et se réjouit de voir les agronomes « s'intéresser de plus en plus aux processus de décision des agriculteurs et à la gestion de leur production » (1998). Il convient qu'il s'agit d'une voie plus difficile mais bien plus réaliste d'évaluation des perspectives de changement technique en agriculture. Il va s'y employer et tout son ouvrage est marqué par cet objectif.

À ce moment, la question se pose des modèles de développement et des dynamiques agraires régionales. À partir d'études conduites sur des espaces minutieusement caractérisés et délimités, élargis désormais par la prise en compte des relations entre villes et campagnes et dans un cadre qui est de plus en plus celui de la mondialisation, il est toujours fait référence à des groupes sociaux concrets, dont l'identité s'affirme sans exclure de profondes transformations. Un va-et-vient réfléchi s'organise entre observation empirique et construction théorique. Pierre Milleville sait garder le contact avec le grain des choses alors même qu'il tente de procéder à la reconstitution simplifiée d'une évolution forcément multiforme. En témoigne son souci d'élucider ce qui se passe réellement pendant une période précise et dans des conditions climatiques difficiles lorsqu'une augmentation de la population coïncide avec la fin des espaces à défricher, rendant ainsi inévitable l'avènement d'une intensification toujours associée à d'imprévisibles innovations. Tout cela est illustré dans la deuxième partie.

Cet agronome s'intéresse aussi aux questions d'élevage, toujours à partir d'études localisées : les systèmes d'élevage et les relations agriculture-élevage en zone sahélienne. Dans le sud-ouest de Madagascar, il s'agit d'une recherche en termes d'écologie pastorale pour apprécier les dynamiques reliant troupeaux et ressources pastorales, avec un apport notoire qui est de montrer l'intérêt de la diversité des ressources et de l'hétérogénéité des pâturages que visent à créer et à entretenir les pratiques des éleveurs.

Les pratiques constituent bien l'armature de l'ouvrage, fondée dès les premières recherches sur la compréhension du fonctionnement des agricultures, en prenant en compte les comportements et les logiques des acteurs pour déboucher sur l'élaboration de la production plus que sur l'évaluation du rendement. La confrontation entre savoirs scientifiques et savoirs paysans est également un aspect important de la réflexion, les savoirs ne pouvant être dissociés des pratiques. La question des savoirs paysans est toujours bien actuelle. Elle a été appropriée en tant qu'objet par les agronomes. « Les interrogations liées à la manière dont s'opère le changement technique, et plus précisément au transfert des techniques nouvelles élaborées par la recherche expérimentale constituent sans aucun doute une raison majeure de cet intérêt » (1987). Ce questionnement de la recherche agronomique face aux difficultés du changement technique a stimulé Pierre Milleville dans sa recherche des voies et modalités du changement des agronomies tropicales. C'est l'étude de la viabilité de ces agricultures, reposant plus sur des principes d'adaptation aux conditions du milieu que sur leur artificialisation, qui inspire sa réflexion. « La recherche sur le changement ne peut qu'inviter aussi à un changement de la recherche » (1994).

Les pratiques d'exploitation du milieu traduisent pour partie la connaissance qu'ont les paysans des ressources et des contraintes de leur environnement. Ces pratiques et savoirs ne sont pas figés mais en constante évolution, ainsi certains se perdent-ils ou deviennent-ils sans objet alors que d'autres apparaissent ou se transforment en raison des variations du contexte. Les acteurs ruraux ont des perceptions particulières des transformations de leur environnement, et les difficultés à redresser des dynamiques régressives résultent plus de contraintes qui limitent leurs marges de manoeuvre que d'une absence de diagnostic sur ces situations. Les relations dialectiques entre les activités agricoles et pastorales et l'environnement en tant que facteur, l'aridité, ou conséquence, la déforestation, font l'objet de la troisième partie.

La richesse de ce livre, tout en dessinant une étape importante de la recherche agronomique, ouvre des perspectives extrêmement fécondes à la recherche mais aussi à l'action. C'est véritablement l'œuvre d'une pensée technicienne qui, pour reprendre le mot d'Alain, essaie avec les mains tout en recourant à la réflexion.

Chaque livre de « Parcours et Paroles » est un lieu de rencontre et sa lecture favorise une fréquentation qui aide à connaître et met en affinité. « Parcours et Paroles » n'est pas une bibliothèque réservée à des spécialistes. Cette collection n'enferme pas, elle ouvre des portes que le partage des disciplines et le cloisonnement des institutions n'incitaient guère à pousser. L'ensemble des ouvrages constitue les archives de ce qui aurait pu s'effacer, mais acquiert aussi une importance très actuelle dans une recherche permanente qui renouvelle la réflexion sur la diversité et la pluridisciplinarité.

Jean-Pierre Deffontaines vient de nous quitter en ce mois d'octobre 2006. Il reste un compagnon de recherche et je voudrais lui rendre hommage. Il n'en avait pas fini avec l'écriture, avec les paysages, avec les découvertes sur les sentiers où il nous guidait. Il a ouvert des pistes toujours à la pointe de la recherche qui s'annonce, se rêve encore. En 1998, il nous a offert « Les sentiers d'un géoagronome » paru dans cette collection. Qu'il en soit remercié.

Chantal BLANC-PAMARD
Directeur de recherche CNRS

INTRODUCTION

Les pays ne sont pas cultivés en raison de
leur fertilité, mais en raison de leur liberté.
MONTESQUIEU

L'image du travail d'un chercheur se résume trop souvent en une liste sèche de publications soumises, tant qu'il reste en activité, à l'appréciation critique de ses instances d'évaluation. Par la suite, elles sont, sauf cas d'exception, menacées d'empoussièrement pour s'acheminer, soit vers un oubli poli, soit vers des rappels bibliographiques plus ou moins sporadiques, laissant à l'auteur le sentiment d'avoir modestement contribué à une entreprise collective de longue haleine. Au terme de sa carrière, le chercheur ne peut que ressentir une certaine frustration. Il aurait souhaité en dire plus, reformuler certaines propositions, sortir de ses cartons les données inexploitées et les ébauches délaissées, et peut-être surtout rassembler des textes qui lui tiennent à cœur comme témoins du jalonnement et de la cohérence de son itinéraire. Les Éditions Arguments, par leur proposition de publier cet ouvrage, m'ont accordé ce rare privilège. J'en remercie chaleureusement leur directrice, Francisca Di Si, et Chantal Blanc-Pamard, qui y dirige la collection « Parcours et paroles ».

Mon activité de chercheur se réclame d'une discipline, l'agronomie, et s'est intégralement exercée au sein d'une institution, l'ORSTOM, rebaptisée IRD il y a quelques années. Cette double appartenance a profondément conditionné mon parcours scientifique, mes terrains de recherche et les modalités de mon travail.

Comme pour beaucoup de mes collègues, l'ORSTOM représenta pour l'étudiant que j'étais, à la fin des années soixante, une opportunité privilégiée pour concilier deux souhaits : découvrir des pays lointains et des cultures différentes d'une part, pratiquer une recherche sur le terrain, si possible en équipe et au contact d'autres disciplines d'autre part. Je dois beaucoup à la rencontre de Frédéric Fournier, qui m'a fait connaître cette institution et vanté avec persuasion les mérites et l'avenir radieux de la section d'agronomie qui venait d'y être créée. Il faut préciser qu'à cette époque l'intégration à l'ORSTOM était précoce, et que deux années de formation complémentaires, la première en France, la seconde à l'étranger, parachevaient le cursus de l'« élève » nouvellement recruté, afin de le spécialiser dans un champ disciplinaire spécifique et le mettre à l'épreuve à l'occasion d'une première expérience concrète de recherche. Mon rattachement à l'agronomie a donc procédé d'un concours de circonstances plus que d'un choix préalable délibéré.

La dynamique impulsée à l'INA et à l'INRA par Stéphane Hénin puis Michel Sebillotte, à partir des années soixante, renouvela en profondeur l'agronomie, en lui donnant le statut d'une discipline scientifique à part entière, à travers une entreprise de construction théorique rigoureuse, d'élaboration d'outils d'analyse et de clarification du rôle de la discipline dans ses interfaces avec l'agriculture. L'agronomie traduit ainsi une rupture nette avec une phytotechnie à caractère prescriptif, plus art des procédés techniques que discipline scientifique. La théorisation des relations sol-plante-climat, sous l'effet des techniques, constitue le cœur des préoccupations de l'agronome, et le champ cultivé son lieu d'exercice privilégié. Les concepts de *diagnostic agronomique*, d'*état du milieu* et d'*élaboration du rendement*, d'*itinéraire technique* et de *système de culture*, ont été forgés pour analyser ces interrelations. L'agriculteur, à travers la mise en œuvre des techniques et la prise de décision, prend une place de plus en plus explicite dans la problématique de l'agronome, et le fonctionnement de l'exploitation agricole devient un sujet d'étude essentiel. L'article « Agronomie et agriculture. Essai d'analyse des tâches de l'agronome », publié par Michel Sebillotte en 1974[1], représente une référence clé pour les agronomes, par sa clarification des relations entre science et pratique, tant en termes d'approfondissement des connaissances que de contribution de l'agronomie à la résolution des problèmes et aux nouveaux enjeux de l'agriculture.

Parallèlement à cette dynamique, et à la même époque, une autre démarche d'agronomie se développait à l'INRA, elle aussi suscitée par Stéphane Hénin, fondée sur l'analyse de situations agricoles, qui accordait un intérêt primordial à l'activité des agriculteurs dans leur cadre de vie. Les travaux initiés par Jean-Pierre Deffontaines sur les *potentialités agricoles régionales*[2] et la conception d'*enquêtes agronomiques*, montrèrent d'emblée que la pratique agricole constitue un objet de recherche particulièrement fécond pour les agronomes. L'approche combinée de l'activité des agriculteurs, des situations culturales qui en résultent, du fonctionnement des exploitations agricoles et de l'organisation des paysages agraires, jetait les bases d'une véritable agronomie des pratiques et de ses interfaces avec d'autres disciplines, tout particulièrement la géographie et l'économie. Je dois beaucoup à Jean-Pierre Deffontaines, qui vient de nous quitter. Sa disponibilité et ses conseils ont accompagné mes premiers pas de chercheur.

C'est muni d'une partie de ce bagage fraîchement acquis et avec cette double sensibilité d'agronome que j'abordais à 24 ans mon premier terrain au Sénégal, avec pour mission de mettre à l'épreuve de situations agricoles tropicales des méthodes de recherche élaborées dans le contexte de l'agriculture française. J'emportais aussi alors dans ma besace quelques lectures précieuses, dont des écrits d'André Leroi-Gourhan[3], l'ouvrage d'Henri Raulin[4] et celui de Paul Pélissier[5] « Les paysans du Sénégal » récemment paru, qui constituait sans aucun doute le meilleur viatique pour découvrir les campagnes de ce pays.

Le travail d'un chercheur de l'ORSTOM n'a jamais obéi à un modèle stéréotypé. Il pouvait être solitaire ou d'équipe, très libre de ses orientations ou contraint par les termes de contrats passés avec des bailleurs de fonds, reposer sur un ancrage prolongé

---

[1] SEBILLOTTE M., 1974 – Agronomie et agriculture. Essai d'analyse des tâches de l'agronome. *Cah. ORSTOM, sér. Biol.*, n° 24, 3-25.

[2] HÉNIN S., DEFFONTAINES J.-P., 1970 – Principe et utilité de l'étude des potentialités agricoles régionales. *C.R. Acad. Agr. Fr.*, 463-472.

[3] LEROI-GOURHAN A., 1943 – *L'Homme et la matière*, Paris, Albin-Michel ; LEROI-GOURHAN A., 1945 – *Milieu et techniques*, Paris, Albin-Michel.

[4] RAULIN H., 1967 – *La dynamique des techniques agraires en Afrique tropicale du nord.* CNRS, Paris, Études et Docts, Inst. d'Ethnologie, 181 p.

[5] Pélissier P., 1966 – *Les paysans du Sénégal. Les civilisations agraires du Cayor à la Casamance.* Imprimerie Fabrègue, Saint-Yrieix, 939 p.

dans un pays ou sur une grande mobilité géographique. À partir des années quatre-vingt, les réorganisations de l'institut ont stimulé la mise en œuvre de la pluridisciplinarité[6], et renforcé le partenariat avec d'autres institutions, en particulier celles des pays hôtes. Comme beaucoup de mes collègues, mon parcours de chercheur résulte d'une succession d'expériences variées, en termes de terrains fréquentés, de thèmes abordés, de collaborations nouées, de pratiques de travail adoptées. Cette diversité, qui n'est pas sans risque, peut représenter un atout, dès lors qu'elle est maîtrisée et exploitée, et qu'elle n'entrave pas la recherche dans sa progression.

La possibilité qui m'a été donnée de travailler d'emblée au contact direct des agriculteurs s'accordait pleinement avec mon attrait déjà ancien pour les recherches des ethnologues et des géographes. Il m'est vite apparu qu'un apport spécifique de l'agronomie pouvait résider dans une analyse fonctionnelle des faits techniques, articulée à la fois aux processus de production et au comportement des acteurs. Il s'agissait de ce fait de conduire des recherches à l'interface entre l'agronomie et des courants de sciences sociales représentés notamment par la technologie culturelle, l'anthropologie économique et la géographie agraire. Avec le souci de conserver une spécificité d'agronome, puisque j'étais formé et recruté à ce titre, compatible avec des emprunts et des alliances dans d'autres champs disciplinaires. L'organisation de l'ORSTOM, et plus particulièrement la présence d'une forte équipe de chercheurs ruralistes en sciences sociales, constitua un cadre idéal pour m'engager avec quelque sécurité dans cette voie.

Ces collaborations, initiées au Sénégal, se sont poursuivies et diversifiées par la suite. Si j'ai toujours entretenu plus particulièrement des relations de travail suivies avec des géographes ruralistes, c'est en partie sans doute parce que nos deux disciplines possèdent un caractère généraliste dans l'approche des faits agraires qui les rend naturellement proches, à tout le moins aptes à échanger. Un peu curieusement, je n'ai réellement collaboré avec des disciplines plus directement apparentées à l'agronomie qu'occasionnellement (avec la pédologie) ou sur le tard (avec l'écologie).

Justifiée par le souci de comprendre des réalités complexes de façon plus approfondie et équilibrée que ne le permettent des approches sectorielles, la pluridisciplinarité consiste principalement à étendre le champ de prospection des relations de dépendance et de causalité entre les faits. Des variables « explicatives » pour une discipline deviennent « à expliquer » pour une autre. Ces statuts différents attribués aux faits par plusieurs disciplines conduisent nécessairement les chercheurs à mener leurs investigations à des échelles et à des rythmes qui leur sont propres. Les démarches pluridisciplinaires, pour volontaristes qu'elles soient, ne peuvent résulter que d'une construction progressive. Sans doute relèvent-elles de ce fait davantage de la pratique, voire du bricolage, que de la mise en œuvre d'une théorie. D'autant que la fibre personnelle du chercheur joue un rôle évident, non seulement dans son penchant à explorer les marges et les interfaces de sa discipline, mais aussi dans son aptitude au travail d'équipe, qui représente un aspect non négligeable de l'exercice de la pluridisciplinarité.

---

[6] La création de départements et d'unités de recherche à vocation interdisciplinaire a résulté d'un choix délibéré de politique scientifique lors de la réforme de l'ORSTOM en 1983. On a assisté depuis à des replis sur des exercices de recherche plus conventionnels. Il reste que les critères d'évaluation des chercheurs ne sont jamais réellement parvenus à accompagner la pratique pluridisciplinaire, qui constitue de fait un risque non négligeable pour les chercheurs qui s'y livrent.

Une des richesses de l'ORSTOM IRD réside par ailleurs dans le brassage quasi incessant de ses scientifiques et de collègues d'autres institutions, aux expériences et personnalités si diverses. Par delà les collaborations nouées dans la durée, des rencontres improbables s'opéraient sur le terrain, qui représentaient des occasions inespérées pour s'ouvrir à d'autres préoccupations, à d'autres regards sur le réel. Je garde ainsi des souvenirs précieux de moments passés sur les Terres neuves du Sénégal avec Bernard Hubert, à la haute époque de ses piégeages nocturnes de rongeurs, comme des enregistrements des chants de gobe-mouches par son collègue ornithologue du MNHN Christian Érard. Le programme « mare d'Oursi » a constitué pour sa part, entre autres richesses, un magnifique terrain de rencontres, par les multiples possibilités qu'il offrait de visites brèves ou de travaux de recherche complémentaires. Assister, en pleine saison sèche, aux opérations de simulation de pluies conduites par une équipe affairée de pédologues et d'hydrologues sous l'œil mi-interloqué mi-blasé d'éleveurs peul et de paysans bella venus en voisins profiter du spectacle ne peut que demeurer gravé dans la mémoire. De façon plus générale, la recherche, aventure personnelle incontestable, est aussi affaire d'échanges et d'imprévus. Et ce n'est pas le moindre des exercices formateurs que d'avoir à persuader un interlocuteur extérieur de passage de l'intérêt de son propre travail.

La référence à « ses » terrains est constante chez le chercheur ruraliste. Si elle évoque immanquablement une familiarité patiemment tissée, elle n'est pas dénuée d'une forme larvée d'appropriation, qui tend à se réveiller chaque fois que d'autres regards s'y posent. L'expérience des « retours sur terrains anciens » représenta à cet égard, pour les chercheurs impliqués dans les premières études, un exercice délicat et courageux, qui n'allait pas de soi, de mise à l'épreuve de leurs travaux auprès d'autres collègues. Sur un plan plus affectif, le terrain représente pour le chercheur une part de lui-même, à travers les liens noués avec les membres de communautés paysannes, hommes et femmes qui ne peuvent avoir pour seule qualité d'être des informateurs. À la lecture de ses textes, le chercheur voit ainsi resurgir des visages et des rires, se réanimer des discussions autour d'un thé, dans un champ ou au rythme de la marche d'un troupeau, parfois se manifester à nouveau des réticences, ou simplement le silence.

Ma première expérience de recherche, à vocation initiatique, conduite en moyenne Casamance en 1970-1971 sous la supervision libérale de Jean Maymard, fut déterminante. Elle m'immergea en effet dans un monde paysan que je qualifiais improprement de « traditionnel », car des changements significatifs étaient alors en cours. L'agriculture y reposait sur des techniques manuelles, et le choix de me pencher plus particulièrement sur la culture de l'arachide, dominante dans l'assolement, me montra l'extrême hétérogénéité de la gestion technique des parcelles. La recherche s'en trouva déplacée, l'analyse du comportement technique de l'agriculteur prenant le pas sur celle de l'élaboration du rendement de la culture. Il s'agissait plus précisément de procéder à une approche fonctionnelle des faits techniques, en référence à la fois aux perceptions des opérateurs et aux effets de leurs actions sur les processus de production. Ce point de vue, que j'ai essayé de maintenir et d'approfondir par la suite, s'est trouvé en résonance avec d'autres travaux d'agronomes, qui m'ont aidé à préciser ma démarche de recherche. Parmi ceux-ci, comment ne pas citer tout particulièrement les articles de Michel Sebillotte (1978) formalisant la notion d'itinéraire technique[7], celui

---

[7] SEBILLOTTE M., 1978 – Itinéraire technique et évolution de la pensée agronomique. *C.R. Acad. Agri. Fr.*, 64, 906-914.

de Jean-Henri Teissier (1979) sur les pratiques des agriculteurs[8], et l'ouvrage collectif de l'INRA (1987) explicitant l'approche des faits techniques en agronomie[9] ?

J'ai conservé de cette expérience casamançaise, outre l'orientation principale de mes travaux ultérieurs, une certaine attitude quant à la pratique de recherche sur le terrain. L'enquête (en regroupant sous ce terme générique des dispositifs diversifiés de collecte des données, combinant différents types d'entretiens et d'observations), est une méthode d'investigation qui s'impose à l'agronome en milieu rural. J'ai pour ma part toujours considéré avec précaution les démarches qui privilégient la représentativité statistique au détriment de la compréhension de faits singuliers. Plus exactement, j'ai acquis la conviction que l'analyse en profondeur de cas bien choisis, en nombre limité, permettait d'avancer dans la compréhension des phénomènes avec plus de subtilité que des traitements statistiques de nombreuses données issues d'enquêtes standardisées légères sur de grands échantillons. Ces deux postures de recherche restent bien sûr compatibles, et peuvent se combiner avec bonheur. Il n'en demeure pas moins qu'elles traduisent, dans les rapports du chercheur à son terrain, un certain antagonisme. J'ai conscience d'avoir été enclin, sans doute encouragé en cela par les monographies d'anthropologues et de géographes, à me déplacer du particulier au général, en essayant de tirer d'analyses fonctionnelles précises des enseignements à portée générale. La démarche inductive a donc été privilégiée, avec ce qu'elle peut entraîner d'empirisme, d'intuitions et de validations fragiles.

L'approche monographique se révèle particulièrement féconde lorsqu'on l'associe à des études diachroniques. On sait que la reconstitution du passé demeure délicate, lorsqu'elle ne s'appuie que sur les dires d'acteurs. S'ils présentent l'intérêt indéniable d'éclairer les perceptions paysannes, ceux-ci conduisent souvent à des images normatives et stéréotypées du passé. Les travaux monographiques anciens constituent de ce fait de véritables trésors, source de nouvelles investigations. Leur réactualisation, en recourant à des protocoles allégés et en mobilisant des compétences variées, permet en un laps de temps assez court d'apprécier les changements intervenus dans différents secteurs : démographie, socio-économie, pratiques agricoles, organisation de l'espace rural... À cet égard, l'expérience du programme « terrains anciens, approche renouvelée », engagé dans les années quatre-vingt, s'est révélée riche d'enseignements, et a constitué un chantier d'échanges interdisciplinaires particulièrement fécond. La critique souvent faite aux monographies de s'attacher à des situations singulières peu représentatives perd à l'évidence beaucoup de son poids lorsqu'il s'agit d'analyser des dynamiques temporelles.

C'est en collaboration avec Jean-Paul Dubois (géographe) et Pierre Trincaz (sociologue) que je m'engageai en 1972 dans le suivi du projet Terres neuves au Sénégal oriental. Nous étions chargés, pour le compte d'une société publique de développement (STN), de réaliser la recherche d'accompagnement de cette « opération pilote » qui consistait à tester un mode de mise en valeur des terres vacantes du Sénégal oriental, en faisant appel à des migrants serer du centre surpeuplé du bassin arachidier. Cette expérience, particulièrement démonstrative des vicissitudes d'un modèle de développement imposé de l'extérieur et de son détournement par des paysans attachés plus que tout à la valorisation de leur travail, constitua pour moi, grâce au travail conjoint réalisé avec Jean-Paul Dubois, une ouverture passionnante sur la géographie

---

[8] TEISSIER J.-H., 1979 – Relations entre techniques et pratiques. INRAP, 38, 19 p.

[9] GRAS R., BENOIT M., DEFFONTAINES J.-P., DURU M., LAFARGE M., LANGLET A., OSTY P.-L., 1989 – *Le fait technique en Agronomie. Activité agricole, concepts et méthodes d'étude.* Paris, INRA et Éd. L'Harmattan, 184 p.

agraire et l'anthropologie économique. Le débat intensif/extensif, engagé par des économistes et des géographes, tels Philippe Couty et Paul Pélissier, s'y posait de façon exemplaire. Les différences statutaires au sein des groupes domestiques montraient par ailleurs que la conception européocentrée de l'exploitation agricole, sur laquelle s'étaient explicitement appuyés les concepteurs du projet, s'accordait mal avec les réalités sociales africaines. L'organisation du travail au sein de l'unité de production s'imposait comme un thème majeur pour comprendre la logique des choix techniques et des niveaux de productivité. C'est autour de telles questions que le colloque « Maîtrise de l'espace agraire et développement en Afrique au Sud du Sahara. Logique paysanne et rationalité technique »[10], organisé par les géographes tropicalistes à Ouagadougou en 1978, donna lieu à des confrontations animées et éclairantes entre agronomes et chercheurs en sciences sociales. L'agronomie tropicale se trouvait alors en pleine mutation, le doute grignotait les certitudes, la science s'évadait des stations expérimentales pour s'aventurer dans le « milieu réel »[11], les démarches de recherche-développement se multipliaient. Le temps était venu du dialogue entre les analystes des sociétés paysannes et ceux qui se donnaient pour mission d'en transformer les pratiques au nom du développement.

Une quinzaine d'années plus tard, l'occasion nous était donnée de reprendre des observations dans les mêmes villages des Terres neuves, grâce au programme pluridisciplinaire coordonné par notre ami André Lericollais sur l'évolution des systèmes de production serer. Il était ainsi possible d'évaluer les changements intervenus depuis l'installation des migrants, devenus libres de leurs choix après le désengagement de la société de développement, de vérifier ou d'infirmer le bien fondé d'hypothèses d'évolution esquissées à l'issue de la première phase. Dans le Sine comme sur les Terres neuves s'exprimaient des stratégies paysannes et des comportements économiques reposant sur des réseaux de solidarité débordant largement de la sphère locale et des activités agricoles.

Le programme mare d'Oursi, au nord du Burkina Faso, auquel je participai de 1977 à 1982, au sein d'une vaste équipe de recherche pluridisciplinaire, me propulsa dans un milieu où l'aridité s'imposait comme une contrainte majeure aux activités agropastorales. Au Sahel, l'adaptation au milieu est décisive, son artificialisation dérisoire. La viabilité des systèmes de production repose sur la connaissance intime du milieu, sur l'aptitude à tirer parti de ses ressources, à se prémunir de ses insuffisances et à anticiper l'événement. Les marges de liberté des paysans et des éleveurs apparaissent singulièrement réduites, d'autant que l'accroissement continu de la pression sur le milieu fragilise des pratiques anciennes ou les rendent inopérantes. La prise en compte du risque semble guider le moindre des comportements. Si le chercheur s'attache avec passion à expliciter ces phénomènes et comportements adaptatifs, il doit s'avouer beaucoup plus démuni pour concevoir (hors propositions très sectorielles) des

---

[10] Actes du colloque ORSTOM-CNRST, Ouagadougou 1978 – *Maîtrise de l'espace agraire et développement en Afrique au Sud du Sahara. Logique paysanne et rationalité technique.* Paris, Mém. ORSTOM n° 89.

[11] En témoigne par exemple l'expérience des « unités expérimentales » engagée au début des années soixante-dix par l'IRAT au Sénégal. Si la recherche agronomique tropicale s'est longtemps exercée dans le cadre strict des stations d'expérimentation, il convient de souligner le rôle précurseur joué dans le passé par des agronomes et des botanistes, tels Auguste Chevallier, Roland Portères, Raymond Schnell, Pierre de Schlippé, dans la connaissance des agricultures paysannes africaines.

alternatives concrètes aux modes d'exploitation des milieux sahéliens, actuellement en situation de crise patente.

C'est en tandem avec mon ami écologue Michel Grouzis, liés par nos souvenirs communs de la mare d'Oursi, que nous avons engagé en 1996, dans le sud-ouest de Madagascar, une recherche sur une problématique plus spécifiquement environnementale, la déforestation. En collaboration avec nos collègues malgaches du CNRE et de l'Université, et bientôt rejoints par Chantal Blanc-Pamard, qui découvrait là un contexte bien différent de celui des hautes terres qui lui étaient familières, nous avons construit un programme reposant sur l'alliance de l'écologie, de l'agronomie et de la géographie. Ce programme, intitulé GEREM (Gestion des espaces ruraux et environnement à Madagascar), s'attacha à l'analyse de mutations profondes et rapides, dans lesquelles la culture pionnière du maïs sur abattis-brûlis représentait le principal agent de la déforestation. Elle constitua un chantier stimulant d'échanges disciplinaires, en combinant les approches à différentes échelles d'espace et de temps, et en tentant d'opérer une synthèse en termes d'organisation spatiale des phénomènes et de territorialisation des activités. Cette synthèse a donné lieu à un Atlas Cédérom, produit d'un travail collectif coordonné par Florent Lasry, géomaticien de l'équipe, et réalisé par le laboratoire de cartographie de l'IRD à Bondy sous la direction de Pierre Peltre. À l'interface entre l'agraire et l'environnement, le programme GEREM élargissait les perspectives de recherche habituelles, en débouchant sur les questions de durabilité et de gestion intégrée de l'espace rural. Durant plus de cinq ans, la forêt des Mikea et ses vastes défrichements hérissés de baobabs représentèrent notre principal site de travail, avec la frugale gargote du village d'Ampasikibo, baptisée « La Mère Poulard », comme point de ralliement de notre équipe de chercheurs et d'étudiants, et lieu où se géraient les questions de logistique et s'échangeaient à chaud les observations de la journée.

Le programme GEREM conduisit les agronomes à modifier quelque peu leur démarche. Les questions environnementales se posaient en effet à eux, non seulement en termes d'impact des pratiques agricoles sur le milieu cultivé, mais aussi d'effets cumulatifs à l'échelle de territoires, et d'adaptation des acteurs aux transformations qu'ils induisent. La rapidité et l'ampleur des changements en cours incitaient à anticiper sur les évolutions ultérieures, perceptibles à travers des initiatives encore timides et mal maîtrisées. D'une année à l'autre, la localisation et la superficie des terres de culture des exploitations pouvaient être bouleversées. Il convenait donc d'appréhender conjointement les phénomènes d'élaboration de la production et de viabilité dans un contexte mouvant et spatialement ouvert. Les relations nouées avec l'écologie et la géographie ont fortement contribué à spécifier les échelles pertinentes à cet effet.

Cette dernière expérience, poursuivie durant six ans dans ce pays austral où j'avais failli débuter ma carrière, m'incitait à de multiples comparaisons avec mes terrains antérieurs d'Afrique de l'Ouest. J'y retrouvais les mêmes rythmes climatiques mais des dissemblances dans les manifestations de l'aridité, des options techniques similaires pour la conduite des itinéraires techniques mais très différentes pour la gestion des successions culturales, des migrants à l'œuvre dans leur conquête pionnière, des territoires en construction, des tentatives réussies ou avortées de changement technique, la primauté accordée à la productivité du travail, des phénomènes particulièrement accusés de différenciation socio-économique. Ces mises en perspectives croisées ne peuvent qu'aider à mieux saisir la cohérence des comportements, distinguer les régularités des singularités, les variations des ruptures, apprécier les marges de liberté des acteurs. J'ai eu la chance de pouvoir parcourir ces différentes campagnes, réparties sur le gradient d'une même grande zone climatique tropicale et témoins de la diversité des modes d'exploitation du milieu. De nombreuses questions se sont peu à peu éclairées grâce à leur confrontation.

Au long de cet itinéraire, j'aurai eu l'occasion d'éprouver dans des contextes très divers les concepts et méthodes de l'agronomie qui confirment, s'il en était besoin, l'étendue de leur aptitude opératoire. Le terme d'« agronomie tropicale » se justifie à l'évidence beaucoup plus par la spécificité des types d'agriculture et des questions posées quant à leur transformation, que par les cadres, concepts et outils d'analyse qui leur sont appliqués. Mais j'ai aussi acquis la conviction que l'exercice de l'agronomie dans les agricultures tropicales contribue à son enrichissement méthodologique, ainsi qu'à sa re-configuration. Si le cœur des questions de la discipline en est peu affecté, il en va différemment dans le domaine des pratiques paysannes. L'expérience montre que l'agronome se trouve alors engagé dans un élargissement progressif de ses préoccupations, qui le conduit à redéfinir ses objets de recherche aux interfaces de l'agronomie et d'autres disciplines partenaires.

Les textes rassemblés dans cet ouvrage se réfèrent aux différents terrains prospectés. Plus de la moitié d'entre eux résultent d'une pratique de travail en équipe, le plus souvent au contact d'autres disciplines que l'agronomie. À la relecture de mes premiers écrits, je m'avoue embarrassé par la maladresse, voire la naïveté, de certaines formulations, qui traduisent un manque évident de recul et de nuance dans l'interprétation des faits. Il ne s'agit pas de renier pour autant ces galops d'essai, surtout lorsqu'ils jettent les bases des travaux ultérieurs.

Si la rédaction de cet ouvrage m'est personnelle, la réflexion qui l'anime doit beaucoup à ceux qui m'ont ouvert la voie par le passé, ainsi qu'aux nombreux chercheurs et amis avec lesquels j'ai eu la chance de collaborer, à travers des équipes constituées sur le terrain, des entreprises communes d'animation et de valorisation de la recherche, de multiples rencontres. Je remercie tous ceux, enquêteurs, interprètes et étudiants, qui ont rendu possibles et partagé ces travaux. Ma gratitude va tout particulièrement aux paysans et éleveurs, essarteurs et charbonniers, hommes, femmes et enfants des villages du Sénégal, du Burkina Faso et de Madagascar, pour la chaleur de leur accueil, leur inaltérable patience et les savoirs qu'ils m'ont transmis.

PREMIÈRE PARTIE
LE CHAMP DU PAYSAN

PRÉSENTATION

Le champ cultivé constitue à l'évidence le lieu de rencontre privilégié de l'agriculteur et de l'agronome. En fonction de modèles explicités ou non, et dans un univers soumis à l'aléa, le premier tente d'y créer des conditions propres à mener un peuplement végétal jusqu'à son terme recherché, la récolte. Le second peut y observer des situations culturales différenciées, lui permettant de tester des hypothèses sur les interrelations entre paramètres du milieu, techniques culturales et états du peuplement végétal. Il tire alors parti de la diversité de ces situations pour tester l'incidence des conditions de milieu et des itinéraires techniques sur l'élaboration du rendement des cultures. De telles enquêtes agronomiques adoptent donc un point de vue proche de la démarche expérimentale, puisqu'elles cherchent à établir des relations entre des traitements différenciés et leurs effets. Le fait de les réaliser dans les parcelles des agriculteurs n'empêche d'ailleurs pas certaines formes d'intervention complémentaires afin d'accroître la gamme des situations observables.

Mais l'agronome peut aussi considérer l'action technique de l'agriculteur comme objet d'étude en tant que tel, et s'interroger sur sa nature, son déterminisme et sa cohérence. Il apparaît alors qu'un apport spécifique de l'agronome réside dans le parti pris d'associer ces deux catégories de questions. La pratique culturale acquiert dès lors le double statut de variable explicative et de variable à expliquer. Si la parcelle de culture représente le niveau clé de l'observateur, ses investigations doivent aussi s'exercer à des échelles plus réduites, lorsqu'il s'agit d'expliciter les processus biotechniques d'élaboration de la production végétale, ou plus englobantes, dès lors qu'une partie des décisions techniques des acteurs se trouve surdéterminée par des facteurs d'ordre extra-technique.

Cette première partie regroupe des articles relevant de cette perspective. Ils se réfèrent à la conduite de quatre cultures familières des régions tropicales à une saison des pluies (arachide, cotonnier, mil et maïs) et aux « terrains » successivement fréquentés (Casamance, Sénégal oriental, nord du Burkina Faso, Sud-Ouest malgache). Ils permettent de mettre en évidence, d'une part d'indéniables convergences dans les logiques des comportements techniques des agriculteurs de cette grande zone climatique, qui dans une large mesure transcendent les spécificités nationales et sociales, d'autre part des contrastes résultant notamment de l'adaptabilité à des conditions de milieu diverses, à des moyens techniques plus ou moins élaborés, à différents degrés d'artificialisation. La démarche comparative, dans un deuxième temps de la recherche, débouche ainsi sur une tentative de mise en ordre des faits et des interprétations, en partie libérée des pièges des singularités locales.

Le premier thème, qui s'est imposé dès le début de ces travaux, porte sur l'analyse des choix techniques (opérations culturales et itinéraires techniques) en fonction des conditions pédoclimatiques et des facteurs de production disponibles. Le risque climatique constitue, dans ces situations tropicales, un élément déterminant pris en compte par les agriculteurs, tout particulièrement lors de la mise en place de leurs cultures. Mais il est modulé en fonction des conditions d'aridité. Le gradient pluviométrique de la grande zone soudano-sahélienne fait ainsi apparaître des stratégies différenciées quant aux prises de risque assumées, au calage des cycles en fonction de la durée probable de la période humide, à l'opportunité de procéder ou non à une préparation du sol avant semis, en liaison avec le contrôle des adventices. Des types d'itinéraires techniques caractéristiques se distinguent, conséquence de l'expression des contraintes plus ou moins sévères qu'impose le milieu naturel.

Mais la diversité des techniques culturales s'exprime aussi fortement au sein des mêmes terroirs, des mêmes exploitations, des mêmes parcelles. Elle traduit l'influence d'autres types de facteurs, tels que la dotation en moyens de production ou les règles sociales qui président à l'organisation de la production et à la mobilisation de la force de travail. La pratique prend place dans un univers finalisé et dimensionné, et l'agronome doit passer d'une logique d'élaboration du rendement à celle d'élaboration de la production. C'est à travers la mobilisation des facteurs de production, de la terre et du travail en particulier, que s'arbitrent les choix et s'établissent des compromis. La gestion des calendriers culturaux en liaison avec l'organisation du travail s'impose comme un thème majeur pour comprendre les prises de décision techniques des agriculteurs. Les itinéraires techniques observables apparaissent alors, dans leur diversité, résulter au moins autant d'éléments structurels que de modèles de pilotage du milieu cultivé. La productivité du travail devient pour l'agronome un critère d'évaluation aussi important que le rendement. D'autant que dans nombre de situations agraires des pays tropicaux le travail représente le facteur de production le plus rare, justifiant le recours à des pratiques qualifiées d'extensives. Les conclusions de l'agronome rejoignent à cet égard celles de l'économiste, et les complètent en spécifiant le contenu technique des comportements d'acteurs.

Partant de problèmes d'ordre spécifiquement agronomique, le chercheur, confronté à la pratique agricole, est conduit à élargir conjointement ses questions, son cadre d'analyse et ses échelles de travail. Dans cette démarche, les pratiques des agriculteurs occupent le coeur de la problématique de recherche. Elles doivent être tout à la fois analysées dans ce qui les constitue, dans leurs effets et dans ce qui les justifie et les conditionnent. Ce triple point de vue suppose des allers-retours entre niveaux de manifestation des phénomènes biotechniques et ceux, plus englobants, où s'expriment les objectifs et les marges de liberté des acteurs. Le champ cultivé constitue un niveau essentiel, mais non exclusif, d'une telle démarche.

Le dernier texte tente de formaliser succinctement la notion de pratiques et le contenu des recherches qui leur sont consacrées. Destiné à l'origine à une présentation, lors d'une réunion des centres internationaux de recherche agronomique (CGIAR), des travaux effectués par les agronomes français, il devait autant aux réflexions et travaux d'autres collègues, en particulier de l'INRA et de l'INA-PG, qu'à mon expérience de recherche propre.

APPROCHE AGRONOMIQUE DE LA NOTION DE PARCELLE EN MILIEU TRADITIONNEL AFRICAIN : LA PARCELLE D'ARACHIDE EN MOYENNE CASAMANCE

INTRODUCTION

Toute science doit définir ses concepts, puis en tester l'extensivité, ces concepts ayant initialement été définis dans un contexte particulier. Nous nous proposons dans cette note d'analyser, dans une zone du Sénégal, la signification agronomique du concept de « parcelle de culture », en la comparant au sens qu'on lui attribue habituellement dans l'agriculture européenne.

Les diverses observations ont été effectuées en 1970 dans trois villages de moyenne Casamance, au cours d'une enquête visant à étudier globalement un milieu agricole[1].

Située dans le domaine soudanien, cette zone est caractérisée par une pluviométrie relativement élevée (Pm = 1 300 mm environ) répartie de juin à octobre. Les dangers d'érosion hydrique y sont importants pour des pentes supérieures à 1,5% : l'index de pluie de WISCHMEIER y est un des plus élevés du monde.

Les villages étudiés sont implantés en bordure du Soungrougrou, affluent de la Casamance. La population est constituée principalement de Diola et Manding.

Les techniques d'exploitation du sol, comme le système de production, ne diffèrent d'ailleurs pas sensiblement d'un groupe ethnique à l'autre : la division du travail est rigoureuse, les femmes prenant en charge les rizières inondées, les hommes les cultures de plateau et de pente (arachide et céréales vivrières). Il s'agit d'une situation caractéristique de la moyenne Casamance, tout au moins des rebords du plateau limité au sud par la Casamance, au nord et à l'ouest par le Soungrougrou.

Il faut souligner que les observations qui suivent ont été réalisées dans d'autres buts, et qu'il apparaît par conséquent des lacunes importantes. Il a semblé pourtant que le « matériel » recueilli permettait de justifier une certaine réalité de la parcelle de culture. D'autres observations, plus systématisées, seront nécessaires pour approfondir la réflexion et tester diverses hypothèses. Cette note ne se veut donc qu'une première approche d'un état de fait qui nous semble par ailleurs représenter une caractéristique essentielle de l'agriculture techniquement peu développée.

Toutes les observations rapportées concernent la parcelle d'arachide, ceci pour deux raisons essentielles :

[1] J. MAYMARD, août 1970 : Définition de l'enquête de terrain en Casamance pour la campagne 1970-1971. Centre ORSTOM de Dakar.

– C'est la culture qui a été étudiée de la manière la plus approfondie en 1970. Elle a notamment fait l'objet d'une enquête « potentialités » destinée à déterminer le rôle des différents facteurs et conditions sur le rendement[2]. Cette culture occupe, en effet, une place de tout premier plan dans cette région, tant par la surface qui lui est accordée que par l'importance économique qu'elle revêt dans le système de production traditionnel.

Pour les 15 exploitations retenues dans l'enquête, l'arachide occupe 67% de la surface réservée aux cultures de plateau et de pente[3]. Elle constitue traditionnellement la seule culture de rente. Le riz pluvial, nouvellement introduit, occupe une place encore restreinte dans le système de production, et le paysan n'en commercialise qu'une fraction (un tiers environ), réservant le reste à l'autoconsommation familiale. Quant aux céréales vivrières traditionnelles, elles ne font qu'exceptionnellement l'objet de transactions. C'est donc l'arachide qui assure l'essentiel du revenu monétaire de l'agriculteur local.

– Mais surtout, la parcelle d'arachide présente des caractères d'originalité incontestables : elle est cultivée par un seul ou quelques individus (alors que les céréales vivrières le sont collectivement par tous les hommes d'une même exploitation) et elle manifeste au plus haut degré le phénomène d'hétérogénéité des techniques, comme nous allons le voir. Une autre particularité de la parcelle d'arachide est la présence d'une céréale (en général le sorgho) associée à la légumineuse, mais à une densité de semis beaucoup plus faible.

Nous allons dans une première partie définir quelques concepts. Dans une seconde partie, nous décrirons les réalités locales en montrant que la parcelle d'arachide, en milieu traditionnel, est un ensemble hétérogène.

Dans une troisième partie enfin, nous essaierons de donner quelques éléments d'explication de ces hétérogénéités, en considérant notamment la parcelle dans son cadre structurel, l'exploitation agricole.

DÉFINITIONS PRÉLIMINAIRES

En France, le mot parcelle est utilisé dans son sens fiscal (unité cadastrale), et l'on est ainsi amené à distinguer la parcelle cadastrale de la parcelle de culture, ou parcelle d'exploitation. L'ambiguïté du terme nous fait préférer les définitions suivantes :

– *Le champ* est une pièce de terre d'un seul tenant, dépendant de la même exploitation et entourée par des limites matérialisées ou simplement coutumières. Il s'agit donc d'une unité juridique : droit de propriété en France, droit d'usage au Sénégal.

– *La parcelle* est une pièce de terre d'un seul tenant portant, au cours d'un cycle cultural donné, la même culture ou la même association de cultures, et gérée par un seul individu ou par un groupe déterminé d'individus.

Le champ est donc généralement une unité pérenne, la parcelle une unité annuelle. Les définitions précédentes font appel à des critères de natures différentes, et n'impliquent nullement (bien que ce soit le cas le plus fréquent) que la parcelle soit une partie du champ.

---

[2] Nous nous bornerons à citer quelques résultats de cette enquête pour illustrer le thème particulier abordé ici.

[3] Les surfaces moyennes cultivées par actif masculin sont les suivantes : arachide : 0,69 ha ; mil, sorgho, maïs : 0,22 ha ; riz pluvial : 0,10 ha ; fonio : 0,02 ha.

Remarquons enfin que les deux ensembles ainsi définis représentent des unités juridiques, économiques et géographiques (le champ et la parcelle étant des éléments constitutifs d'un paysage). Qu'en est-il pour l'agronome ?

En milieu agricole européen, la parcelle semble dans la plupart des cas être une surface homogène en ce qui concerne l'écologie de la plante cultivée, c'est-à-dire l'ensemble des interactions milieu-techniques-plante :

– Le milieu naturel au sein de la parcelle présente une homogénéité[4] certaine, conséquence d'une longue histoire culturale et de l'emploi de méthodes élaborées pour redresser et maintenir le niveau de fertilité naturelle. Certaines caractéristiques du milieu peuvent varier d'un point à un autre de la parcelle, mais il s'agit alors le plus souvent de paramètres difficilement modifiables, comme la profondeur d'un horizon caillouteux ou la présence de mouillères.

– La parcelle y représente également une unité technique, en ce sens que les mêmes techniques sont en général appliquées en tous les points et à des dates voisines sinon identiques.

– Cette homogénéité des facteurs[5] du rendement aboutit à une faible variabilité spatiale de celui-ci à l'intérieur d'une même parcelle.

En milieu traditionnel africain, par contre, si les notions de champ et de parcelle peuvent donner lieu aux mêmes définitions qu'en zone européenne pour le géographe et l'économiste, ce n'est plus le cas pour l'agronome. La parcelle de culture s'y révèle être en effet souvent un ensemble écologique composite, caractérisé par une hétérogénéité du milieu naturel et des techniques appliquées, et partant du rendement.

Cette hétérogénéité des facteurs du rendement peut être ponctuelle ou zonale, suivant qu'il est ou non possible de réduire la parcelle en sous-ensembles homogènes vis-à-vis de certains facteurs. Lorsque cette partition sera possible, nous appellerons *sous-parcelle* chacun de ces sous-ensembles.

L'exemple ci-dessous (fig. 1) situe les positions respectives de ces trois ensembles: la parcelle recoupe trois champs différents, et quatre sous-parcelles (définies simplement ici comme les surfaces d'un seul tenant ayant reçu le même type de travail du sol) s'y distinguent.

Il va de soi que la sous-parcelle ainsi définie n'est pas une surface parfaitement homogène, et qu'en particulier s'y manifestera l'hétérogénéité ponctuelle citée précédemment. C'est pourquoi une sous-unité supplémentaire, purement opératoire celle-là, doit être introduite : *la station*. De surface réduite, elle permet à la fois de ponctualiser certaines observations, en particulier celle du profil cultural, de neutraliser la variabilité qui s'exerce au niveau de l'individu végétal, et d'établir une correspondance entre un rendement mesuré et un ensemble de facteurs objectivement connus.

La différenciation des sous-parcelles nécessite une observation continue tout au long de la saison de culture. En milieu traditionnel africain, il est en effet illusoire d'espérer, au moment de la récolte, obtenir des informations ponctuellement précises par le biais d'une enquête rétrospective. Le zonage de la parcelle en ses sous-parcelles est un préalable indispensable à la détermination des stations d'observation et de mesure

---

[4] Nous donnerons ici au terme « homogénéité » le sens suivant : permanence dans l'espace de la valeur d'un paramètre ou d'un ensemble de paramètres.

[5] Le terme de « facteur » est ici employé dans un sens large, englobant les facteurs *stricto sensu* (éléments susceptibles de modifier un phénomène et qui rentrent dans la constitution de ses effets) et les conditions (éléments susceptibles de modifier l'influence des facteurs s.s.). (MEYERSON).

du rendement. Les parcelles et sous-parcelles jouent donc en quelque sorte le rôle de strates à l'intérieur desquelles est opéré un choix supplémentaire.

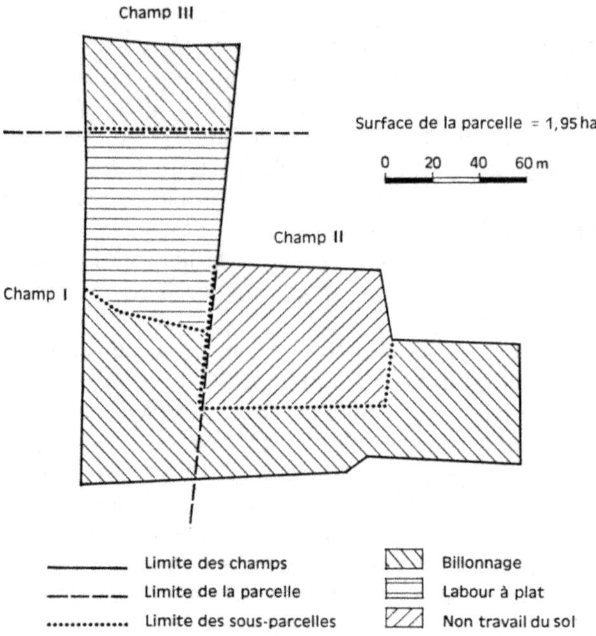

Fig. 1 – Positions respectives des champs, parcelle, sous-parcelles

L'analyse des différences de rendement entre stations appartenant à une même parcelle permet en outre d'affiner le diagnostic. En effet, les facteurs non pris en compte (et il y en a forcément) y sont plus probablement à un même niveau que si les stations avaient été choisies sur des parcelles différentes. L'interprétation ne peut donc qu'y gagner en précision.

Un problème se pose : tous les paramètres ne se prêtent pas à un zonage. Certains présentent une distribution aléatoire, et ne peuvent donc pas intervenir dans la délimitation des sous-parcelles. D'autres sont répartis par gradients (ce peut être le cas de la pente ou de la date de semis), et peuvent faire l'objet d'une mise en classes en nombre réduit. Il importe en effet de ne pas multiplier jusqu'à l'absurde le nombre des sous-parcelles, mais de révéler une gamme de situations suffisamment étendue pour qu'elle puisse faire l'objet d'une mise en correspondance fructueuse du rendement avec chacune des combinaisons de facteurs.

Pratiquement, les sous-parcelles ont été caractérisées à l'aide des facteurs techniques facilement appréhendables, et dont l'effet sur le rendement était prévisible: type de travail du sol, date de semis, nombre de binages.

Remarque :

Il faut souligner que la présence d'une céréale associée à l'arachide pose un problème d'ordre méthodologique :

La station doit être suffisamment réduite pour que sa surface puisse être considérée comme homogène. Il y subsiste une hétérogénéité qui se manifeste au niveau de l'individu végétal : elle est due, d'abord à la variabilité du matériel génétique, ensuite à celle des conditions microécologiques qui régissent la croissance et le développement de chaque plante (profondeurs différentes de semis, présence ou absence d'une zone compacte, parasitisme...). La station doit donc être assez étendue pour que cette variabilité individuelle soit neutralisée.

Pratiquement, la surface choisie (20 à 25 m²) semble suffisante pour que cette condition soit réalisée pour l'arachide, en raison de la densité de semis élevée (60 000 pieds par hectare en moyenne) et de la relative pureté variétale de cette plante sélectionnée.

Mais ce n'est pas le cas pour la céréale associée, la densité de semis étant très faible (3 000 à 6 000 poquets par hectare) et le matériel génétique très hétérogène. Des mesures, effectuée sur des stations de 40 à 50 m², conduisent aux résultats suivants, qui expriment la variabilité entre les poquets de sorgho quelques jours avant la récolte :

Stations		A	B	C	D	E	F	G	Moyenne
Nombre de poquets pour la station		22	21	21	20	19	21	19	
Nombre de pieds par poquet	Moyenne	6,6	6,0	11,0	4,7	3,9	12,2	9,4	
	Extrêmes	3-15	1-12	1-21	1-12	1-8	1-21	1-19	
	Écart-type	2,88	4,26	6,13	3,43	1,84	5,24	4,63	
	C.V. %	43,6	71,0	55,5	72,2	46,6	42,9	49,3	54,4
Hauteur du poquet (cm)*	Moyenne	176,2	228,2	208,4	138,6	243,0	213,5	155,3	
	Extrêmes	77-289	775-348	38-345	68-215	49-304	89-306	80-212	
	Écart-type	61,6	70,8	70,5	38,3	58,5	54,4	39,2	
	C.V. %	35,0	31,0	33,8	27,6	24,1	25,5	25,2	28,9

* Définie comme la hauteur de la plante la plus haute du poquet.

La variabilité inter-poquets est donc considérable, et il en résulte que la station d'observation doit être très grande. Mais la surface ainsi requise est alors le plus souvent incompatible avec l'homogénéité du milieu naturel et des applications techniques qui est, par ailleurs, recherchée.

Il en résulte en outre que l'écologie de ces deux plantes associées ne pourra être appréhendée avec la même précision sur une surface donnée.

HÉTÉROGÉNÉITÉ DE LA PARCELLE DE CULTURE

Hétérogénéité du milieu naturel

L'agriculture traditionnelle n'homogénéise que lentement et de manière très partielle le milieu naturel à l'échelle de la parcelle.

La déforestation cherche simplement à limiter la densité des arbres. Poursuivie très progressivement, elle laisse après un temps plus ou moins long (plusieurs dizaines d'années souvent) un paysage piqueté d'arbres utiles systématiquement préservés pour leur intérêt alimentaire ou technologique. Ces arbres créent localement des conditions écologiques particulières : effet d'ombrage, perturbation du régime hydrique.

Les parcelles mises en culture depuis longtemps présentent de ce point de vue un aspect stabilisé. Par contre, la plupart des parcelles de plateau, défrichées récemment, sont caractérisées par une profusion d'arbres non abattus, de troncs mal brûlés et laissés sur place.

Dans tous les cas les souches ne sont pas, ou mal, extirpées, comme en témoigne l'abondance des repousses arbustives (combrétacées en particulier) qui ressurgissent chaque année. L'effet d'ombrage qui en résulte est loin d'être négligeable pour une plante basse comme l'arachide.

Le brûlis en taches de la végétation, en accumulant localement les sels minéraux, sera pendant plusieurs années un facteur d'hétérogénéité marquant, qui modifiera à la fois la croissance de la plante cultivée, l'abondance et la nature des adventices. L'absence de fertilisation favorise le maintien de cette hétérogénéité du niveau de fertilité. Il est probable que l'accumulation de cendres, dans des sols chimiquement pauvres, permette de lever un ou plusieurs facteurs limitants.

Les termitières et anciennes termitières abondent sur la plupart des parcelles et perturbent localement la topographie, les caractéristiques physiques et chimiques des horizons superficiels, le régime hydrique.

D'autres caractéristiques peuvent également présenter une hétérogénéité marquée, telles la profondeur d'un niveau cuirassé, qui peut être très variable d'un point à un autre de la même parcelle, ou la présence de zones de ruissellement préférentiel.

Il faut d'ailleurs noter que certaines techniques culturales peuvent amplifier une hétérogénéité pré-existante : par exemple, l'agriculteur oriente systéma-tiquement ses billons dans le sens de la plus grande pente et accentue ainsi le ruissellement et l'érosion sur ces zones billonnées.

L'exemple suivant (fig. 2) montre qu'après une quarantaine d'années de mise en culture, l'hétérogénéité du milieu naturel reste considérable.

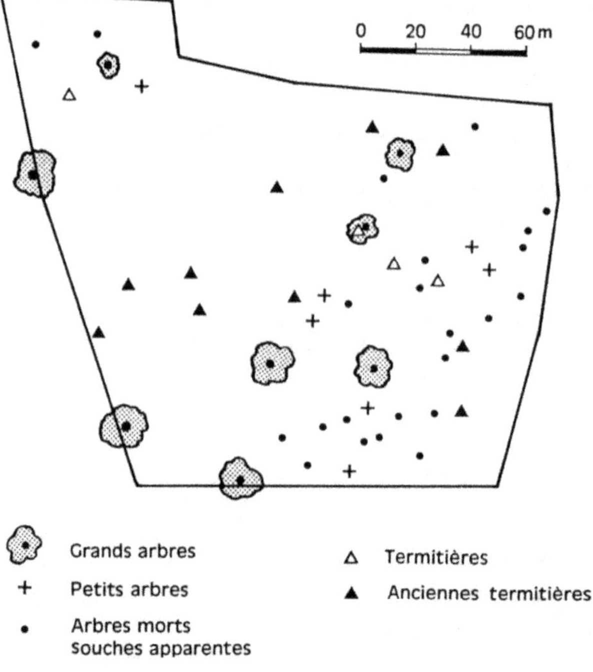

Fig. 2 - Hétérogénéité du milieu naturel après 40 ans de culture
(Parcelle n° 3 – Mayor)

Des observations effectuées sur sorgho (associé à l'arachide) en début de cycle végétatif illustrent l'hétérogénéité de comportement du végétal correspondant à l'hétérogénéité du milieu au sein de cette parcelle n°3 :

La première pluie vraiment importante de la saison, survenue le 21 juin, a été suivie par douze jours de sécheresse. Les plantes semées à cette période ont souffert du manque d'eau, l'horizon de surface s'étant rapidement desséché et l'enracinement étant encore très superficiel. Ces conditions climatiques ont en outre favorisé une attaque de chenilles sur les céréales, ayant pour conséquence la défoliaison parfois totale des jeunes plants.

Ces conditions de climat et de parasitisme ont joué en quelque sorte le rôle d'un révélateur de l'hétérogénéité du milieu sur la parcelle. Il s'y est notamment différencié trois situations-types :

– Des situations défavorables, dans lesquelles la quasi-totalité des poquets de sorgho ont disparu. Ce furent les endroits où les conditions hydriques des horizons de surface étaient les plus néfastes : toutes les buttes en général (même peu accusées), les anciennes termitières en particulier.

– Des situations moyennes, cas le plus fréquent, où le sorgho a végété et où certains poquets ont disparu. La reprise de croissance y fut ensuite très lente.

– Des situations favorables, dues à l'effet d'ombrage notamment : les poquets de sorgho situés sous les arbres ont continué à croître normalement sans être attaqués par les parasites[6]. L'ombrage avait créé un microclimat plus humide (réduction de l'évapo-transpiration) à la fois favorable à l'alimentation hydrique des jeunes plantes et défavorable au parasite.

L'agriculture traditionnelle s'accommode volontiers de cette extrême hétérogénéité du milieu naturel. D'une part, les techniques mises en œuvre sont en général inaptes à la neutraliser : un dessouchage efficace nécessiterait par exemple un travail à grande profondeur pour empêcher toute repousse par rejets. D'autre part, cette hétérogénéité n'entrave que peu la réalisation des techniques traditionnelles : le binage s'effectuant manuellement. le semis en lignes régulières n'est pas indispensable et de lourds travaux de dessouchage, d'arasement des termitières, ne se justifient donc pas.

Il en va tout autrement en agriculture européenne où le passé agricole est souvent très ancien et où la mécanisation a imposé (et permis) l'homogénéisation, au sein de la parcelle, des caractéristiques sur lesquelles on pouvait agir. La fertilisation et des techniques de travail profond du sol ont de plus largement contribué à l'homogénéisation du niveau de fertilité du sol.

Hétérogénéité des techniques appliquées

D'un point à l'autre d'une même parcelle, les techniques peuvent différer par leur nature, leur date d'application, les conditions et la qualité de leur réalisation :

Par leur nature

Sur la parcelle d'arachide voisinent couramment plusieurs techniques différentes de travail du sol : non travail (*kunso*), billonnage à la houe (*donkoton*) réalisé par les

---

[6] Dix-sept jours après le semis, la hauteur des poquets de sorgho était, en moyenne, de 27,7 cm sous l'aplomb du feuillage d'un grand *Parkia biglobosa*, et de 14,2 cm en sol découvert.

hommes, labour à plat effectué par les femmes à l'aide d'une houe-pioche (*barro*), labour à la charrue.

La mesure des surfaces correspondant à chacune de ces techniques, effectuée sur 36 parcelles d'arachide, donne les résultats suivants :

Nombre de techniques différentes de travail du sol sur la parcelle	1	2	3	4	Total
Nombre de parcelles	12	11	12	1	36

Répartition des surfaces correspondant à la « parcelle moyenne » :

Type de travail du sol	Non travail du sol	Billonnage	Labour *barro*	Labour charrue	Total
Surface (ha)	0,352	0,953	0,233	0,319	1,857
% surface totale	19,0	51,2	12,6	17,2	100,0

Chacune de ces techniques crée un profil cultural d'un type particulier et exerce des effets spécifiques sur divers phénomènes : lutte contre les adventices, effet sur le ruissellement et l'érosion, effet sur l'évolution de la structure du sol.

Par exemple, en ce qui concerne la lutte contre les adventices, on peut schématiser comme suit les effets de ces quatre techniques :

– Non travail du sol : l'absence de lutte directe avant le semis oblige l'agriculteur à effectuer un minimum de deux binages (un seul binage est en général réalisé sur labour).

– Le labour au *barro* ameublit le sol sur une faible profondeur (7 cm environ) et surtout ne retourne pas la couche travaillée. Il se révèle donc, du point de vue de la lutte contre les mauvaises herbes, plus néfaste qu'utile, car il contribue efficacement au bouturage des plantes rhizomateuses et stolonifères qui repoussent immédiatement.

– Le billonnage et le labour à la charrue sont, par contre, efficaces, mais pour des raisons différentes :

La charrue limite l'envahissement en mauvaises herbes en les enfouissant profondément. Le billonnage, quant à lui, les enfouit assez superficiellement, mais crée une ségrégation des espèces au moment de la repousse : l'interbillon, zone de stagnation ou d'écoulement préférentiel de l'eau, n'accueille le plus souvent que quelques petites cypéracées, et la plupart des adventices se trouvent localisées sur les rebords du billon d'où il est aisé de les extirper.

Il faut noter en outre que le type de travail du sol influe sur la densité de semis. En particulier, le billonnage ne permet pas, compte tenu de l'écartement des billons, l'obtention d'une densité élevée :

Type du travail du sol	Nombre de pieds d'arachide par ha
Billonnage	55 300
Labour à plat	77 600

La présence de plusieurs techniques de travail du sol crée donc une hétérogénéité au sein de la parcelle, non seulement en ce qui concerne les caractéristiques du profil cultural, mais aussi en induisant une hétérogénéité des autres paramètres.

D'autres caractéristiques techniques peuvent varier d'un point à l'autre de la parcelle et notamment :

– La variété : sur certaines parcelles, une variété d'arachide hâtive (*burkuso*) est semée tardivement et côtoie donc la variété tardive (28-206) semée plus précocement.

– L'histoire culturale : la surface d'une parcelle fluctue dans le temps, car elle diffère beaucoup d'un type de culture à un autre. C'est ainsi que la surface moyenne des parcelles est 1,800 ha pour l'arachide, 0,600 ha pour les mils, sorghos et maïs, et seulement 0,190 ha pour le fonio.

Il s'ensuit qu'une arachide venant après une céréale aura en général deux précédents culturaux : céréale et jachère. Si l'on considère l'histoire culturale sur une longue période, la parcelle se révèlera donc souvent très hétérogène.

Par leur date d'application

L'implantation d'une culture se fait de manière très échelonnée. En effet, lorsqu'il effectue un billonnage (qui est le type de labour le plus courant), l'agriculteur sème en général le soir la surface labourée pendant la journée. Il n'attend donc pas d'avoir préparé le sol sur une grande étendue, à fortiori sur l'ensemble de la parcelle.

C'est ainsi que sur la parcelle n° 5 (voir fig. 7) le semis, commencé le 19 juin, n'a été terminé que le 14 août. Sur la plupart des parcelles d'arachide, le semis est échelonné sur plus d'un mois.

L'exemple de la figure 3, qui concerne la parcelle n° 3, montre que celle-ci peut être divisée en 10 sous-parcelles, homogènes vis-à-vis du type de travail du sol, de la date de semis et de la variété, sans préjuger des autres facteurs d'hétérogénéité.

Souvent, c'est une hétérogénéité graduelle qui apparaîtra :

– C'est le cas des parcelles labourées entièrement au *donkoton* par quelques individus : en raison de la lenteur de réalisation de ce labour manuel, l'implantation de la culture se fera progressivement d'un bout à l'autre de la parcelle.

– L'hétérogénéité graduelle peut également résulter d'un décalage croissant entre deux opérations consécutives : les techniques du *kunso*, du labour réalisé par des associations de travail, du labour à la charrue, permettent une implantation rapide de la culture sur l'ensemble de la parcelle.

L'hétérogénéité apparaît alors au binage (réalisé manuellement par un nombre réduit d'individus), et un étalement de la date de binage se trouve en correspondance avec un gradient d'envahissement par les adventices. Le binage manuel est en effet une opération lente, et l'est d'autant plus que l'abondance de l'herbe est grande.

Par les conditions et la qualité de leur réalisation

L'étalement dans le temps des diverses opérations implique qu'une technique donnée n'est souvent pas réalisée dans les mêmes conditions et avec la même efficacité d'un point à l'autre de la parcelle.

– Une technique est en général adaptée à des conditions de milieu particulières : c'est ainsi qu'un envahissement du sol par les adventices nécessite leur enfouissement, donc un retournement de la couche travaillée. L'exemple d'une telle parcelle, labourée en partie au *barro*, le montre clairement : ce labour, non seulement n'a pas enterré les adventices, mais a de plus contribué à leur bouturage. L'impossibilité d'un semis direct après le labour a imposé l'extirpation des mauvaises herbes à la main : opération à la fois pénible, lente et peu efficace, les adventices ayant quand même repoussé très rapidement après le semis. Il s'en est suivi un salissement postérieur considérable de cette sous-parcelle.

 – La date de réalisation d'une technique, en interaction avec les conditions climatiques, influe sur la qualité du travail réalisé.

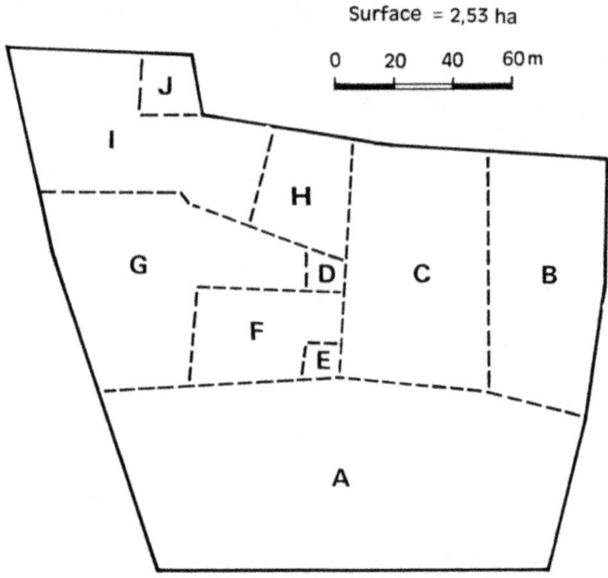

Fig. 3 – Exemple de l'hétérogénéité d'implantation d'une culture d'arachide : parcelle n°3

Sous-parcelle	Type de travail du sol	Outil	Date labour	Date semis	Variété	Date resemis partiel
A	Néant	—	—	17-19/6	28-206[7]	5/7
B	Billonnage	*donkoton*	22/6	23/6	28-206	7/7
C	Lab. à plat[8]	*barro*	24/6	25/6	28-206	—
D	Billonnage	*donkoton*	25/6	25/6	28-206	—
E	Lab. à plat	*efantigueye*	25/6	25/6	28-206	—
F	Billonnage	*donkoton*	11-12/7	11-12/7	28-206	—
G	Billonnage	*donkoton*	16/7	16-17/7	28-206	—
H	Billonnage	*donkoton*	16/7	17/7	burkuso*	—
I	Billonnage	*donkoton*	25-26/7	25-26/7	28-206	—
J	Billonnage	*donkoton*	26/7	26/7	burkuso	—

Remarque: la céréale associée à l'arachide est le sorgho. Sur la sous-parcelle A l'agriculteur a resemé le 5/7 un mélange de sorgho et de sanio.

La qualité d'un binage est fonction de la date de sa réalisation, car fonction de l'abondance de l'herbe à ce moment. Les binages très tardifs sont toujours imparfaits : des adventices ne sont pas extirpées, des pieds d'arachide sont accidentellement déchaussés ou sectionnés, la densité des mauvaises herbes étant souvent telle qu'elles dissimulent la plante cultivée. La pénibilité et la lenteur du travail s'en trouvent par ailleurs accrues.

---

[7] 28-206 : variété tardive. *Burkuso* : variété précoce.
[8] Réalisé par une association de travail féminine.

L'efficacité d'un binage est également tributaire des conditions pluviométriques qui suivent sa réalisation : certaines adventices, en particulier les graminées rampantes, extirpées mais laissées sur le sol, repousseront immédiatement si les jours qui suivent le binage sont pluvieux. Quelques jours sans pluie provoqueront par contre un dessèchement rapide de ces plantes.

– La qualité d'un travail dépend des individus qui l'exécutent.

Des différences individuelles de réalisation d'un travail sont souvent importantes en agriculture traditionnelle. Nous avons ainsi constaté d'un individu à l'autre des écarts importants dans la profondeur de semis et sa régularité, ceci sur la même parcelle.

De même, un binage effectué par une association de travail est moins bien réalisé (nombreuses adventices non extirpées) que si la même opération est réalisée par un seul ou quelques individus.

Par leurs effets sur le rendement

L'hétérogénéité des techniques sur la parcelle induit une forte hétérogénéité des rendements. Les quelques résultats qui suivent indiquent l'effet des paramètres techniques les plus marquants.

Effet de la date de semis

L'arachide semée précocement, en particulier lorsqu'il n'y a pas eu de travail du sol, a souffert de la sécheresse en début de cycle. Dans le cas des semis effectués sur labour à partir de l'établissement régulier des pluies, il existe une corrélation positive très hautement significative ($r = + 0,67$) entre le rendement z_i et l'indice d_i qui représente le nombre de jours séparant le semis de la dernière pluie utile.

$$z_i = 0,294\ d_i - 10,7$$

(z_i = rendement en q/ha, d_i en jours)

Effet du type de travail du sol

L'absence de travail du sol est préjudiciable à l'obtention d'un rendement élevé. Le billonnage, équivalent au labour à plat dans le cas des semis précoces, lui est inférieur quand les semis sont tardifs : cette technique, aggravant le ruissellement (les billons étant systématiquement dirigés dans le sens de la pente) nuit à l'alimentation hydrique des plantes déjà défavorisées par un arrêt précoce des pluies.

Époque de semis	Semis précoces			Semis tardifs	
Type de travail au sol	*Kunso*	Billonnage	Labour à plat	Billonnage	Labour à plat
Rendement moyen (q/ha)	11,0	14,8	14,8	6,3	9,3
Seuils de significativité des différences		0,05		0,10 / 0,05	
			0,001		

Effet du nombre de plantes par hectare

Époque de semis	Semis précoces		Semis tardifs	
Travail du sol et indice di	Non travail di = 109 – 90j	Labour di = 109 – 80j	Labour di = 79 – 60j	Labour di = 59 – 50j
Coefficient de corrélation entre le nombre de gousses par pied et le nombre de pieds par ha	– 0,64 (0,01)	– 0,45 (0,02)	— (NS)	— (NS)
Coefficient de corrélation entre le rendement et le nombre de pieds par ha	— (NS)	— (NS)	+ 0,75 (0,01)	+ 0,71 (0,06)

(Entre parenthèses sont indiqués les seuils de significativité correspondants)

Pour les semis précoces, avec ou sans travail du sol, la densité semble ne pas influer sur le rendement : l'effet positif de la densité en tant que composante du rendement est neutralisé par l'effet négatif qu'exercent les fortes densités sur le nombre de gousses par pied. Pour les semis tardifs (di inférieurs à 80 jours), l'effet négatif de la densité sur le nombre de gousses par pied ne se manifeste plus, et l'on note par conséquent une corrélation positive entre densité et rendement.

Effet de la date de binage

Dans presque tous les cas, un seul binage est réalisé lorsque le sol a été labouré. Dans ces conditions, les rendements les plus élevés sont obtenus pour des dates de binage moyennes : 30 à 50 jours après le semis.

Hétérogénéité intraparcellaire des rendements

L'hétérogénéité spatiale des facteurs du rendement crée, à l'intérieur d'une même parcelle, une pluralité de situations écologiques vis-à-vis de la plante cultivée. Il en résulte une hétérogénéité correspondante des rendements.

Le calcul suivant, effectué pour 63 stations appartenant à 18 parcelles, montre que la moyenne de la différence des rendements entre les stations de plus haut et de plus bas rendements de chaque parcelle est du même ordre de grandeur que le rendement moyen de la parcelle[9] :

Rendement maximum mesuré RM	Rendement minimum mesuré Rm	Rendement moyen estimé	RM – Rm moyen
14,4 q/ha	5,7 q/ha	10,2 q/ha	8,7 q/ha

Il est possible d'estimer l'importance de l'hétérogénéité intraparcellaire en la comparant à l'hétérogénéité interparcellaire, par la technique d'analyse de la variance. Seules les parcelles ayant fait l'objet d'au moins trois mesures de « rendement-station »

---

[9] Estimé par la moyenne des rendements des différentes stations.

sont retenues pour ce calcul. L'hétérogénéité intraparcel-laire représente la variabilité qui s'exerce entre les sous-parcelles, telles qu'elles ont été définies plus haut. Il s'agit donc essentiellement d'une variabilité du rendement résultant d'une variabilité des combinaisons techniques appliquées sur chaque parcelle.

Origine de la variation	S C E	dl	Variance	
Interparcellaire	370,87	11	33,71	
Intraparcellaire	1 075,60	39	27,58	F = 1,22
Total	1 446,47	50	28,93	

Les variances calculées sont très voisines : l'hétérogénéité des rendements à l'intérieur d'une même parcelle est donc du même ordre de grandeur que celle existant entre parcelles différentes. Or, cette dernière se révèle énorme. Il est possible de la calculer, puisque nous disposons des rendements réels de 35 parcelles (rendements obtenus par mesure de la superficie de chaque parcelle et pesée totale de la production) :

Rendement moyen $\quad\quad \bar{z} = 8,33$ q/ha
Variance $\quad\quad\quad\quad\quad v = 17,0$
Écart-type $\quad\quad\quad\quad \sigma = 4,12$ q/ha

$$C.V. = \frac{\sigma}{\bar{z}} \times 100 = 49,5$$

HETÉROGÉNÉITÉ INTRAPARCELLAIRE ET AGRICULTURE TRADITIONNELLE

Nous avons souligné précédemment que l'agriculture traditionnelle s'accommode d'une certaine hétérogénéité du milieu naturel. Il s'agit à présent d'examiner les causes de l'hétérogénéité des techniques sur la parcelle.

Lenteur du travail manuel

Il s'agit d'une caractéristique essentielle de l'agriculture traditionnelle. Nous avons vu qu'il en résulte un fort étalement des dates de réalisation des techniques sur la parcelle, accentué en raison des aléas climatiques. En effet, le début de saison des pluies est souvent caractérisé par un espacement important des précipitations, et les périodes de sécheresse interrompent les travaux effectués sur la parcelle. Le labour au *donkoton* exige en effet une humidité relativement élevée du sol, et l'agriculteur attend de toute façon le retour des pluies pour reprendre le semis. C'est une des raisons pour lesquelles le plein emploi de la main-d'œuvre n'est pas réalisé en début d'hivernage.

Les observations effectuées en début de campagne 1971 confirment cet état de fait : un établissement des pluies extrêmement lent et irrégulier, et un étalement des dates de semis très accusé (du 10 juin au 15 août).

Mais la lenteur du travail manuel oblige aussi souvent l'agriculteur à diversifier la nature de ses techniques. C'est ainsi que le choix d'un type de travail du sol peut être imposé par les conditions de milieu, qui sont tributaires de sa date d'application : un labour tardif sera effectué au *donkoton*, et non au barro, à cause de l'envahissement en adventices.

Choix d'un système de culture extensif

Les céréales ne faisant qu'exceptionnellement l'objet de transaction, il s'ensuit que le paysan n'essaiera pas de maximiser sa production, mais de faire en sorte qu'elle reste supérieure à un seuil minimum permettant d'assurer les besoins d'autoconsommation familiale.

L'arachide, par contre, est traditionnellement la seule culture de rente, et l'agriculteur cherchera à maximiser son revenu monétaire, donc la production de sa parcelle. Or, il est clair que cet objectif est recherché à l'aide de méthodes de culture extensives, le facteur terre n'étant actuellement pas limitant. En matière agricole, l'intensification résulte souvent de contraintes qui l'imposent à une société si elle veut assurer sa survie, et le progrès technique n'est pas nécessairement dans tous les cas synonyme de progrès économique.

Le comportement technique adopté par l'agriculteur, qui peut sembler aberrant si l'on ne se préoccupe que du rendement à l'unité de surface, traduit ce choix : désir de semer la surface maximum, emploi de techniques d'implantation rapide de la culture (*kunso*), médiocrité de la lutte contre les adventices, diversification des techniques appliquées sur la parcelle.

Il en résulte une forte hétérogénéité intraparcellaire des rendements. En particulier, certaines sous-parcelles peuvent présenter un rendement économique nul, l'agriculteur ne jugeant pas utile d'y poursuivre les travaux. C'est le cas des sous-parcelles où l'envahissement en adventices est trop considérable, et qui sont abandonnées en cours de végétation, ou des sous-parcelles semées trop tardivement compte tenu de la répartition et du total pluviométriques de fin de saison.

L'agriculteur accepte donc le risque de voir une partie de son travail rendue improductive.

Il faut noter en outre que l'hétérogénéité des rendements, si elle aboutit à un « rendement-parcelle » faible, réduit les risques d'obtention d'un rendement quasi nul sur cette surface. Suivant les conditions climatiques de l'année, telle combinaison technique se révélera bonne et telle autre mauvaise, et le manque de maîtrise technique incitera l'agriculteur à les appliquer toutes les deux sur sa parcelle.

Contraintes structurelles

La parcelle ne peut être dissociée d'un ensemble plus vaste, et de nature plus complexe, l'exploitation agricole. L'organisation du travail sur la parcelle est en effet tributaire du système de production adopté et des moyens mis en œuvre pour le faire valoir.

Le travail effectué sur la parcelle est fréquemment interrompu par les travaux qu'exigent les autres parcelles de l'exploitation, ce qui aggrave l'étalement des dates de réalisation des techniques déjà créé par la lenteur inhérente à toute opération manuelle. L'introduction récente du riz pluvial dans le système de production traditionnel contribue d'ailleurs à accuser cet état de choses, les pointes de travaux qu'il requiert correspondant à celles qu'exige également l'arachide.

Tous les agriculteurs affirmaient en 1970 qu'ils auraient semé et biné plus tôt leurs parcelles d'arachide s'ils n'avaient pas cultivé de riz pluvial. On peut donc supposer que l'introduction de cette nouvelle culture a fortement contribué à accroître l'hétérogénéité au sein de la parcelle d'arachide, en induisant notamment un étalement très accusé des dates de labour, de semis et de binage.

L'organisation du travail sur la parcelle dépendra en outre de la disponibilité en main-d'œuvre, qui peut varier au cours de la saison de culture pour plusieurs raisons :

– Les maladies, très fréquentes à partir du mois d'août, période de travail excessif et de sous-alimentation (soudure).

– Le recours à la main-d'œuvre extérieure à l'exploitation, assez répandu en début de campagne, et qui permet de réduire considérablement l'étalement des semis. En effet, les associations de travail, masculines ou féminines, comportent le plus souvent une vingtaine de membres. C'est un moyen efficace pour accroître la surface semée, mais l'agriculteur se trouvera en général débordé au moment du binage, ne pouvant plus faire face à la poussée de mauvaises herbes qui envahissent simultanément une surface trop importante.

Analyse d'un exemple

L'exemple qui suit permet d'illustrer le phénomène d'hétérogénéité technique de la parcelle et d'en expliciter plusieurs causes et conséquences. Il concerne la parcelle d'arachide n° 5, qui peut être considérée comme représentative de la zone étudiée : un tableau, figure 7, en donne les principales caractéristiques.

L'analyse de l'organisation du travail peut être regroupée dans les graphiques suivants :

– La figure 4 indique la répartition totale du travail agricole effectué sur la parcelle d'arachide, les autres cultures de l'exploitation (riz pluvial, mils et sorghos, maïs) et l'extérieur (entraide, participation aux séances de travail des associations).

– La figure 5 montre la répartition des différents travaux effectués sur la parcelle d'arachide : opérations préculturales (défrichement, décorticage), labour et semis (non dissociés sur le graphique, car menés de pair), binage, récolte, et le début des opérations post-culturales.

– La figure 6 indique la part que représente le travail total fourni par rapport au « plein emploi possible ». Ce dernier est ici défini comme la quantité de travail pouvant être fournie, compte tenu du nombre d'actifs présents et des indisponibilités éventuelles (maladies notamment).

Les temps de travaux sont comptés en demi-journées par pentade et concernent les trois actifs travaillant régulièrement sur la parcelle n° 5. L'aide extérieure est surtout représentée par le travail d'une association de femmes pour le labour : 34 demi-journées (total de l'aide extérieure sur la parcelle d'arachide : 39 demi-journées).

L'analyse de ces graphiques et les observations effectuées sur la parcelle permettent de faire les constatations suivantes :

a) L'étalement dans le temps du labour et du semis est extrême : 56 jours. Trois causes semblent l'expliquer : la lenteur du travail manuel (ici 46 journées de travail par hectare ont été nécessaires pour implanter la culture), le désir manifeste de semer la surface maximum, et la compression de travail particulièrement accusée en début de campagne. Du 1er juillet au 10 août, le travail total effectué représente 95% du plein emploi possible, et c'est durant cette période que le travail réalisé hors de la parcelle d'arachide est le plus contraignant (implantation des mils, sorghos, maïs, semis et binage du riz pluvial).

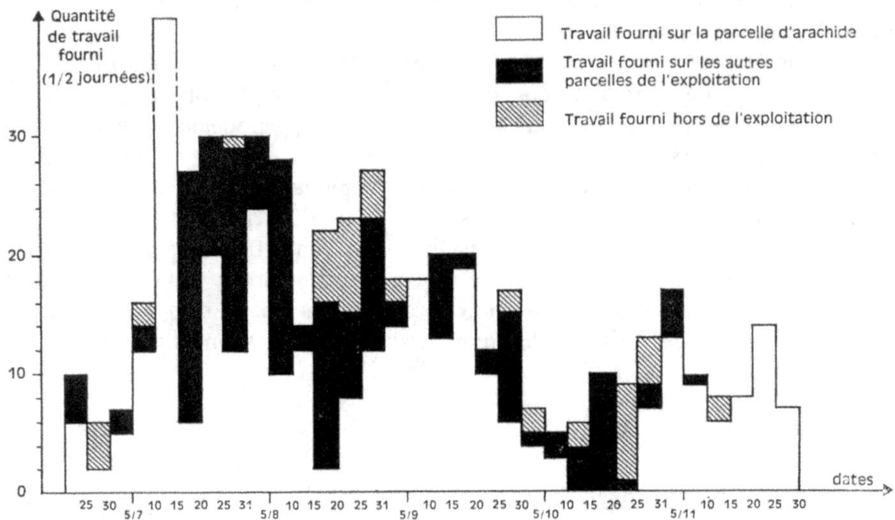

Fig. 4 – Répartition globale du travail agricole

b) Il en résulte une énorme hétérogénéité des rendements sur la parcelle, et partant un rendement moyen très bas : 7,0 q/ha.

Cette hétérogénéité s'explique par deux raisons essentielles :

– L'effet spécifique de la date de semis :

La dernière pluie utile, supérieure à 15 mm, est survenue le 5 octobre, soit au 108e jour de végétation pour les semis les plus précoces, et au 52e jour de végétation pour les semis les plus tardifs. Or, la période pendant laquelle les besoins en eau sont les plus élevés, se situe après le 50e jour de végétation. Les arachides semées après le 20 juillet ont donc souffert de la sécheresse, et les zones semées postérieurement au 5 août présentent un rendement quasi nul (station n° 6 : 2,3 q/ha).

La partie semée le plus tardivement n'a même pas été récoltée, l'agriculteur n'ayant pas jugé utile de la biner.

De plus les arachides semées tardivement ont du être récoltées avant maturité. Les sous-parcelles semées le plus précocement et le plus tardivement ont, respectivement, été récoltées 130 jours et 107 jours après le semis, alors que la durée normale de végétation est environ 120 jours pour cette variété tardive.

– Le retard apporté au binage, réalisé 50 à 60 jours après le semis. Le binage du *kunso*, commencé le 5 août, n'a pas été poursuivi, l'agriculteur désirant étendre la surface semée. Le 15 août, l'envahissement par les adventices était considérable, et les trois quarts du *kunso* ont été abandonnés (rendement de la station n° 1 : 0,8 q/ha).

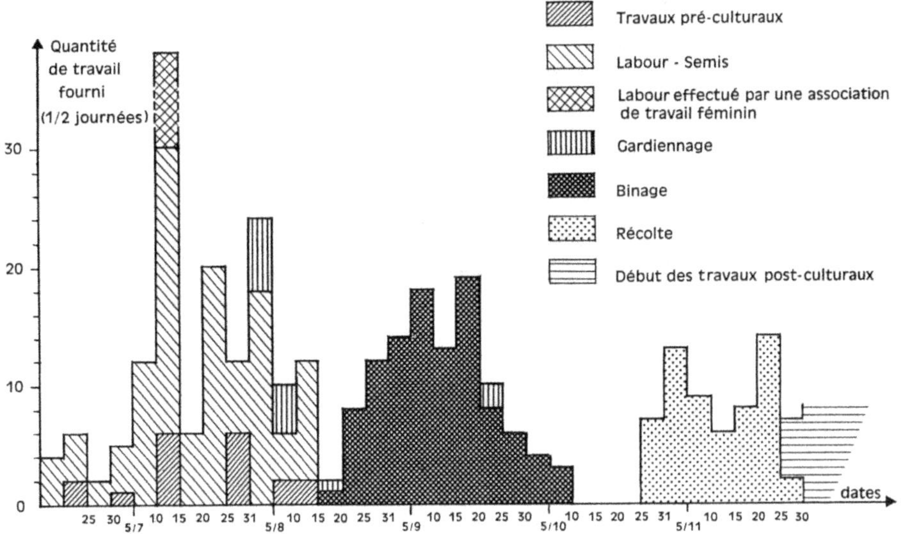

Fig. 5 - Répartition du travail sur la parcelle d'arachide n° 5

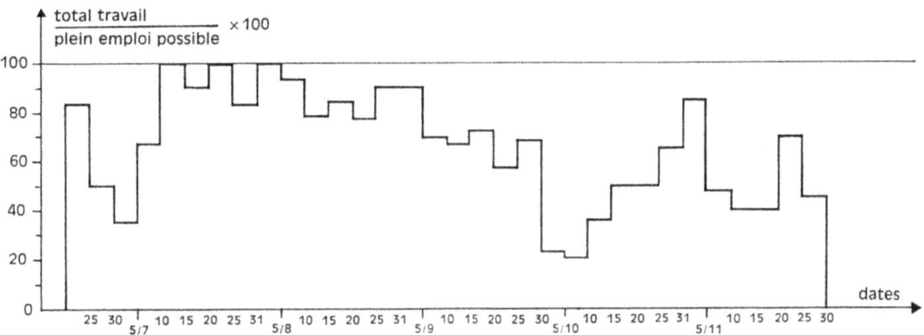

Fig. 6 - Part du travail total fourni par rapport au plein emploi possible

Ce sont les sous-parcelles semées précocement qui, au binage, présentaient l'abondance de mauvaises herbes la plus grande.

c) Ce comportement technique de l'agriculteur tend donc à défavoriser les sous-parcelles qui, ayant été semées précocement, promettaient *a priori* les rendements les plus élevés. Il est possible de traduire ceci en terme de risque[10] : l'agriculteur « parie » sur les pluies de fin de saison, en espérant que les sous-parcelles semées tardivement lui donneront un surplus de production supérieur à celui qu'il aurait pu obtenir en binant plus précocement (et deux fois au lieu d'une) les sous-parcelles semées le plus tôt. L'arrêt des pluies ayant été précoce en 1970, ce « pari » a été perdu, puisque la sous-parcelle semée entre le 10 et le 14 août n'a même pas été récoltée.

[10] Cette analyse n'est évidemment pas faite explicitement par l'agriculteur. Tout au moins peut-on supposer que son comportement procède d'une adaptation intuitive aux conditions climatiques moyennes. Il traduit en tout cas le caractère extensif du système cultural adopté.

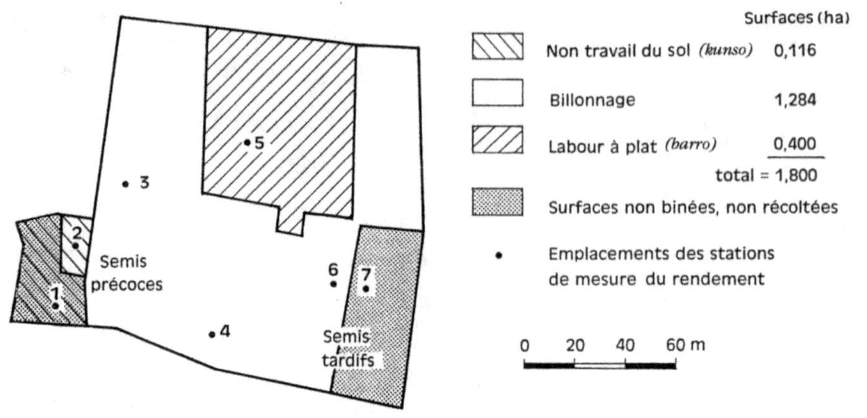

Fig. 7 - Caractéristiques de la parcelle n° 5

N° stations	1	2	3	4	5	6	7	
								– Production de la parcelle : 12,6 q.
								–- Rendement de la parcelle : 7,0 q/ha.
Rendements	0,8	15,2	18,0	9,6	16,8	2,3	0,4	– Nombre d'actifs travaillant regulièrement s

sur la parcelle :
avant le 9/7 :   2
du 9/7 au 10/10 : 3
après le 10/10 :   2

CONCLUSION

La parcelle de culture étant souvent un ensemble composite, la prise en compte du seul « rendement-parcelle » semble insuffisante à l'agronome. Ce rendement est en effet une moyenne pondérée d'une série de rendements ponctuels qui, sur la parcelle, ne sont pas distribués de manière aléatoire, mais en plages plus ou moins homogènes, les sous-parcelles[11]. L'emploi de la technique du « carré-échantillon », parfois utilisée dans certaines enquêtes pour estimer le rendement de la parcelle, devrait tenir compte de l'existence de ces phénomènes d'hétérogénéité intraparcellaire.

La mesure du rendement au niveau des sous-parcelles doit permettre la mise en correspondance du rendement et de l'ensemble des facteurs propres au milieu et aux techniques appliquées. Cette démarche serait impossible si le rendement-parcelle était seul pris en compte : on ne peut en effet appréhender les facteurs à cette échelle, certains d'entre eux se trouvant à des niveaux différents d'un point à l'autre de la parcelle. Il convient donc, pour accéder à une combinaison de facteurs réellement agissante, de décomposer la parcelle en ses sous-parcelles.

L'hétérogénéité intraparcellaire explique en partie la faiblesse des rendements constatée en milieu traditionnel. Si sur certaines stations le rendement obtenu est proche du potentiel que l'on pourrait en attendre compte tenu des conditions du milieu et des

---

[11] La normalité de distribution des rendements sur la parcelle est souvent admise *a priori*. Or, l'existence même des sous-parcelles implique que la plupart du temps cette condition sera mise en défaut. Il semble nécessaire de dissocier la variabilité (qui est aléatoire) de l'hétérogénéité (qui est systématique).

techniques utilisées, il est à l'échelle de la parcelle affecté d'une variance énorme qui en déplace la courbe de répartition vers le bas de l'échelle. Cette hétérogénéité du rendement sur la parcelle, comme l'irrégularité interannuelle, traduisent la faible maîtrise technique de cette agriculture.

Il faut ici préciser et nuancer la notion de potentiel : on peut définir un rendement potentiel ponctuel, qui est un potentiel technique, en ne mettant en cause que le milieu et les techniques. En supposant le milieu naturel homogène sur la parcelle, on pourrait penser que ce potentiel peut y être obtenu en tous les points. Or, diverses contraintes font qu'il n'est pas accessible sur l'ensemble de la parcelle. Si, en milieu agricole européen, il est rare qu'une combinaison de techniques réalisée sur quelques ares ne puisse l'être dans les mêmes conditions sur plusieurs hectares, il en va tout différemment en agriculture traditionnelle. La recherche du rendement potentiel à l'échelle de la parcelle prendrait en compte ce potentiel ponctuel, mais également les contraintes, structurelles pour la plupart.

Ajoutons enfin que la prise en compte du rendement à l'unité de surface ne suffit pas, et que le rendement de la main-d'œuvre semble être une donnée au moins aussi importante, dans la mesure où ce facteur de la production est souvent limitant.

RÉFÉRENCES BIBLIOGRAPHIQUES

HENIN (S.), DEFFONTAINES (J.-P.),1970 – Principe et utilité de l'étude des potentialités agricoles régionales. *C. R. ac. agr.*, n° 8 : 463-471.

MAYMARD (J.), 1970 – Définition de l'enquête de terrain en Casamance pour la campagne 1970/1971. Centre ORSTOM de Dakar, août 1970.

PÉLISSIER (P.), 1966 – *Les paysans du Sénégal. Les civilisations agraires du Cayor à la Casamance*, Saint-Yrieix.

COMPORTEMENT TECHNIQUE SUR
UNE PARCELLE DE COTONNIER AU SÉNÉGAL

INTRODUCTION

De nombreuses observations ont montré que lorsqu'il en a la possibilité, c'est-à-dire quand les disponibilités en terre sont suffisantes, l'agriculteur tente d'obtenir un surplus de production en accroissant la surface cultivée plutôt qu'en intensifiant ses méthodes culturales[1]. Il peut en résulter un grand étalement dans le temps des travaux et une forte hétérogénéité intraparcellaire conduisant à l'obtention de rendements moyens médiocres généralement interprétés comme l'indice d'une faible maîtrise technique. En fait, il semble nécessaire de nuancer ce type de jugement. Disposant de moyens matériels donnés, l'agriculteur doit combiner certaines quantités de terre (surface) et de travail pour obtenir une production. S'agissant de cultures de rente dont la fonction est d'assurer un revenu monétaire, son but est dans la plupart des cas de maximiser cette production, en assurant le plein emploi de la force de travail disponible. On ne peut véritablement comprendre la stratégie du paysan qu'en prenant en compte cette combinaison du travail et de la terre. Dans une étude précédente[2], le phénomène d'hétérogénéité intraparcellaire a été mis en évidence en culture purement manuelle. Or ce type de comportement ne nous semble pas spécifique d'une agriculture de bas niveau technique, mais plutôt du degré de disponibilité du facteur terre, compte tenu des moyens techniques dont dispose l'agriculteur[3].

On décrira et interprétera ici un exemple, celui d'une parcelle de cotonnier où ce phénomène a été particulièrement marquant.

L'exploitation agricole se situe au Sénégal oriental, dans le village de Gallé, au sud de Koumpentoum (département de Tambacounda). Cette zone présentait jusqu'en 1972 une densité démographique très faible, de l'ordre de 5 habitants au km[2]. Elle fait actuellement l'objet d'une expérience de colonisation fortement encadrée (projet pilote « Terres Neuves ») ; les migrants, venus du bassin arachidier, y mettent en valeur les sols forestiers de plateau. Les paysans autochtones ont depuis longtemps défriché et mis en culture les terres des dépressions alluviales, plus légères et donc plus faciles à travailler que les sols de plateau. Les disponibilités en terre y restent très élevées. Les

---

[1] En ce qui concerne spécifiquement le Sénégal, se reporter notamment à l'ouvrage de P. Pélissier et aux articles de G. Rocheteau et de J.-P. Dubois qui explicitent ce comportement en zone de « terres neuves ».

[2] P. Milleville, 1972.

[3] Il est bien évident que cette notion de disponibilité doit être nuancée par la prise en compte des moyens techniques dont dispose la société rurale concernée et le système de culture qu'elle aura adopté. Pour une densité démographique donnée, la terre pourra être un facteur excédentaire eu culture manuelle et limitant en culture attelée, *a fortiori* motorisée.

Cahiers ORSTOM, série Biologie, vol. XI, n° 4, 1976 : 263-275

cultures traditionnellement pratiquées sont l'arachide et les céréales vivrières : maïs, souna (petit mil précoce), sanio (petit mil tardif) et sorgho. Depuis près d'une dizaine d'années, la CFDT y a introduit la culture cotonnière, qui d'année en année prend davantage d'importance dans l'est du pays.

Un agriculteur, dès avant le début de la campagne, avait décidé de cultiver une surface considérable, tout en voulant appliquer le mieux possible les thèmes techniques vulgarisés. Il poussait ainsi à l'extrême une tendance générale de l'agriculture de cette région, et prenait valeur de cas. Il était dès lors intéressant de voir si ce pari pouvait être tenu, quelle allait être la stratégie technique de l'agriculteur, ainsi que l'importance au sein de la parcelle de l'hétérogénéité des techniques et de celle du rendement. Pouvait-on en outre interpréter cette dernière, c'est-à-dire expliquer les écarts de rendement constatés ? Enfin et surtout, il convenait de mesurer la conséquence de la stratégie adoptée sur la valorisation des deux facteurs clés de la production, la terre et le travail, et donc de porter un jugement sur le bien-fondé de cette stratégie.

PROTOCOLE

Pour répondre aux questions ainsi posées, il s'avérait indispensable de suivre le plus précisément possible le calendrier cultural, non plus considéré comme la simple répartition dans le temps des quantités de travail ventilées par opérations culturales, mais comme la progression conjointe au cours du temps de l'effort consenti, des choix techniques successifs et des surfaces correspondantes.

Pour ce faire, deux passages journaliers étaient effectués sur la parcelle par un enquêteur, l'un le matin, l'autre le soir. Les heures de début et de fin de travail, obtenues par observation directe et par entretien avec les travailleurs concernés, étaient enregistrées. À noter dès à présent qu'il ne s'agit donc pas de temps effectif de travail, mais de *temps de présence* sur la parcelle. Le soir, l'enquêteur localisait également avec précision les limites spatiales du ou des travaux réalisés pendant la journée. Ceci était facilité grâce au piquetage régulier effectué par l'agriculteur lui-même avant le début de la campagne, trame lâche sur laquelle se tissaient plus finement les travaux quotidiens[4]. Tous les dix ou quinze jours, ces limites étaient exactement reportées sur un plan, et les surfaces correspondantes mesurées par planimétrage. Si la plupart des opérations culturales ont été ainsi correctement enregistrées, il convient de souligner que ceci n'a pu toujours être le cas du sarclage manuel, opération très lente affectant par conséquent des surfaces souvent dérisoires, et de plus parfois dispersées dans l'espace au cours de la même journée. Certaines imprécisions persistent donc dans la localisation d'une partie des sarclages manuels, et il sera nécessaire d'opérer un regroupement de sous-parcelles[5] dans le but de déterminer les quantités de travail fournies à l'unité de surface.

Des observations qualitatives ont été périodiquement faites pour apprécier l'importance de l'enherbement et les attaques parasitaires éventuelles. La récolte a, en accord avec l'agriculteur, été réalisée en distinguant les vingt cordes faisant l'objet du piquetage initial, et la production de chacune d'entre elles a été intégralement pesée. Au

---

[4] La C.F.D.T. (Compagnie Française pour le Développement des Fibres Textiles) a introduit une unité spatiale de base, la « corde » (0,25 ha en principe), qui représente la surface minimale cultivée par planteur. Chaque parcelle, avant le début des travaux, fait l'objet d'un piquetage délimitant la ou les cordes qui la constituent. Ce système facilite à la fois le travail des encadreurs et le respect, par les agriculteurs, des thèmes techniques préconisés. Les doses d'engrais et d'insecticide sont fournies « à la corde ».

[5] La *sous-parcelle* sera définie plus loin.

même moment ont enfin été mesurées les densités, par comptage du nombre total de lignes par corde et du nombre de pieds sur la ligne (à raison de cinq fois dix mètres linéaires par corde, soit un échantillonnage au 1/50me environ).

LES CONDITIONS DE L'ÉTUDE

Caractéristiques de l'exploitation agricole

L'exemple choisi concerne une exploitation peule dans laquelle en 1973 le cotonnier occupait une place de tout premier plan. L'assolement était en effet le suivant :

cotonnier	5,46 ha
arachide	0,98 ha
souna	1,60 ha
maïs + sanio	0,20 ha
sorgho	0,36 ha
TOTAL	8,60 ha

En fait, le cotonnier n'est cultivé que sur une seule parcelle par Goundo S., fils du chef de famille Diatta, assisté de son jeune frère Ousmane. Diatta, âgé, n'a mis en culture qu'une petite parcelle d'arachide et fournit l'essentiel du travail qu'exigent les céréales vivrières. Goundo et Ousmane n'ont travaillé que sporadiquement sur les autres parcelles de l'exploitation, où leur participation reste limitée à une aide lors du sarclage et de la récolte des céréales. Globalement, au cours de la campagne, ces deux agriculteurs ont consacré respectivement 83 % et 88 % de leur temps à la parcelle de cotonnier. Pratiquement coexistent donc deux sous-exploitations : l'une dirigée exclusivement vers la production cotonnière et appliquant des méthodes de culture intensives, l'autre continuant de faire l'objet de techniques traditionnelles, pour la plupart manuelles et extensives. Dans ce cas précis, la notion de chef d'exploitation devient ambiguë, un partage net des responsabilités s'étant établi entre le chef de famille et son fils. Ceci justifie le fait de pouvoir étudier la parcelle de cotonnier indépendamment du reste de l'exploitation.

Goundo, âgé de 26 ans, est un agriculteur dynamique, ouvert aux innovations techniques. Il fait preuve, comme Ousmane d'ailleurs, d'une capacité de travail étonnante. Il a acquis en début de campagne un multiculteur arara (bâti sur lequel peuvent s'adapter un soc de charrue, un soc butteur et des lames de canadien) et dispose d'une paire de bœufs de quatre ans, puissants et bien dressés.

La parcelle de cotonnier est située en rebord de plateau (pente très faible) sur un sol sableux de perméabilité satisfaisante. Défrichée depuis longtemps, le nombre d'arbres laissés en place est très réduit, et l'homogénéité des caractéristiques du sol en surface semble excellente. La variété cultivée est la BJA 592.

Conditions pluviométriques de la campagne 1973

Alors que dans cette zone la pluviométrie « normale » est de l'ordre de 900 mm, l'année 1973 a connu un déficit accusé puisqu'il n'est tombé que 604 mm[6]. Le début et la fin de l'hivernage sont particulièrement déficitaires : le 20 juillet il n'était tombé que

[6] Un pluviomètre était installé dans le village de Gallé.

113 mm, et les pluies de septembre et d'octobre ne totalisent que 175 mm. L'examen de la pluviométrie journalière appelle les constatations suivantes :

– La première pluie survient le 7 juin (24 mm). De nombreux agriculteurs sèment alors le souna. Elle est suivie d'une longue période sèche, et il faut donc attendre la fin du mois pour voir la saison des pluies véritablement s'installer (78 mm entre le 26 juin et le 8 juillet). Durant cette période s'effectue une part importante des semis de la plupart des cultures.

– Le mois de juillet est marqué par un arrêt des pluies prolongé (3 mm seulement entre le 9 et le 26 juillet) qui interrompra de nombreux semis. Cette période est suivie de précipitations abondantes (210 mm en 12 jours).

– Les pluies, régulières jusqu'au 21 septembre, s'interrompent totalement durant 19 jours, et les deux dernières surviennent les 10 et 11 octobre (35 mm).

On peut s'étonner que de telles conditions aient, comme on va le voir, permis l'obtention d'un rendement approchant 24 q par ha sur l'une des sous-parcelles, ainsi qu'un rendement moyen de 15 q par ha sur l'ensemble de la parcelle. Mais il faut souligner que si un déficit pluviométrique joue un rôle dépressif évident sur la satisfaction des besoins hydriques de la plante, il présente en contrepartie, et indirectement, des effets favorables : ensoleillement accru, réduction de l'enherbement et du parasitisme[7].

TRAVAIL ET RENDEMENT SUR LA PARCELLE

Calendrier cultural et hétérogénéité intraparcellaire

La nature des techniques utilisées par l'agriculteur ainsi que leurs dates d'application peuvent fortement varier au sein de la même parcelle lorsque celle-ci est de grande taille. Dans le cas présent, il existe par exemple trois précédents culturaux différents, deux types de travail du sol, un étalement très accusé de la date de semis... Dans ces conditions, il est quasiment impossible d'*expliquer* le rendement de la parcelle, les divers paramètres explicatifs y prenant chacun plusieurs niveaux. Si à la rigueur on peut définir une moyenne pour une variable quantitative telle que la date de semis, ceci est évidemment impossible pour une variable qualitative (modalité d'une technique par exemple). Or ce rendement parcellaire résulte de l'agrégation de rendements correspondant à des surfaces plus réduites, sur lesquelles chacune des variables explicatives retenues se trouve à un même niveau, si bien qu'un de ces rendements unitaires est la conséquence d'un *itinéraire technique*[8] bien défini. On appellera les surfaces correspondantes *sous-parcelles*. La figure 1 illustre cette partition de la parcelle en fonction des techniques suivantes : nature du précédent cultural, type de travail du sol et date de réalisation, date du semis, nombre et dates des sarclages attelés, date du buttage et de l'épandage d'engrais composé. On constate *a posteriori* que tous les travaux réalisés par corde présentent une homogénéité satisfaisante quant à leur nature et leurs dates de réalisation. Le semis, en particulier, n'est pas étalé sur plus de trois jours sur chaque sous-parcelle ainsi définie. La corde sera donc choisie comme unité sous-parcellaire.

---

[7] Se reporter en particulier à l'interprétation des rendements faite par P. Franquin (1967) pour le nord Cameroun.

[8] M. Sebillotte (1974) définit les *itinéraires techniques* comme des « combinaisons logiques et ordonnées de techniques qui permettent de contrôler le milieu et d'en tirer une production donnée ».

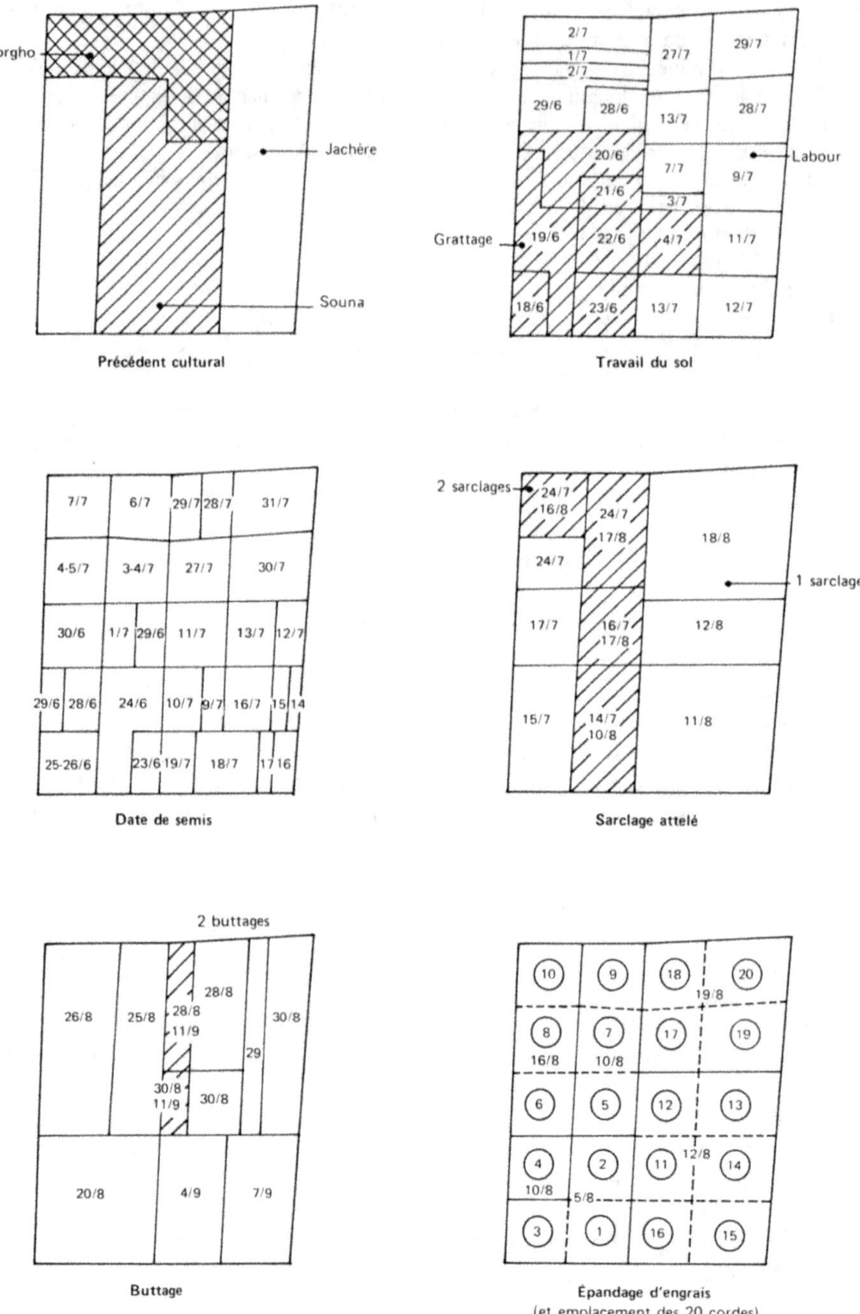

Fig. 1 – Le sous-parcellaire

Les graphiques de la fig. 2 détaillent, par périodes de cinq jours, les quantités de travail relatives aux différentes opérations culturales. La progression des travaux dans le temps peut se résumer de la manière suivante :

– Du 18 au 27/6 a lieu le grattage en sec au canadien (deux passages croisés, le second s'effectuant le même jour ou quelques jours après le premier). À partir du 23 débutent les semis (manuels), qui sont donc réalisés en sol sec jusqu'au 26.

– À partir du 28/6 l'agriculteur, jugeant que le sol est suffisamment humecté, poursuit le travail de préparation par un véritable labour, et sème durant cette période les sous-parcelles déjà préparées. Seule une surface réduite (0,26 ha) sera, du 3 au 5/7, grattée superficiellement.

– Le 8/7 les pluies s'interrompent, et le sol devient trop sec après le 13 pour que le labour puisse continuer à être effectué dans de bonnes conditions. Le semis est par contre poursuivi jusqu'au 19 sur les sous.parcelles qui viennent d'être labourées.

– Dès le 14/7, l'attelage se trouve donc disponible, et l'agriculteur débute le premier sarclage au canadien, du 14 au 17 sur les six premières sous-parcelles, puis le 24 sur les quatre suivantes. L'interruption de six jours dans les sarclages s'explique par la contribution que fournissent Goundo et Ousmane durant cette période sur la parcelle de souna de Diatta (sarclage manuel), mais surtout parce que les sous-parcelles 7, 8, 9 et 10, qui ont été labourées, sont à ce moment très peu enherbées. Pendant ces quelques jours débute d'ailleurs le sarclage manuel de deux des sous-parcelles déjà sarclées au canadien, opération nécessaire puisque seul l'interligne a alors été désherbé. Ces sarclages s'effectuent à l'aide d'une petite houe recourbée, le *ngoss-ngoss*, et sont accompagnés du démariage.

– Après le retour des pluies, le labour des quatre dernières cordes piquetées est réalisé le plus rapidement possible, suivi immédiatement du semis (du 27 au 31/7). L'implantation de la culture est alors terminée.

– Dès la fin des semis, c'est le sarclage manuel qui occupe l'essentiel du temps de Goundo et d'Ousmane, parachevant le travail du canadien. Cette opération particulièrement lente ne prendra fin que vers le 15 septembre. Les sarclages au canadien se poursuivent durant la seconde décade d'août : sarclage des dix sous-parcelles restantes, et deuxième sarclage des sous-parcelles 1, 2, 5, 7, 9 et 10. L'épandage d'engrais composé s'effectue les 5, 10, 12, 16 et 19 août, celui de l'urée les 19, 25 et 30 août. Le buttage, commencé le 20 août sur les quatre premières sous.parcelles, se termine le 7 septembre. Quant aux traitements insecticides, ils débutent le 17 août et s'achèveront le 22/10.

– La récolte, opération particulièrement exigeante en main-d'œuvre, commence le 6 novembre et ne prendra fin que le 1er février.

Bien que globalement on puisse affirmer que la culture a été conduite de manière très satisfaisante, comme en témoigne l'excellence du rendement moyen (eu égard aux conditions climatiques de la campagne), il faut noter quelques distorsions entre les normes vulgarisées et la réalité :

– Si la dose d'engrais composé (140 kg/ha) correspond à celle qui est conseillée, son épandage a été beaucoup trop tardif, puisque réalisé, selon les sous-parcelles, de 19 à 47 jours après le semis, alors que l'on préconise un épandage à la volée jumelé au travail du sol. L'agriculteur aurait aisément pu se conformer à cette règle, cette opération étant rapide d'exécution.

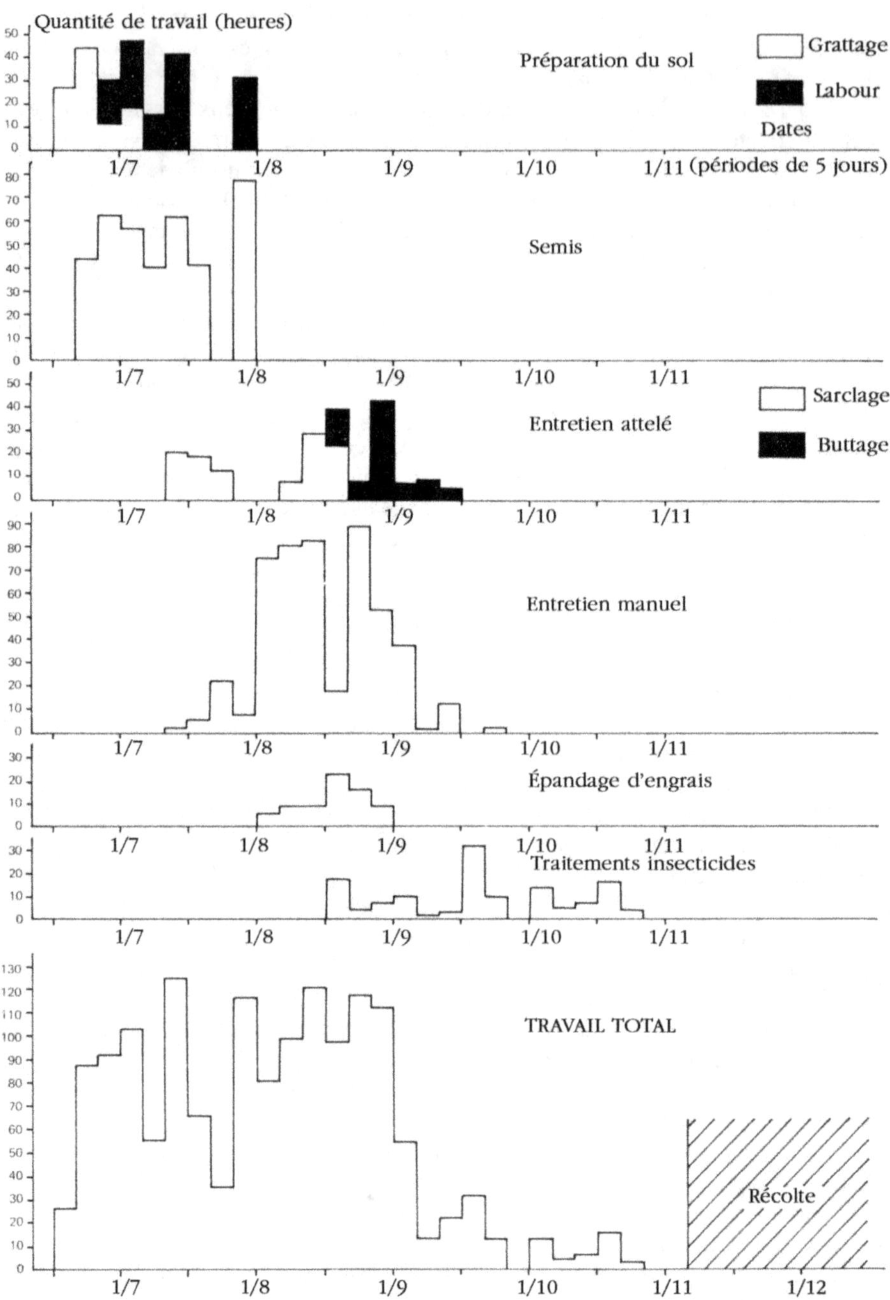

Fig. 2 – Calendrier cultural

– Les densités mesurées à la récolte sont faibles : 53 650 pieds par ha en moyenne, alors que la densité préconisée est de 100 000 pieds par ha. Il est probable que les pertes en début de cycle soient responsables de ces faibles densités. Aucun resemis partiel n'a été effectué, comme ceci aurait normalement dû être le cas.

– L'intervalle de temps séparant deux traitements insecticides consécutifs a été souvent beaucoup plus long que ce qui est conseillé (12 jours), mais ceci n'a pu avoir d'influence sensible sur le rendement, le parasitisme ayant été très réduit en 1973 dans cette zone.

L'étalement des différents travaux dans le temps, conséquence directe du choix qu'a fait l'agriculteur de semer une surface aussi grande[9] conduit à une forte hétérogénéité intraparcellaire des itinéraires techniques pratiqués. L'installation de la culture (qui nécessite le travail du sol et le semis manuel) est en effet très lente, et l'agriculteur lui a accordé une priorité absolue par rapport aux autres travaux. Seule la période sèche de juillet l'a obligé à interrompre momentanément cette opération et à commencer le sarclage. Le semis a été mené conjointement au travail du sol, alors qu'en principe l'agriculteur aurait pu ne le commencer qu'une fois terminée la préparation du sol. L'intérêt des semis précoces, général pour la plupart des cultures, est en effet bien connu de ces paysans. Il semble d'ailleurs, au vu des temps de travaux (fig. 3), que Goundo et Ousmane aient très sensiblement accéléré leur rythme de travail pour terminer le semis dans les délais les plus brefs, d'abord parce qu'ils savaient que les semis de fin juillet devenaient très risqués, ensuite pour consacrer l'essentiel de leur temps le plus tôt possible au désherbage des sous-parcelles semées précocement. Les opérations qui suivent les semis sont, sarclage manuel excepté, d'exécution beaucoup plus rapide. Le retard pris par l'agriculteur pour les sous-parcelles semées précocement est alors progressivement comblé pour les autres (ceci est particulièrement net en ce qui concerne l'épandage des engrais et la réalisation du premier traitement insecticide). Ce phénomène s'inverse par contre pour la récolte, qui est beaucoup plus exigeante en travail que le semis : les sous-parcelles semées le plus tôt sont récoltées 140 jours environ après le semis, alors que celles semées le plus tardivement ne le sont que plus de 180 jours après, malgré un recours très poussé à la main-d'œuvre extérieure à l'exploitation.

Hétérogénéité des rendements

Elle est relativement forte, puisque le coefficient de variation des rendements sous-parcellaires est égal à 25,5 %. Le maximum est de 23,7 q/ha, le minimum de 8,3 q/ha, et la moyenne égale à 15,2 q/ha.

La recherche des causes de cette variation fait apparaître l'effet extrêmement marquant de la date de semis : il existe un coefficient de corrélation linéaire égal à - 0,87 entre le rendement sous-parcellaire et la date de semis (fig. 3). La droite de régression correspondante a pour équation :

$$R = - 0,28\ d + 20,84 \qquad (\text{r et } b_{R/d}\ \text{T.H.S.})$$

avec R = rendement de coton-graine en q/ha
et d = nombre de jours séparant le semis du 20 juin

---

[9] Ceci dans le but de maximiser son revenu monétaire, mais aussi par désir manifeste d'établir une performance, et donc de recueillir le prestige social dont se trouve auréolé celui qui, grâce à une peine qu'il ménage moins que tout autre, accède à une réussite incontestable.

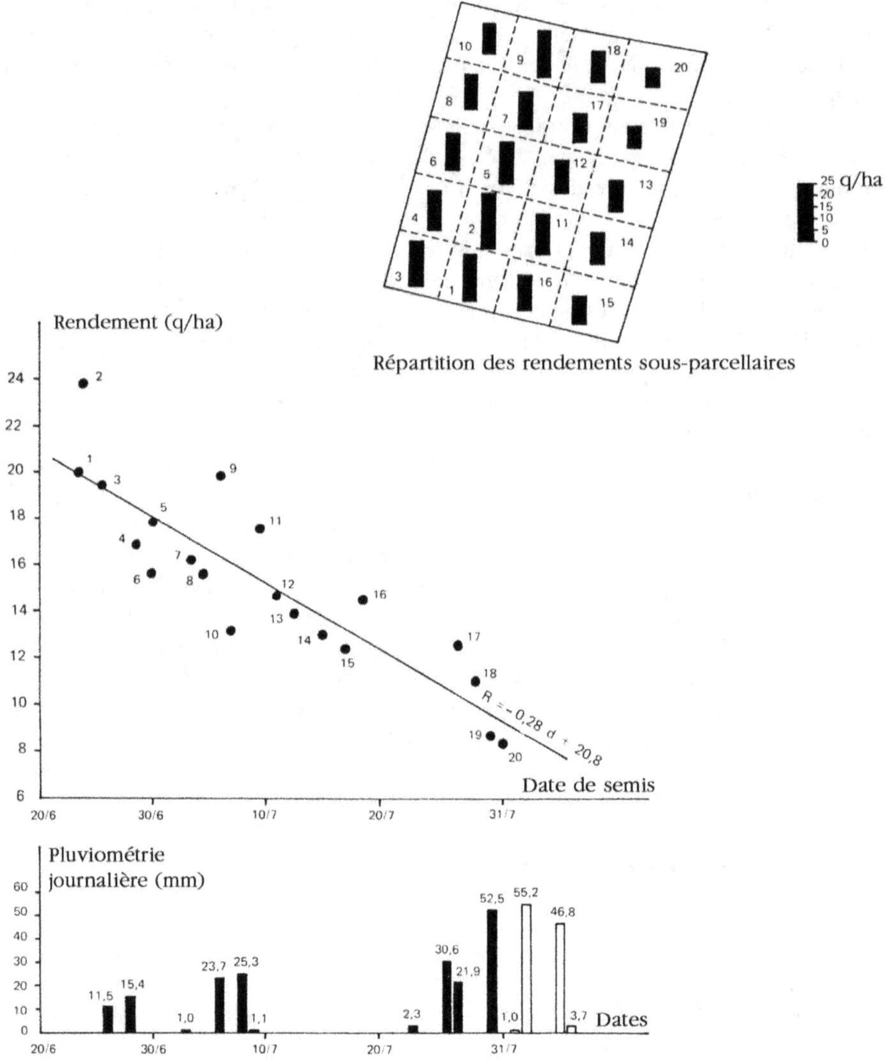

Fig. 3 – Rendement et date de semis

Le rendement se trouve également corrélé avec la quantité d'eau tombée durant la période de végétation (r + 0,74) et avec le nombre de jours de pluie correspondant (r + 0,75). Ces deux variables, liées entre elles, le sont aussi bien entendu avec la date de semis ou, ce qui revient au même, avec la durée de la saison pluvieuse incluse dans la période de végétation.

La date de semis « explique » 76 % de la variation du rendement, ce qui est considérable[10]. Il serait délicat, compte tenu du petit nombre d'observations, de pousser

[10] Il convient de garder présent à l'esprit que la régression met en évidence une tendance et que dans le nuage de points peuvent exister certaines anomalies. Il est par exemple difficile d'interpréter la différence de rendement entre les cordes 8 et 9 pour lesquelles la plupart des variables techniques retenues sont à des niveaux similaires.

plus loin l'analyse en cherchant quelle part revient à chacune des autres variables techniques, en particulier le mode de travail du sol, la densité et les dates des différentes façons d'entretien. L'effet aussi net de date de la semis est en plein accord avec de nombreux résultats expérimentaux[11] et se trouve certainement d'autant plus accusé que la pluviométrie est plus déficitaire, la couverture des besoins hydriques de la plante étant alors très mal assurée pour les semistardifs : la quantité d'eau tombée durant la période de végétation a été de 569 mm pour le semis du 23 juin et de 383 mm seulement pour celui du 31 juillet[12]. D'autre part, l'arrêt des pluies est survenu tôt, au 110e jour de végétation pour le premier et 72e jour pour le dernier semis. Il en résulte que le nombre de fleurs formées, et de capsules arrivant à maturité, diminue fortement lorsque le semis est réalisé plus tardivement. C. Mégie constate en effet qu'il existe une relation très nette entre l'arrêt des pluies et celui de la floraison. On peut se demander si les deux pluies du 10 et du 11 octobre, survenant après 19 jours de sécheresse, n'ont pas eu, pour cette raison, un effet positif déterminant sur les rendements. Il convient en outre de souligner que ce déficit pluviométrique a permis à l'agriculteur, les observations faites périodiquement le prouvent, de maîtriser de manière très satisfaisante l'enherbement sur l'ensemble de la parcelle. Il en aurait sans doute été bien différemment en année humide.

Productivité de la terre et productivité du travail

La première est mesurée par le rendement à l'hectare (R), la seconde (P_T) par la valorisation de l'unité de travail (ici l'heure), soit P/T si P est la production et T la quantité de travail fournie. Ces deux indices sont en relation entre eux :

$$P_T = \frac{R}{T/S} \quad \text{puisque } R = P/S \ (S = \text{surface})$$

Globalement sur la parcelle ont été fournies 5 057 heures de travail pour une production de 8 145 kg, ce qui porte à 1,61 kg par heure la productivité du travail. Le rendement moyen est quant à lui égal à 1491 kg par hectare.

Mais il est nécessaire de pousser plus loin l'analyse, d'une part en distinguant le travail cultural proprement dit du travail agricole total (T_C et T_A avec $T_A = T_C$ + temps de récolte)[13], d'autre part en cherchant comment évoluent conjointement sur la parcelle les valeurs de ces différents paramètres. Pour ce faire, on distinguera quatre groupes de sous-parcelles : celles semées précocement du 23 au 26 juin (I), du 28 juin au 7 juillet (II), du 9 au 19 juillet (III), enfin celles semées le plus tardivement, après le retour des pluies, du 27 au 31 juillet (IV). Il est logique d'opérer cette partition en fonction de la date de semis puisqu'elle correspond à la progression des travaux au cours du temps (et donc à l'extension corrélative de la surface mise en culture) et que le rendement se trouve être en liaison étroite avec la date de semis. Le tableau I détaille pour chacun de ces quatre groupes les quantités de travail effectué par opération culturale, quantités

---

[11] Voir notamment à ce sujet les articles de J. Boulanger (1956), M. Braud et F. Richez (1963), C. Mégie (1963).

[12] L'évapotranspiration potentielle, durant la totalité du cycle végétatif, est de l'ordre de 600 mm. Elle accuse un maximum en juin, un minimum en août pendant la période la plus pluvieuse, puis augmente légèrement en octobre et novembre.

[13] Le travail cultural étant celui dont dépend un niveau de production, alors que le temps de récolte est en grande partie dépendant de ce niveau de production.

TABLEAU I

TRAVAIL FOURNI PAR OPÉRATION CULTURALE SUR LES QUATRE GROUPES DE SOUS-PARCELLES

(en heures)

Opérations culturales	Groupe I Semis du 23 au 26/6		Groupe II Semis du 28/6 au 19/7		Groupe III Semis du 9 au 19/7		Groupe IV Semis du 27 au 31/7		Total parcelle	
	Total	par ha	Total	par ha	Total	par ha	Total	par ha	Total	par ha
Préparation du sol	36,5	49,1	79,5	44,2	79	45,9	40	33,4	235	43,0
Semis	65,5	88,0	126,5	70,3	114	66,2	77,5	64,7	383,5	70,2
Sarclage attelé	25	33,6	45	25,0	29	16,8	15	12,5	114	20,9
Sarclage manuel	94	126,3	202	112,3	150	87,1	50	41,7	496	90,8
Épandage engrais	12,5	16,8	26,5	14,7	24,5	14,2	8,5	7,1	72	13,2
Buttage	11	14,8	27	15,0	25,5	14,8	23,5	19,6	87	15,9
Traitements	23,5	31,6	40	22,2	41	23,8	28,5	23,8	133	24,3
Total travail cultural	268	360,2	546,5	303,7	463	268,8	243	202,8	1520,5	278,3
Récolte	521	700,3	1299,5	722,4	1131,5	657,1	584,5	487,9	3536,5	647,4
Total travail agricole	789	1060,5	1846	1026,1	1594,5	925,9	827,5	690,7	5057	925,7

	groupes de sous-parcelles				
	I	II	III	IV	Total
S = surface (ha)	0,744	1,799	1,722	1,198	5,463
P = production (kg)	1 568	2 953	2 440	1 184	8 145
R = rdt (kg par ha)	2 108	1 641	1 417	988	1 491
T_C (heures)	268	546,5	463	243	1 520,5
$T_C S$ (h./ha)	360	304	269	203	278
$P_{TC} = P/T_C$ (kg/h.)	5,85	5,40	5,27	4,87	5,36
T_A (heures)	789	1 846	1 594,5	827,5	5 057
$T_A S$ (h./ha)	1 060	1 026	926	691	926
$P_{TA} = P/T_A$ (kg/h.)	1,99	1,60	1,53	1,43	1,61

	Groupes de sous-parcelles			
	I	II	III	IV
R	100	78	67	47
T_C/S	100	84	75	56
P_{TC}	100	92	90	83
T_A/S	100	97	87	65
P_{TA}	100	80	77	72

globales et rapportées à l'hectare. Ces résultats permettent de calculer pour chaque groupe de sous-parcelles les différents indices définis précédemment :

Une constatation s'impose : *bien que le rendement et la productivité du travail évoluent dans le même sens, cette dernière diminue beaucoup moins vite que le rendement, puisque la quantité de travail à l'unité de surface décroît parallèlement.* Les différents indices évoluent en effet de la façon suivante au sein de la parcelle (on a donné à ceux du groupe I la valeur 100) :

On constate en particulier que la productivité du travail cultural reste très stable sur l'ensemble de la parcelle. Le temps de sarclage (manuel surtout) est le principal responsable de la décroissance du temps de travail cultural à l'hectare. Il ne faudrait pas en conclure que les sous-parcelles semées tardivement aient été nettement plus mal entretenues que les autres : un labour tardif enfouit les adventices déjà levées, alors que les sous-parcelles semées précocement nécessitent au même moment un premier sarclage. Le fait de semer tôt permet d'espérer obtenir un rendement élevé, mais *impose* en contrepartie d'effectuer un travail plus lourd à l'unité de surface.

On comprend dans ces conditions que l'agriculteur ait décidé de cultiver une surface aussi grande. Il est en effet probable qu'un rendement supérieur des deux premiers groupes de sous-parcelles n'aurait pu être obtenu sans un accroissement important de la quantité de travail. La productivité marginale de celui-ci aurait alors été très faible, en tout cas certainement inférieure à celle du travail appliqué sur les sous-parcelles semées tardivement. *Tout se passe finalement comme si l'agriculteur avait cherché à maximiser sa production en accordant plus d'importance à la productivité de son travail (facteur limitant) qu'à celle de la terre (facteur excédentaire).* Il convient néanmoins de replacer ce résultat dans le contexte des conditions pluviométriques de l'année. Si la campagne avait été pluvieuse, la surface de cette parcelle se serait sans doute révélée trop grande pour que la lutte contre les adventices puisse y être conduite efficacement sur l'ensemble. L'agriculteur aurait alors dû choisir entre deux possibilités : soit essayer d'extérioriser au mieux le potentiel de rendement des semis précoces en y maîtrisant parfaitement les adventices (et en se contentant alors d'un rendement très minime sur les sous-parcelles semées tardivement), soit tenter de maintenir sur l'ensemble de la parcelle un enherbement moyen[14].

Stratégie d'emploi de la force de travail

Le travail total effectué au cours de la campagne par Goundo et Ousmane a été consacré respectivement pour 83 et 88 % à la parcelle de cotonnier. Leur contribution aux autres cultures de l'exploitation a donc été faible, d'autant qu'ils ont participé à quelques travaux à l'extérieur, et qu'ils ont profité de la période de faible activité comprise entre la fin des sarclages et le début de la récolte pour défricher une nouvelle parcelle destinée à être cultivée l'année suivante. Globalement ces deux agriculteurs ont fourni sur la parcelle de cotonnier 2 311 heures de travail, ce qui ne représente que 45% du travail qui y a été effectué. Mais il est essentiel de distinguer travail cultural et récolte. On constate en effet que la plus grande part du premier (92 %) a été réalisée par la main d'œuvre de l'exploitation, et en particulier par Goundo et Ousmane (77 %), qui d'ailleurs dans la plupart des cas travaillent ensemble. Cette répartition s'inverse totalement pour la récolte qui, compte tenu du niveau de production atteint, nécessite une abondante main d'œuvre. Le recours systématique à la force de travail extérieure s'avère alors indispensable, et celle-ci fournit 53 % du travail nécessaire à la récolte[15].

---

[14] Il existe en théorie un troisième choix possible : entretenir correctement les sous-parcelles semées tardivement de préférence aux autres. Mais il s'agit d'un non-sens économique.

[15] Outre la nécessité économique de cette participation massive de l'extérieur au moment de la récolte, l'agriculteur en recueille un certain bénéfice social : c'est le moment ou chacun peut objectivement constater l'importance de sa réussite.

% du travail réalisé par	travail cultural	récolte	Total
Goundo et Ousmane	77	32	45
autres membres de l'exploitation	15	15	15
extérieur	8	53	40

La stratégie de l'agriculteur consiste donc à assurer le plein emploi pendant la période de travail cultural (Goundo et Ousmane ont fourni chacun en moyenne 7,7 heures de travail quotidien du 16 juin au 5 septembre) en utilisant la seule force de travail de l'exploitation, et essentiellement de la sous-exploitation. Ceci conduit évidemment à l'étalement des semis, mais permet en contrepartie de maîtriser plus aisément l'enherbement. L'agriculteur aurait pu en théorie avoir recours à la main-d'œuvre extérieure pour le travail cultural beaucoup plus qu'il ne l'a fait, de manière à effectuer les semis dans un laps de temps plus court. Mais cela aurait impliqué, d'une part de préparer le sol rapidement (et donc de disposer de plusieurs attelages), d'autre part de bénéficier également d'une aide extérieure importante lors du sarclage manuel. Deux conditions difficiles à remplir, compte tenu du faible équipement des exploitations de ce village et du fait qu'il est peu probable de pouvoir bénéficier d'une aide substantielle lorsque les travaux sont impératifs pour tous les paysans. L'agriculteur pouvait par contre raisonnablement y compter pour la récolte, période durant laquelle le travail est dans une certaine mesure différable (un report ne compromettant pas le volume de la production), surtout quand la récolte de l'arachide est terminée et qu'il ne reste à effectuer que quelques travaux post-culturaux (l'analyse des temps de travaux montre effectivement que la participation régulière de la main-d'œuvre extérieure et des autres membres de l'exploitation ne devient véritablement active qu'à partir du moment où les travaux sur arachide et céréales tardives sont quasiment terminés).

On peut juger de la rémunération du travail fourni par l'extérieur par les contreparties en argent ou en nature qui ont été fournies à ces aides. Cette participation s'est effectuée essentiellement sous deux formes : le *sad* ou travail rémunéré au temps (demi-journée ou journée) par travailleur, et le *santane* qui est une invitation au travail lancée à l'ensemble du village. Le travail n'est alors pas réellement rémunéré, mais l'agriculteur offre un repas à tous les participants et se doit en outre de répondre réciproquement à l'invitation que pourra lancer tout autre membre de la collectivité.

Dans le premier cas, la demi-journée de travail a été payée de 50 à 100 francs CFA, ce qui correspond à une rémunération horaire de l'ordre de 15 à 30 francs. En ce qui concerne le *santane*, un exemple précis mérite d'être cité : le 13 décembre, voyant que la récolte est particulièrement lente, Goundo organise un grand *santane* auquel participent 97 actifs qui fournissent au cours de la journée 762 heures de travail. Les frais occasionnés par la préparation du repas de midi se montent à 13 725 F, ce qui porte à 18 F la rémunération de l'heure de travail. Or, si l'on calcule la rémunération moyenne du travail sur la parcelle (production globale multipliée par 34 F, qui est le prix net du kg de coton payé au producteur, divisée par le nombre total d'heures de travail fournies), on aboutit au chiffre de 55 F, par heure. Même en sachant que quelques travaux n'ont pas été pris en compte, tels que le nettoyage du terrain ou le transport de la récolte, on ne peut que s'étonner de la différence entre ces chiffres. On constate en particulier qu'un *santane*, que l'on considère parfois comme une opération de prestige coûteuse pour son organisateur, peut s'avérer dans certains cas particulièrement « rentable ». En effet, dans le cas présent, il est évident que l'organisateur d'un tel *santane* ne pourra pas faire bénéficier les autres agriculteurs de la même prestation de travail au titre de la réciprocité (il serait en principe nécessaire d'inclure celle-ci dans le coût du *santane*). On voit donc, par cet exemple, comment un gros producteur peut, plus qu'un autre, tirer profit d'une institution d'aide collective. Enfin, soulignons que la participation de la main-d'œuvre extérieure ne recouvre pas la même signification suivant la nature du travail effectué. L'opération de récolte est pour l'agriculteur directement rémunératrice (ce qui n'aurait pas été le cas d'un sarclage par exemple), et l'appel à l'aide extérieure n'est alors entachée d'aucune incertitude quant à sa nécessité.

CONCLUSION

Dans l'exemple qui vient d'être décrit, le choix qu'a fait l'agriculteur de semer une très grande surface a créé sur la parcelle une forte hétérogénéité, notamment des dates de réalisation des différents travaux et des intervalles de temps séparant certaines opérations culturales. L'hétérogénéité des rendements, conséquence directe de l'étalement des semis, est forte. Mais le rendement, sur la parcelle, décroît beaucoup plus que la productivité du travail puisque la quantité de travail à l'unité de surface diminue parallèlement.

On peut conclure à une bonne cohérence entre les actes techniques décidés au jour le jour par l'agriculteur d'une part, ses objectifs de production et sa connaissance du milieu d'autre part. En particulier, les semis se sont poursuivis parce que l'entretien des sous-parcelles semées précocement n'était pas jugé prioritaire, et parce que l'agriculteur prenait un risque calculé sur la pluviométrie de la fin de campagne. La réalisation des semis tardifs, bien qu'affectés d'une espérance de rendement faible, a permis de consacrer à l'unité de surface une quantité de travail relativement réduite, et l'étalement des opérations culturales qui en résulte aboutit à assurer le plein emploi de la force de travail disponible.

Les thèmes techniques préconisés, mis au point et testés en stations expérimentales, sont ceux qui permettent de maximiser le rendement à l'unité de surface. Or, compte tenu de la faiblesse des moyens matériels dont disposent les agriculteurs et de la brièveté des périodes optimales de réalisation des principales opérations culturales, en particulier le semis, il leur est impossible de respecter l'itinéraire technique recommandé sur une grande surface. La maximisation de la production est alors recherchée par accroissement de la surface cultivée et en pratiquant des itinéraires techniques qui, s'ils conduisent à des rendements beaucoup plus faibles, peuvent par contre encore assurer une productivité du travail élevée.

L'efficience d'un système agricole peut être mesurée par la productivité des facteurs de la production. Les conclusions que l'on peut porter dépendent de la disponibilité relative de ces facteurs. Dans bien des cas, la quantité de terre exploitable n'est pas limitante. La productivité du travail devient alors, plus que le rendement (qui, la plupart du temps, est seul pris en considération), cet indice d'efficience.

Les notions de risque (qui traduit ici l'adaptation aux aléas climatiques), de disponibilité et de productivité des différents facteurs de la production, sont autant d'éléments incitant l'agriculteur à adopter une certaine stratégie technique pour atteindre ses objectifs, et les distorsions que l'on enregistre fréquemment entre les normes techniques vulgarisées et la réalité doivent engager à rechercher cette cohérence plutôt qu'à conclure trop simplement à la faible réceptivité des agriculteurs vis-à-vis des innovations proposées.

BIBLIOGRAPHIE

BOULANGER (J.), 1956 – Sur la nécessité des semis de juin en culture cotonnière pour le centre-est Oubangui. *Cot. et Fib. trop.*, 11, 1 : 9-22.

BRAUD (M.), RICHEZ (F.), 1963 – L'importance de la date de semis pour la culture cotonnière de l'ouest et du nord de la Centrafrique. *Cot. et Fib. trop.*, 18, 3 : 265-272.

COCHEME (J.), FRANQUIN (F.), 1967 – Une étude d'agro-climatologie de l'Afrique sèche au sud du Sahara en Afrique occidentale. FAO, UNESCO, WMO, Rome.

DUBOIS (J. P.), 1975 – Les Serer et la question des Terres Neuves au Sénégal. *Cah. ORSTOM, sér. Sci. Hum.*, vol. XII, n° 1 : 81-120.

MÉGIE (C.), 1963 – Pluviométrie, date de semis et productivité du cotonnier dans la région de Tikem (Tchad). *Cot. et Fib. trop.*, 18, 2 : 251-262.

MILLEVILLE (P.), 1972 – Approche agronomique de la notion de parcelle en milieu traditionnel africain : la parcelle d'arachide en moyenne Casamance. *Cah. ORSTOM, sér. Biol.*, n° 17 : 23-37.

PÉLISSIER (P.), 1966 – *Les paysans du Sénégal. Les civilisations agraires du Cayor à la Casamance*, Saint-Yrieix, Impr. Fabrègue.

ROCHETEAU (G.), 1975 - Pionniers Mourides au Sénégal : Colonisation des Terres Neuves et transformation d'une économie paysanne. *Cah. ORSTOM, sér. Sci. Hum.*, vol. XII, n° 1 : 19-53.

SEBILLOTTE (M.), 1974 – Agronomie et agriculture. Essai d'analyse des tâches de l'agronome. *Cah. ORSTOM, sér. Biol.*, n° 24 : 3-25.

CONDUITE DES CULTURES PLUVIALES
ET ORGANISATION DU TRAVAIL
EN AFRIQUE SOUDANO-SAHÉLIENNE

DES DÉTERMINANTS CLIMATIQUES
AUX RAPPORTS SOCIAUX DE PRODUCTION

INTRODUCTION

Les décisions prises par les agriculteurs dans la conduite de leurs cultures résultent de considérations d'ordres divers et de l'interférence de plusieurs niveaux d'organisation. Dans les agricultures pluviales des régions soudano-sahéliennes, l'influence des conditions climatiques sur les choix techniques et sur les résultats de production apparaît déterminante. L'adaptation au contexte pédo-climatique recouvre, d'une part l'adoption de principes de conduite contrastés suivant les grands types de milieux, d'autre part la faculté de réponse aux variations et aux événements, qui se traduit par des inflexions des modes de conduite en fonction des conditions particulières de chaque campagne. Les décisions tactiques modulent ainsi les options stratégiques.

La présentation de deux situations agricoles, l'une caractéristique du milieu sahélien, l'autre du milieu sud-soudanien, permettra de mettre en évidence deux modèles dominants de conduite des cultures pluviales. L'analyse d'une situation intermédiaire montrera ensuite que les comportements techniques peuvent procéder, d'hybridations entre les deux modèles précédents, en   fonction du profil climatique de l'année.

Les choix techniques opérés par les agriculteurs sur leurs parcelles ne résultent évidemment pas de la seule adaptation aux conditions du milieu. Elles dépendent aussi de l'organisation et du fonctionnement de l'unité de production. On illustrera ce point à partir du troisième exemple présenté, en insistant sur une caractéristique forte de nombreux systèmes de production africains : la pluralité des centres de décision, liée à la diversité statutaire des acteurs au sein du groupe domestique, qui influencent fortement les principes d'organisation du travail et le fonctionnement de l'unité de production, et retentissent sur la conduite technique des parcelles de culture.

La compréhension des décisions techniques des agriculteurs, ainsi que la recherche d'alternatives, supposent de se référer conjointement à ces deux catégories de phénomènes : l'adaptation aux conditions pédo-climatiques (tant au niveau des normes qu'à celui des variations et des aléas) d'une part, l'organisation de la production à l'échelle de l'exploitation agricole d'autre part.

LOGIQUES TECHNIQUES ET CONDITIONS NATURELLES : DU NORD AU SUD, DEUX MODÈLES DOMINANTS

De la rareté du temps...

La région de l'Oudalan, à l'extrême nord du Burkina Faso, est caractéristique d'une agriculture pluviale sahélienne, reposant sur la culture extensive du mil à l'aide de techniques exclusivement manuelles. Le mil (*Pennisetum glaucum*) constitue la culture pluviale quasi-exclusive de cette région. La saison des pluies y est de courte durée (trois mois environ) et la pluviométrie annuelle moyenne de l'ordre de 350 à 400 mm. Si l'irrégularité interannuelle des précipitations est élevée, celle de leur répartition au cours de la saison l'est plus encore. Les pluies de début de saison sont à caractère orageux, d'occurrence et de hauteur incertaines. L'ETP (évapotranspiration potentielle), même pendant la saison humide, excède largement les précipitations. Le contexte climatique se trouve donc dominé par l'aridité et l'aléa.

Le mil est cultivé prioritairement sur les sols dunaires, profonds et très sableux, qui présentent d'indéniables avantages dans de telles conditions : ruissellement négligeable, infiltration rapide, faible capacité de rétention. Les pertes d'eau par évaporation y sont de ce fait vite limitées, le système racinaire du mil colonise rapidement et en profondeur le profil, et l'essentiel de la lame d'eau infiltrée peut être utilisée par la végétation.

La logique technique de la conduite de culture du mil repose sur un principe essentiel : le semis le plus précoce possible, dès la première pluie utile. Semer tôt permet de limiter les risques de déficit hydrique en fin de cycle, en cas d'interruption précoce des pluies. En contrepartie, le semis précoce est affecté d'un risque d'échec élevé, en raison du fractionnement des pluies en début de campagne. De fait, le peuplement s'établit souvent grâce à des semis précoces et des resemis plus tardifs, réalisés à l'occasion des épisodes pluvieux successifs.

Après une pluie d'une vingtaine de millimètres, l'agriculteur ne dispose que d'un temps très bref pour procéder au semis, car l'essentiel de l'eau transite en profondeur par infiltration, tandis que les températures élevées provoquent un dessèchement rapide de la couche superficielle du sol. Deux jours après la pluie, il devient quasiment impossible de poursuivre le semis. Pouvoir implanter la culture sur une surface importante, à l'occasion d'une pluie isolée, suppose que sa mise en place soit très rapide, et que les risques d'échec puissent être assumés sans grand dommage. Ce qui est parfaitement le cas dans ces agricultures sahéliennes, car des sols sableux faiblement enherbés peuvent être aisément travaillés en position debout, à l'aide d'outils légers à manche long : houe coudée destinée au creusement des trous de semis, et sarcloir de type iler. Le semis est réalisé en poquets à faible densité (5 000 à 6 000 poquets par hectare), sans préparation du sol préalable, et en mobilisant toute la main- d'œuvre familiale disponible, enfants compris. Quatre personnes travaillant ensemble peuvent ainsi, en 8 heures, emblaver une parcelle de 2,5 hectares, qui constitue la surface moyenne cultivée par unité de production. Cette opération implique donc un faible coût en travail, tout comme en semences (3 à 4 kg à l'hectare, en raison de la petitesse du grain de mil). Les paysans peuvent donc assumer des risques d'échec très élevés, par exemple en semant à l'occasion de pluies extrêmement précoces, et procéder à des resemis complets ou partiels. Le sarclage à l'iler est quant à lui d'exécution rapide (deux passages sont généralement effectués, à raison de 75 heures de travail effectif par passage et par hectare en moyenne), surtout si on le compare au travail à la houe réalisé dans des milieux similaires (RAULIN, 1967 ; GUILLAUD, 1993) et *a fortiori* dans les régions plus méridionales, où l'enherbement est beaucoup plus massif.

Au total, on le voit, des itinéraires techniques extrêmement simples, ne faisant pas appel aux intrants, et peu exigeants en travail, permettent la mise en culture de surfaces étendues (2 ha environ par actif). Dans de tels systèmes de culture, il s'agit avant tout de valoriser au mieux une ressource rare, le temps, en essayant de tirer le meilleur parti de l'événement climatique et de la fugacité des périodes propices (MARCHAL, 1989 ; MILLEVILLE, 1989). L'adaptation aux conditions naturelles est déterminante, et l'artificialisation du milieu cultivé reste très limitée.

... à l'abondance de l'herbe

Au début des années 1970, les Manding et les Diola de moyenne Casamance, au sud du Sénégal, pratiquent une agriculture essentiellement manuelle, bien que des efforts soient alors entrepris pour y introduire la culture attelée bovine. Les terroirs s'organisent le long de toposéquences, où se succèdent une zone argileuse inondable en bordure de fleuve, puis un vaste versant où, sur des sols ferrugineux tropicaux, coexistent arachide, maïs, sorgho, mil et jachères, enfin une zone de plateau aux sols ferralitiques, où les défrichements forestiers progressent afin d'y implanter en alternance arachide et céréale. L'arachide (variétés tardives de 120 jours) représente les deux tiers des surfaces consacrées aux cultures pluviales, et les disponibilités en terre demeurent grandes.

Dans ce milieu sud-soudanien (pluviométrie annuelle de l'ordre de 1200 mm), la longueur de la saison humide autorise un certain étalement des semis, même si l'implantation précoce des cultures pluviales constitue le meilleur gage d'obtention de rendements élevés. Les niveaux de risque climatique sont beaucoup moins importants qu'en région sahélienne, et les agriculteurs moins contraints de réaliser les semis dès les premières pluies utiles. Le semis de l'arachide peut ainsi être étalé sur plus d'un mois au sein d'une même parcelle.

Par contre, une contrainte forte s'impose, compte tenu des disponibilités en eau : l'enherbement. Les plantes adventices prolifèrent rapidement, et exercent une forte compétition sur les cultures. Les agriculteurs parviennent à en assurer la maîtrise de deux façons :
– la première consiste à exécuter une préparation du sol avant semis, afin de débarrasser le sol des adventices déjà levées. Alors que les premiers semis, réalisés dès les premières pluies, le sont généralement sur sol nettoyé mais non travaillé, les suivants supposent un travail du sol préalable, permettant à la plante cultivée de s'implanter sans préjudice d'une concurrence des adventices en début de cycle, et de différer la réalisation du premier sarclo-binage. Le rôle joué par le travail du sol dans le contrôle de l'enherbement apparaît déterminant dans les agricultures paysannes des régions soudaniennes et des zones tropicales humides. On constate d'ailleurs que la préparation du sol est généralement absente lorsque ne se pose pas de contrainte d'enherbement (semis réalisés sur un sol propre dès les premières pluies, ou implantation de cultures pionnières après défriche-brûlis) ;
– la deuxième manière de maîtriser l'enherbement réside dans l'étalement de l'implantation des cultures (sur une même parcelle et/ou sur les différentes parcelles de l'exploitation), afin d'étaler la réalisation des sarclo-binages (et tout particulièrement du premier), compte tenu des besoins en travail qu'ils exigent. Même en culture attelée, le désherbage manuel reste en effet le poste d'emploi le plus lourd. Et l'on comprend

l'accueil favorable réservé à l'herbicide par nombre d'agriculteurs des régions cotonnières, en raison du temps de travail qu'il permet d'économiser lors du premier sarclo-binage et de la meilleure maîtrise de l'enherbement qu'il autorise.

Ces deux principes de conduite des cultures sont étroitement associés et interdépendants (MILLEVILLE, 1972). Le travail du sol, de par les besoins en travail qu'il requiert en culture manuelle, est nécessairement étalé dans le temps, permettant ainsi d'ajuster, dans une certaine mesure, le déroulement des interventions de désherbage à l'envahissement progressif des adventices sur la superficie cultivée. D'autant plus qu'un travail du sol tardif a pour conséquence de neutraliser une biomasse adventice déjà importante, et de limiter de ce fait la vitesse et l'ampleur du ré-envahissement ultérieur, permettant ainsi de différer et d'alléger les opérations de désherbage. À l'opposé, un semis précoce réalisé sans travail du sol préalable exige des interventions de désherbage plus précoces, plus nombreuses et plus lourdes.

Contrairement à ce qui prédomine en régions sahéliennes, les instruments aratoires sont ici constitués d'outils à manche court, maniés en position courbée. Les besoins en travail pour l'exécution des différentes opérations culturales y sont considérablement plus élevés.

Le changement technique peut sensiblement modifier les données de cette logique de conduite des cultures. Si l'adoption de la culture attelée est envisagée à travers la seule technique du labour, et sans recours au désherbage chimique, il est ainsi possible que le profit attendu d'une implantation des cultures plus précoce et moins étalée dans le temps qu'elle ne l'était en culture manuelle soit en grande partie neutralisé par un contrôle défectueux de l'enherbement au cours du cycle. Il s'agit bien d'assurer la maîtrise de l'itinéraire technique dans son ensemble, ou plutôt des itinéraires techniques sur un ensemble de cultures et de surfaces, compte tenu d'objectifs de production et de moyens disponibles. Pour ce faire, l'agriculteur doit nécessairement adopter des compromis, sans chercher par exemple à obtenir le plus haut rendement possible sur les surfaces semées le plus tôt.

Dans l'ensemble de la grande région soudano-sahélienne, chacun des deux modèles précédents s'exprime avec plus ou moins de force selon les conditions locales de milieu. De fait, une situation agricole donnée emprunte à la fois à l'un et à l'autre de ces modèles, et combine dans une certaine mesure ces deux types de logique technique. Les situations agricoles intermédiaires rendent bien compte de cette hybridation.

FLEXIBILITÉ TECHNIQUE EN CONDITIONS INTERMÉDIAIRES

L'exemple choisi ici concerne la zone des « terres neuves » du Sénégal, située au nord de la Gambie à une centaine de kilomètres à l'ouest de Tambacounda, qui a fait l'objet d'un projet de colonisation agricole organisé par les pouvoirs publics à partir de 1972. Ce projet s'appuyait sur l'installation de migrants sereer originaires du Sine, région surpeuplée du bassin arachidier. Une recherche d'accompagnement de ce projet avait été réalisée lors des premières années, et de nouvelles enquêtes y ont été menées à la fin des années 1980 (DUBOIS et MILLEVILLE, 1979 et 1999).

La région des terres neuves est sous la dépendance d'un climat de type nord-soudanien (pluviométrie annuelle de 600 à 800 mm). Les migrants ont mis en culture des sols ferrugineux tropicaux, sablo-limoneux, après défrichement du couvert forestier.

La vulgarisation entreprise dans le cadre du projet consistait à diffuser auprès des agriculteurs un modèle agricole intensif, fondé sur la diversification des cultures, l'utilisation de variétés sélectionnées, l'adoption de la traction attelée bovine, le labour, la fertilisation minérale. Il s'est vite avéré que, dans ces conditions de grandes disponibilités en terre, un tel modèle était profondément détourné par les agriculteurs, au profit de systèmes de culture beaucoup plus extensifs, en raison notamment du rejet total ou partiel des thèmes techniques exigeants en travail à l'unité de surface. Priorité était ainsi donnée par les agriculteurs à la productivité de leur travail, facteur rare de la production. Le grattage superficiel du sol à l'aide de houes attelées a été d'emblée substitué au labour, la culture cotonnière totalement abandonnée, l'engrais appliqué à des doses très inférieures aux recommandations, tandis que le cheval tendait à compléter, voire à supplanter, la paire de bœufs dans les travaux de culture attelée, en raison de sa plus grande rapidité. La péjoration prolongée des conditions pluviométriques et celle du contexte économique ont par la suite accentué ces tendances : abandon des espèces et variétés à cycle long, avec adoption d'un assolement limité à une arachide semi-hâtive et un mil à cycle court de type souna, abandon total de la fertilisation minérale. Au cours du temps, la dérive amorcée s'est donc confirmée, et même amplifiée.

La comparaison du déroulement des calendriers culturaux d'une quinzaine d'exploitations au cours de deux campagnes successives permet d'éclairer l'influence des conditions climatiques sur les choix techniques des agriculteurs.

L'hivernage 1986 est tardif (fig. 1) : les premières pluies utiles, qui totalisent 40 mm environ, ne tombent que les 28 et 29 juin. Tous les agriculteurs procèdent alors sans attendre au semis du mil souna, opération rapide qui sera quasiment achevé dès le 1er juillet. Le semis de l'arachide débute immédiatement après celui du mil, tandis que certains agriculteurs choisissent d'effectuer un grattage du sol à l'occasion de ces premières pluies. Mais la préparation du sol avant semis ne concerne en 1986 que des surfaces réduites : sur 14 exploitations, seules quatre y ont recours dès le début de saison, trois la pratiquent peu et tardivement, et sept réalisent la totalité des semis sans travail du sol préalable. 58 % des surfaces travaillées en 1986 le sont avant le 8 juillet, date du nouvel épisode pluvieux (deuxième pluie utile : 12 mm les 8 et 9/07). Au 20/07, 86 % des surfaces d'arachide ont été semées, et il faut attendre le retour des pluies des 2, 3 et 4 août (85 mm) pour emblaver les dernières parcelles. La dernière décade de juillet est en effet presque totalement sèche, et est mise à profit par les agriculteurs pour débuter les sarclages. La période active de semis de l'arachide (dernières parcelles exclues) a donc été de 20 jours en 1986, et 74 % de la surface a été semée en 13 jours seulement, du 8 au 20/07 (fig. 2).

Globalement, le mois de juillet est fortement déficitaire (73 mm), le mois d'août conforme à la normale (près de 200 mm, sans interruption notable des précipitations), et le mois de septembre très pluvieux (225 mm). En 62 jours, du 2/08 au 2/10, tombent 456 mm, soit 77 % du total des précipitations de la campagne. Dès le début du mois d'août l'enherbement est massif, et nulle période de sécheresse ne permet par la suite de le contrôler efficacement. Tous les agriculteurs se sont plaint de l'enherbement cette année là, et sa maîtrise aura été particulièrement défectueuse sur céréales, dont l'entretien a été négligé au profit de l'arachide. La campagne 1986 conjugue donc paradoxalement un déficit pluviométrique global intense (594 mm au total, soit une pluviométrie équivalente à celle de 1972 !) et un enherbement massif. Cet état de fait résulte de l'interaction entre les paramètres de pluviosité et la stratégie de conduite des cultures : un hivernage tardif, poussant les agriculteurs à semer le plus rapidement possible céréales et arachide (en faisant donc peu appel au travail du sol préalable), et reportant le début des sarclages à la fin de la période des semis ; enfin une longue période continuellement pluvieuse dès le début du mois d'août, pénalisant gravement la qualité et l'efficacité des sarclages.

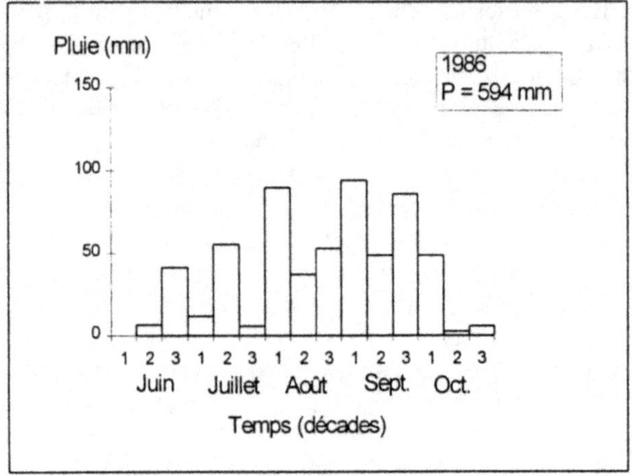

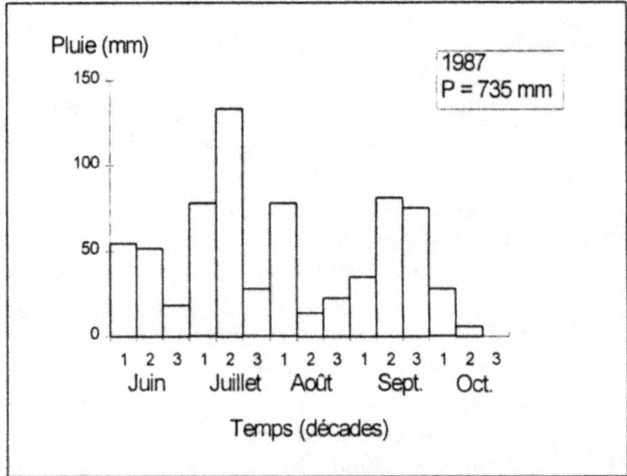

Fig. 1 – Pluviométrie décadaire, 1986 et 1987 (village de Meneto, Terres Neuves)

Les conditions de la campagne 1987 sont bien différentes (fig. 1). L'hivernage débute précocement, le 8 juin, avec une succession de pluies qui totalisent 90 mm en cinq jours. À ce premier épisode pluvieux succèdent plusieurs pluies utiles espacées de périodes sèches plus ou moins longues : suivant les lieux, 17 à 40 mm le 17/06, 9 à 17 mm le 22/06, 20 à 42 mm les 2 et 3/07, 40 à 60 mm le 10/07, 60 mm les 14 et 15/07. Les agriculteurs, comme en 1986, procèdent au semis du mil dès la première pluie.

Mais, contrairement à l'année précédente, la plupart d'entre eux exécutent un travail du sol sur des surfaces plus ou moins grandes à partir du 11/06, et cette opération se poursuivra jusqu'au 15/07. Sur quinze exploitations, dix pratiquent cette année là le grattage du sol intensément, quatre de façon limitée, et une seule n'y a pas du tout recours. Les semis d'arachide débutent le 12/06, et ne sont quasiment achevés que le 17/07. Leur répartition indique clairement la stratégie adoptée : à l'occasion de chaque épisode pluvieux, et compte tenu de la hauteur des précipitations, le semis est réalisé pendant deux ou trois jours, puis abandonné au profit du grattage du sol ou du sarclage jusqu'à la pluie suivante (fig. 3). Les semis sont ainsi interrompus durant neuf jours, du 24/06 au 2/07. 41 % des semis sont réalisés en juin, à l'occasion de trois pluies, et 59 % en juillet. La période de mise en place de l'arachide est beaucoup plus étalée qu'en 1986 (37 jours).

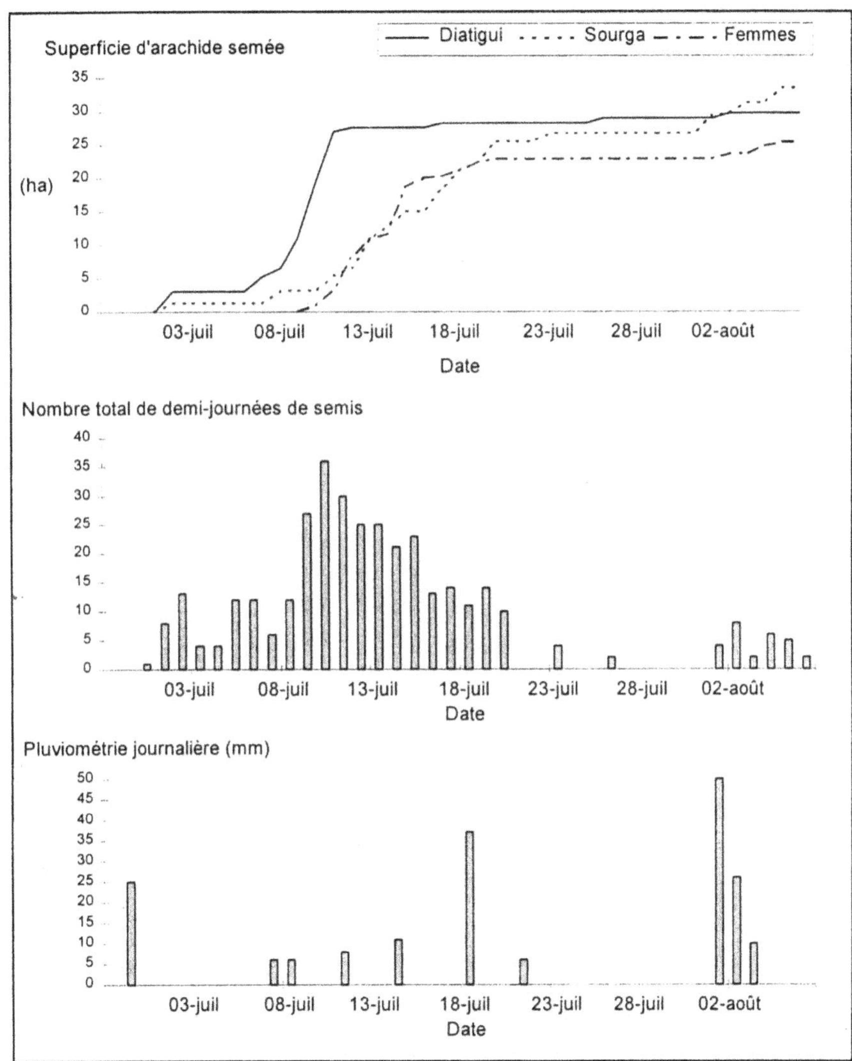

Fig. 2 – Pluviométrie journalière et progression des semis d'arachide en 1986 : globalement et par catégories

La fin du mois de juillet 1987 est sèche et les précipitations du mois d'août sont plus faibles qu'en 1986. Ces conditions, associées au fait qu'une préparation du sol a été réalisée sur une part appréciable des surfaces d'une part, et à l'alternance des phases de semis et de sarclage jusqu'à la mi-juillet d'autre part, expliquent que l'enherbement a pu être maîtrisé cette année-là de manière satisfaisante, malgré une pluviométrie totale

(735 mm) bien supérieure à celle de la campagne précédente. Mais il faut souligner que la durée des travaux culturaux ne s'en est pas trouvée allongée pour autant, tout au moins pour ce qui concerne les interventions de culture attelée : dans la plupart des exploitations les sarclages étaient en effet achevés au 15/08, alors qu'ils s'étaient poursuivis jusqu'à fin août-début septembre en 1986.

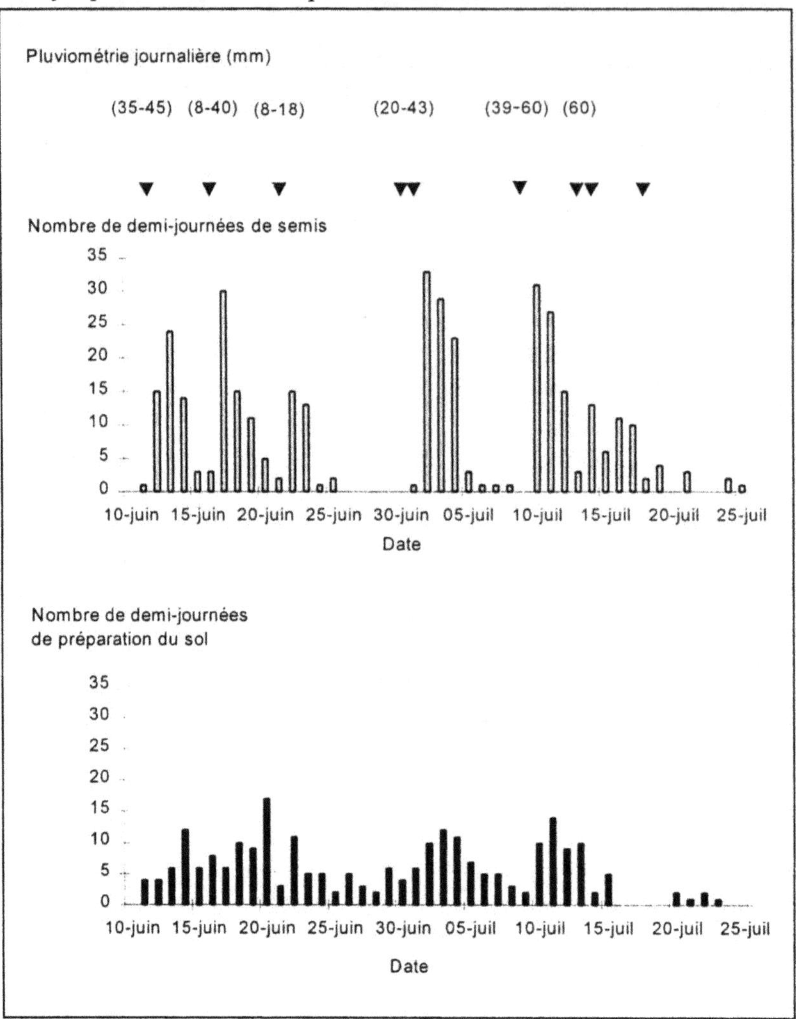

Fig. 3 – Pluviométrie journalière, progression de la préparation du sol et du semis sur les parcelles d'arachide en 1987

L'examen de l'organisation des travaux culturaux au cours de ces deux années aux profils climatiques bien tranchés éclaire la logique du comportement technique des agriculteurs. La région des terres neuves peut être considérée, en ce qui concerne la conduite des systèmes de culture, comme combinant les deux grandes tendances évoquées précédemment, caractéristiques pour l'une des conditions sahéliennes, pour l'autre des conditions soudaniennes :

– dans le premier cas, la ressource rare est le temps. Il s'agit de tirer le meilleur parti de la brièveté de la saison humide et de la fugacité des périodes favorables.

L'agriculteur cherche à mettre en place ses cultures précocement pour s'assurer d'une espérance de rendement élevé. Il convient alors de disposer de techniques d'installation de la culture rapides à mettre en œuvre, et de limiter autant que faire se peut les risques encourus ;

– dans le second cas, l'enherbement constitue une contrainte majeure. Pour en assurer le contrôle de manière satisfaisante (hors de toute lutte chimique), deux techniques sont possibles, et d'ailleurs généralement associées : d'une part, allonger la période de semis afin de répartir dans le temps l'opération de sarclage, qui constitue le principal poste de travail ; d'autre part, retarder et limiter la prolifération des adventices par des techniques appropriées de travail du sol avant semis.

Le profil climatique de l'année conditionne le poids respectif de ces deux grands principes de conduite des cultures pluviales. En 1986, c'est à l'évidence la première tendance qui l'emporte : la saison des pluies s'engage tardivement et les agriculteurs donnent la priorité au semis, avec les conséquences qui en résulteront compte tenu de l'évolution ultérieure de la pluviosité. C'est l'inverse en 1987, avec l'arrivée précoce des premières pluies et la fragmentation des pluies suivantes.

Le comportement technique adopté varie par ailleurs avec la nature de la culture. Le fait (qui ne souffre pas d'exception) de semer le mil avant l'arachide, dès la première pluie utile et sans travail du sol préalable, ne peut être interprété (contrairement à certaines idées reçues) comme une priorité accordée par les agriculteurs à leurs cultures vivrières. Elle traduit au contraire l'acceptation d'un risque d'échec élevé pour la culture céréalière, que justifient le coût dérisoire de la semence et la faible quantité de travail requis par le semis.

L'adaptation aux conditions pédo-climatiques constitue un niveau de détermination essentiel, mais non exclusif, de gestion des systèmes de culture par les agriculteurs. Leurs décisions techniques s'inscrivent bien entendu aussi dans un contexte socio-économique donné, et dans le fonctionnement d'unités de production qui ont des objectifs et des principes d'organisation spécifiques. On s'appuiera sur le même exemple que précédemment pour en donner une illustration.

CONDUITE DES SYSTÈMES DE CULTURE ET ORGANISATION SOCIALE DE LA PRODUCTION

Les principes d'organisation et de fonctionnement des exploitations agricoles du bassin arachidier sénégalais sont bien connus (LERICOLLAIS, 1972 ; DUBOIS, 1975 ; GASTELLU, 1980 ; BENOIT-CATTIN et FAYE, 1982). Alors que la gestion des travaux sur les cultures céréalières destinées à l'approvisionnement de la « cuisine » est placée sous la responsabilité directe du chef d'exploitation, la conduite des parcelles d'arachide renvoie aux statuts de leurs attributaires, à travers des règles plus ou moins strictes régissant, au sein de l'exploitation, les échanges de travail et l'accès aux moyens de production. Trois catégories d' « actifs exploitants » doivent être distinguées : le *diatigui* (chef d'exploitation), les femmes et les *sourga* (actifs masculins dépendants). Parmi ces derniers, il convient, au moins en première analyse, de faire la part des membres résidants du groupe familial, qui peuvent être mariés ou célibataires, et des *navétanes*, qui sont des travailleurs saisonniers. Ces derniers sont particulièrement nombreux dans les terres neuves, compte tenu de l'étendue des terres encore disponibles. Chaque *sourga* doit en principe au *diatigui* (sur ses parcelles de céréales ou d'arachide) quatre matinées de travail par semaine durant la saison de culture. Il est clair que la présence de *sourga* profite au *diatigui*, en lui permettant notamment d'accroître sa surface d'arachide. Dans bien des cas, lorsque l'exploitation atteint une certaine taille, les *sourga* se substituent d'ailleurs totalement au *diatigui*, qui ne participe plus directement aux travaux culturaux et se contente de superviser l'organisation du travail et l'affectation des moyens de production au sein de l'unité de production. Coexistent donc dans l'exploitation un centre de décision principal (le *diatigui*), et des centres de décision secondaires (les autres actifs exploitants) jouissant d'une certaine marge de liberté quant à l'organisation du travail sur leurs propres parcelles. La généralisation de la culture attelée a quelque peu fait évoluer (mais sans les bouleverser) les règles stipulant les obligations des *sourga*, qui ont bien entendu accès pour leur propre compte à l'équipement de l'exploitation, sous le contrôle et l'arbitrage du *diatigui*.

La distinction des tâches entre hommes et femmes s'est, quant à elle, sans aucun doute trouvée renforcée par la mécanisation, en limitant pour l'essentiel au sarclage manuel la contribution de la femme aux opérations spécifiquement culturales (sa participation au décorticage de l'arachide restant par ailleurs déterminante, et celle au vannage exclusive). Il est en effet rare de voir la femme participer aux travaux de culture attelée, qui reste la prérogative des hommes. Ce n'est que dans les cas où un seul actif masculin est présent dans l'exploitation, et qu'il ne peut être secondé efficacement par un enfant, que son épouse l'aide à diriger le cheval. Il en résulte que les femmes bénéficient sur leurs propres parcelles de prestations de travail de la part des hommes pour toutes les opérations de culture attelée. Elles fournissent en retour une certaine quantité de travail pour le sarclage des parcelles d'arachide du *diatigui*. Leur participation au sarclage des céréales demeure très limitée, conformément à la « norme » habituelle.

Le *diatigui* ne bénéficie pas seulement de prestations de travail de la part des autres actifs de l'exploitation. Il exerce également un droit de priorité pour l'accès aux moyens de production. L'examen du déroulement des travaux au cours de la campagne le montre sans aucune ambiguïté.

En 1986, l'ordre dans lequel s'effectuent les semis est dans tous les cas le suivant : mil du *diatigui* - mil des dépendants - arachide du *diatigui* – arachide des dépendants. Au 10/07, le semis avait ainsi été entrepris sur 82 % des parcelles des *diatigui*, alors qu'il n'avait débuté que sur 17 % des parcelles des *sourga* et sur 6 % des parcelles des femmes (fig. 2).

On observe en 1987, on l'a vu, des semis plus précoces, plus étalés et plus fragmentés dans le temps que l'année précédente. À l'issue des deux premiers épisodes pluvieux, et une fois achevé le semis du mil, celui de l'arachide a été engagé sur 60 % des parcelles des *diatigui*, 32 % des parcelles des *sourga* et 26 % des parcelles des femmes (fig. 3). La troisième pluie est consacrée à l'emblavement des seules parcelles des *sourga*. Après la quatrième pluie, le semis a été réalisé sur 90 % des parcelles des *diatigui*, 84 % des parcelles des *sourga* et 50 % des parcelles des femmes. La moitié de ces dernières ne seront finalement semées qu'à l'occasion des cinquième et sixième pluies, à partir du 10/07.

On aurait pu penser que dans des exploitations bien équipées, bénéficiant de plusieurs attelages et d'une main-d'œuvre abondante, de telles règles s'assouplissent au cours du temps et que l'établissement de la culture arachidière puisse s'effectuer de manière plus synchrone (et partant plus « égalitaire ») sur les différentes parcelles. Nous avions formulé cette hypothèse à l'issue des trois premières campagnes du projet Terres Neuves (1972-74), à une époque où des contraintes en équipement et(ou) en force de travail s'imposaient encore à la plupart des exploitations. Il faut bien constater aujourd'hui qu'il n'en est rien, tout au moins en ce qui concerne la hiérarchie entre *diatigui* et dépendants. On constate en effet que les différents attelages présents dans une exploitation travaillent généralement ensemble pour les opérations d'installation de la culture : ce sont en fait de véritables « chantiers » qui peuvent être ainsi organisés, principalement (mais non exclusivement) sur les parcelles des *diatigui*, associant travaux de semis, de préparation du sol ou de *radou* (premier sarclage réalisé en culture attelée, juste après le semis, avant la levée des plantules d'arachide). La possibilité de mobiliser en même temps plusieurs attelages est donc mise à profit pour semer chaque parcelle (et d'abord celle du *diatigui*) dans le laps de temps le plus court possible, plutôt que pour réduire les disparités entre les différentes parcelles de l'exploitation. On retrouve un type d'organisation similaire pour la réalisation des sarclages. Le *diatigui* en est évidemment le principal bénéficiaire. C'est donc bien à la fois quantitativement et en terme d'opportunité qu'il profite des prestations de travail de la part de ses *sourga*.

Les règles observées en matière d'échange et d'organisation du travail dans les exploitations induisent une forte disparité des rendements et plus encore des productions d'arachide entre les différentes catégories d'attributaires. À la fin des années 1980, la situation demeure sur ce plan identique à celle des premières campagnes du projet : les rendements de l'arachide sur les parcelles des dépendants, et sur celles des femmes en particulier, restent systématiquement inférieurs à ceux obtenus par les *diatigui*. En 1985, 1986 et 1987, les rendements moyens étaient ainsi respectivement de 1 100, 1 195 et 1 605 kg/ha sur les parcelles des *diatigui*, de 870, 995 et 1 390 kg/ha sur celles des *sourga*, et de 750, 750 et 1095 kg/ha sur les parcelles des femmes. Ces dernières, semées et sarclées tardivement, apparaissent particulièrement pénalisées. Si l'on considère que la surface moyenne d'arachide est de 2 ha pour un *diatigui*, 1 ha pour un *sourga* et 0,50 ha pour une femme, on comprend que les productions moyennes puissent varier dans des proportions de un à plus de six entre ces trois catégories d'attributaires.

CONCLUSION

Les choix techniques ne procèdent pas de déterminations simples, ni strictes. Certes, il est des situations où la rigueur des contraintes écologiques limite singulièrement la marge de manœuvre des agriculteurs. Dans certains cas extrêmes, il semble même exister peu d'autres alternatives que de faire ou ne pas faire, car la gamme des modalités d'exécution des techniques est quasiment inexistante. Mais dans la grande majorité des cas, les choix possibles sont diversifiés, et les agriculteurs tirent volontiers parti de cette possibilité de diversification afin de limiter les risques et d'assurer le plein emploi des facteurs de production les plus rares.

L'agriculture n'est pas qu'affaire de confrontation de l'homme avec la nature. Elle repose aussi sur des formes d'organisation sociale, sur des héritages et des emprunts, sur des projets individuels et collectifs. Il serait dès lors périlleux de considérer l'adaptation aux conditions naturelles comme un facteur explicatif surdéterminant des choix techniques.

Les décisions prises par les agriculteurs en matière de conduite des cultures le sont au sein d'ensembles organisés, finalisés et dimensionnés. La parcelle, la sole d'une culture (AUBRY, 1995), la surface gérée par un attributaire ou par une catégorie donnée d'attributaires, l'ensemble des parcelles d'une exploitation, constituent des niveaux pertinents de gestion des systèmes de culture. Ce qui est observable à une échelle réduite résulte pour partie de compromis et d'arbitrages réalisés à des niveaux plus englobants. C'est bien pour cette raison que les choix techniques de l'agriculteur ne peuvent que s'écarter des modèles « à imiter » qu'a longtemps prétendu promouvoir une agronomie prescriptive, en vertu de critères d'optimisation qui ne tenaient pas réellement compte des niveaux d'organisation et des contraintes dans lesquels les agriculteurs exercent leur activité. On doit dès lors se réjouir de voir les agronomes s'intéresser de plus en plus aux processus de décision des agriculteurs et à la gestion de leur production (SEBILLOTTE et SOLER, 1988 ; CERF *et al.*, 1990). Il s'agit sans doute d'une voie plus difficile, mais aussi plus réaliste, d'évaluation des perspectives de changement technique en agriculture.

RÉFÉRENCES BIBLIOGRAPHIQUES

AUBRY C., 1995 - Gestion de la sole d'une culture dans l'exploitation agricole. Cas du blé d'hiver en grande culture dans la région picarde. Thèse de Doctorat. INA P-G, Paris, 283 pages + annexes.

BENOIT-CATTIN M., FAYE J., 1982 - *L'exploitation agricole familiale en Afrique Soudano-Sahélienne*. Paris, PUF, ACCT.

CERF M., PAPY F., AUBRY C., MEYNARD J.M., 1990 - Théorie agronomique et aide à la décision. *In* Brossier J., Vissac B., Le Moigne J.L. (éd.), *Modélisation systémique et système agraire. Décision et organisation*. Paris, INRA, :181-202.

DUBOIS J.P., 1975 - Les Sérèr et la question des Terres Neuves au Sénégal. *Cah. Orstom, sér. Sci. Hum.*, 12 (1): 81-120.

DUBOIS J. P., MILLEVILLE P., 1999 – *Paysans sereer, Dynamiques agraires et mobilités au Sénégal,* IRD, coll. *À travers champs,* 1999 (extraits).

GASTELLU J.M., 1980 - Mais où sont donc ces unités économiques que nos amis cherchent tant en Afrique ? *Cah. Orstom, sér. Sci. Hum.*, 17 (1) : 3-11.

GUILLAUD D., 1993 - *L'ombre du mil. Un système agropastoral en Aribinda (Burkina Faso)*. Paris, Orstom, coll. *À travers champs*, 321 pages.

LERICOLLAIS A., 1972 - *Sob, étude géographique d'un terroir sérèr (Sénégal)*. Paris, Orstom, coll. *Atlas des structures agraires au sud du Sahara*, 7, 110 pages.

MARCHAL J.Y., 1989 - En Afrique soudano-sahélienne : la course contre le temps. Rythmes des averses et forces de travail disponibles. *In* Eldin M. et Milleville P. (éd.), *Le risque en agriculture*. Paris, Orstom, coll. *À travers champs* : 255-267.

MILLEVILLE P., 1972 - Approche agronomique de la notion de parcelle en milieu traditionnel africain : la parcelle d'arachide en moyenne Casamance. *Cah. Orstom, sér. Biol.*, n° 17 : 23-37.

MILLEVILLE P., 1989 - Activités agro-pastorales et aléa climatique en région sahélienne. *In* : Eldin M. et Milleville P. (éd.) *Le risque en agriculture*, Paris, Orstom, coll. *À travers champs* : 233-241.

MILLEVILLE P., DUBOIS J.P., 1979 - Réponses paysannes à une opération de mise en valeur de terres neuves au Sénégal. *In Maîtrise de l'espace agraire et développement en Afrique tropicale*. Paris, Mémoire Orstom n° 89 : 513-518.

RAULIN H., 1967 - *La dynamique des techniques agraires en Afrique tropicale du nord*. Paris, CNRS, Études et Doc. Inst. Ethnologie, 223 pages.

SEBILLOTTE M., SOLER L.G., 1988 - Le concept de modèle général et la compréhension du comportement de l'agriculteur. *CR. Acad. Agric. Fr.*, 74 (4) : 59-70.

LA CULTURE PIONNIÈRE DU MAÏS SUR ABATTIS-BRÛLIS *(HATSAKY)* DANS LE SUD-OUEST DE MADAGASCAR
CONDUITE DES SYSTÈMES DE CULTURE

Pierre MILLEVILLE et Chantal BLANC-PAMARD

INTRODUCTION

L'agriculture du sud-ouest de Madagascar recouvre des réalités très diverses. On en distinguera schématiquement quatre types principaux : (a) la riziculture irriguée, localisée en bordure de fleuves et de rivières, ou dans des plaines et des bas-fonds aménagés ; (b) la polyculture semi-intensive des terres dites de *baiboho*, d'origine alluviale, lieu de culture privilégié du pois du Cap par le passé, et zone d'extension plus récente de la culture cotonnière ; (c) la culture pluviale extensive des terres sableuses de savane ; (d) la culture sur abattis-brûlis pratiquée aux dépens de la forêt sèche. Il semble bien que la mise en valeur agricole ait d'abord concerné prioritairement les deux premières zones, en raison de leurs aptitudes culturales, pour s'étendre ensuite progressivement aux espaces périphériques (ROLLIN, 1996). Entre Manombo et Befandriana, à l'est de la forêt des Mikea, DANDOY constatait en 1972 que *« l'agriculture n'occupe que des secteurs limités correspondant aux meilleurs sols et aux surfaces irrigables »*. Il est manifeste que ces terres à bonne valeur agricole sont à présent saturées, et que les surfaces cultivées ne peuvent dès lors s'étendre qu'en gagnant sur les terres de forêt sèche et de savane.

En conditions pionnières, le maïs constitue de loin la principale culture pluviale du sud-ouest de Madagascar (RÉAU, 1996). Le contexte économique actuel lui est particulièrement favorable, compte tenu des débouchés qui lui sont assurés dans l'océan Indien (à la Réunion principalement) et de la demande nationale. Les agriculteurs savent qu'ils peuvent, s'ils le souhaitent, commercialiser sur place tout ou partie de leur production (AMPALAHY *et al.*, 1994 ; ESCANDE, 1995 ; FAUROUX, 1999). Le maïs, qui était par le passé une culture essentiellement vivrière (DANDOY, en 1972, estime à 22 % la part de la production de maïs vendue), est devenue l'une des principales cultures commerciales de la région, induisant des comportements de type spéculatif, l'émergence de gros producteurs et le recours très répandu au salariat agricole. L'extension considérable des défrichements qui en résulte affecte gravement plusieurs massifs forestiers. Ce phénomène de grande ampleur occupe aujourd'hui une place de premier plan dans les dynamiques agraires et environnementales de la région.

Les travaux de recherche entrepris par le programme GEREM sur les systèmes de culture sur abattis-brûlis (*hatsaky*) concernent deux sites caractéristiques de la dynamique de déforestation de la région du sud-ouest : la partie orientale de la forêt des Mikea d'une part, le plateau calcaire de Belomotra situé entre les vallées du Fieherenana et de l'Onilahy d'autre part. Dans ces deux zones, la culture du maïs s'étend d'une manière spectaculaire aux dépens des espaces forestiers. Dans la suite du texte, ces deux sites seront souvent désignés par les noms de deux villages : Analabo (forêt des Mikea) et Antsapana (plateau calcaire de Belomotra).

DEUX SITUATIONS PÉDO-CLIMATIQUES CONTRASTÉES

Dans la région du sud-ouest de Madagascar, les précipitations se répartissent en une seule saison de courte durée (4 mois environ). Les premières pluies utiles surviennent généralement en novembre, et les dernières dans le courant du mois de mars. La période la plus arrosée se situe entre le 15 décembre et le 15 février, alors que les pluies de début et de fin de saison sont fortement erratiques.

Les sols ferrugineux tropicaux qualifiés de « sables roux » (SOURDAT, 1977) occupent une place de choix dans le sud-ouest malgache, et prédominent largement dans la forêt des Mikea et sa bordure orientale. Ces sols de texture grossière, au profil indifférencié sur plusieurs mètres au-delà de l'horizon de surface, sont pauvres en matière organique et en azote. La pluviométrie moyenne, de l'ordre de 800 mm au niveau du village d'Ampasikibo, sur la RN9, décroît rapidement vers l'ouest, pour n'atteindre que 400 mm environ sur la côte, distante de 35 kilomètres. Le long de ce transect, plusieurs types de sols peuvent être distingués, correspondant à des remaniements éoliens successifs (de 5000 à 40000 ans et plus B.P.) d'un matériau ancien sablo-argileux (LEPRUN, 1998). La pédogenèse y est d'autant plus évoluée que la reprise éolienne est ancienne : à des sables blancs-beiges puis roux clairs localisés près de la côte et dans la partie ouest de la forêt de type bush, succèdent plus à l'est des sables roux (5 à 10 % d'argile) puis roux-rouges (10 à 15 % d'argile), sur lesquels s'étendent les défrichements pratiqués aux dépens de la forêt sèche, enfin des sables rouges (plus de 15 % d'argile), sur lesquels dominent des savanes boisées, affectées depuis longtemps au pastoralisme, mais qui font également l'objet de mises en culture depuis quelques années. Plus à l'est encore, la vaste étendue dépressionnaire aux sols d'origine alluviale, connue sous le nom de « couloir d'Antseva », constitue la zone la plus anciennement et intensivement cultivée. La culture cotonnière y a supplanté celle du pois du Cap, et s'y est spectaculairement étendue au cours des vingt dernières années.

Le long de la RN7, à l'est de Tuléar, les villages les plus anciens ont été établis sur des étendues de sables roux qui recouvrent localement le substrat calcaire éocène. Maïs et manioc y sont cultivés depuis près de 50 ans. Mais dans cette région, affectée d'une pluviométrie de 500 à 600 mm, c'est essentiellement sur les sols squelettiques du plateau calcaire que les migrants *tanalana* et *mahafaly* pratiquent depuis une vingtaine d'années la culture du maïs, qui s'y étend de façon spectaculaire. La dalle calcaire affleure, fissurée et érodée. Une terre fine s'est accumulée dans les anfractuosités peu profondes de la roche, où se concentrent aussi l'eau de ruissellement et les cendres provenant du brûlis. Les agriculteurs estiment que le maïs résiste mieux à la sécheresse sur de tels sols, qui apparaissent *a priori* impropres à toute forme d'agriculture, que sur les sols profonds des sables roux. On notera que ces sols squelettiques sur substrat calcaire existent aussi, mais sur de faibles étendues, en bordure de la forêt des Mikea. Ils y sont également cultivés, depuis moins de dix ans.

L'ABATTIS-BRÛLIS, FONDEMENT DU *HATSAKY*

Sur le site choisi en forêt pour l'ouverture d'un nouvel *hatsaky* (ce terme désignant à la fois la pratique de la culture sur abattis-brûlis et le champ ainsi cultivé), l'abattage des arbres (*tetiky*) est effectué à la hache (*famaky*) durant la saison sèche, d'avril à septembre. Il commence tôt, car c'est un travail qui demande du temps. En outre, les arbres ont encore leurs feuilles en début de saison sèche, et après séchage la mise à feu (*oro hatsaky*) en sera facilitée. Enfin, une durée suffisante de séchage s'impose. Les agriculteurs estiment ainsi qu'un séchage de trois à quatre mois est nécessaire lorsque l'abattage a lieu en saison fraîche. Il peut être plus court ensuite. La parcelle défrichée se présente comme un amoncellement de branches coupées avec leurs feuilles, et entassées sur deux mètres d'épaisseur. Les arbres sont coupés à une hauteur d'un mètre environ (ce qui réduit la pénibilité du travail), et abattus vers l'ouest, face au vent dominant de fin de saison sèche. La propagation du feu, allumé dans la partie ouest du champ, en est ainsi facilitée. Après le passage du feu, des bois plus ou moins calcinés jonchent le sol, alors que des quantités considérables de cendres se sont accumulées aux emplacements des plus gros troncs abattus et brûlés. Le vent se chargera d'en assurer une certaine redistribution. La réussite du brûlis peut sensiblement varier d'un champ à l'autre. C'est notamment le cas lorsqu'un feu, allumé intentionnellement dans un *hatsaky*, se propage de façon incontrôlée dans des parcelles voisines défrichées plus tardivement, et consume partiellement le bois qui aurait nécessité un temps de séchage plus long.

Le défrichement est toujours incomplet, et de nombreux arbres ébranchés et noircis restent en place. Trois raisons au moins motivent l'inachèvement du défrichement de première année : la première tient au souci de limiter le travail sur la surface défrichée, souvent importante, la seconde à la nécessité de ne pas accumuler une trop grande quantité de cendres qui pourrait nuire au développement des plantules de maïs, la troisième à l'intérêt que représente pour les années suivantes le stock de bois préservé, tant pour l'apport de cendres au bénéfice de la culture que pour la fabrication de charbon de bois (cas d'Antsapana). L'essartage et le brûlis peuvent donc s'étaler sur plusieurs années. À Analabo, les baobabs (*Adansonia Za*) sont systématiquement préservés, et certains terroirs y prennent l'allure d'un spectaculaire parc arboré. En fait, le baobab n'y est pas préservé pour sa valeur d'usage, mais parce que sa présence ne cause pas de préjudice sensible à la culture (faible ombrage), et que son élimination impliquerait une dépense en travail excessive.

Par la suite, avant le début de chaque nouvelle campagne, le champ est débarrassé de ses repousses arbustives, des pailles d'adventices et des résidus de culture, qui sont brûlés. Cette opération de nettoyage (*troboky*) est réalisée en fin de saison sèche.

LE SEMIS : RAPIDITÉ ET PRÉCOCITÉ

Les agriculteurs cultivent plusieurs variétés, qui se distinguent par la couleur du grain, la durée du cycle et l'adaptation à certaines conditions de milieu. Les maïs jaunes sont les plus répandus et les plus commercialisés. Les variétés à cycle long (120 jours environ) sont appréciées pour leur productivité, celles à cycle court (de l'ordre de 100 jours) pour leur meilleure faculté de parvenir à maturité en cas d'interruption précoce de la saison des pluies ou de semis tardifs. Il conviendrait de préciser les caractéristiques agronomiques de ces différentes variétés ou populations. On relèvera par ailleurs que l'usage du matériel végétal peut localement changer au cours du temps, en fonction des introductions extérieures. Si chaque agriculteur prélève en principe ses semences par sélection massale sur sa récolte précédente, il arrive qu'il en acquière aussi à l'extérieur, tout particulièrement lors d'années déficitaires. C'est ainsi que sur le plateau de Belomotra, la récolte quasi nulle de 1998 contraignit la plupart des agriculteurs à acquérir sur les marchés, tardivement et sans réelle information sur leur provenance et leurs caractéristiques, les semences nécessaires aux emblavements de la campagne suivante.

Le nettoyage de la parcelle est suivi dans tous les cas du semis direct. Plusieurs raisons expliquent l'absence de tout travail du sol préalable : la texture légère du sol, l'absence d'adventices à enfouir, l'étendue des surfaces cultivées et la nécessité de procéder au semis le plus précocement possible. Ce n'est qu'après plusieurs années d'exploitation de la même parcelle, et si l'agriculteur opte pour une autre culture que le maïs (manioc, arachide, cotonnier), qu'il pourra effectuer une préparation du sol. Celle-ci peut d'ailleurs n'être que localisée, comme on le constate pour la mise en place des boutures de manioc. Le travail du sol à l'échelle de parcelles dans leur ensemble reste rare : il suppose la possession d'une charrue, et des disponibilités en main-d'œuvre à une période cruciale, celle qui suit les premières pluies.

Le semis du maïs est réalisé en poquets. La première opération consiste à creuser les trous de semis profonds de 5 à 6 cm, à l'aide de l'*antsoro* (nom localement donné à la bêche), la seconde à déposer quelques grains dans chaque trou, puis à les recouvrir en tassant légèrement le sol avec le pied. Le semis est d'exécution rapide. Deux personnes au moins y coopèrent à Analabo, l'une se chargeant du creusement des trous, l'autre du placement des grains. Sur le plateau calcaire, où la localisation des poquets est plus erratique, les deux opérations sont successivement réalisées par le même individu, poquet après poquet. Les besoins en semences sont réduits, puisque à raison de 5000 à 7000 poquets par hectare et de 4 à 5 grains par poquet, 8 à 10 kg de grains suffisent pour semer un hectare. Les densités moyennes de semis ne diffèrent pas significativement dans les deux sites d'étude.

En première année de culture, les agriculteurs attendent en principe qu'une ou plusieurs pluies soient tombées pour procéder au semis. Après le brûlis qui suit le défrichement, la quantité de cendres accumulées à la surface du sol est considérable. La terre est jugée « chaude » (*tany mafana*), et les plantules de maïs semé avant les pluies risqueraient d'y « brûler ». Il faut attendre que les pluies aient « refroidi » le sol, en amorçant la lixiviation des éléments minéraux et en diluant la solution du sol, pour créer des conditions favorables à la croissance des jeunes plantules de maïs. Ce semis en sol humide est appelé *lonty* à Analabo, et *jomba* à Antsapana.

La règle est par contre d'effectuer un semis en sol sec (*katray*), à partir de la seconde année de culture. Les semences peuvent ainsi germer dès la première pluie de la saison, ce qui laisse les meilleures chances à la culture pour achever son cycle avant l'apparition d'un déficit hydrique qui pourrait résulter d'un arrêt précoce des précipitations en fin de saison. L'objectif d'un bon calage du cycle du maïs est d'autant plus recherché que tous les agriculteurs se plaignent d'une dégradation des conditions pluviométriques, tant en termes de hauteur des précipitations que de durée de la saison pluvieuse (qui débuterait beaucoup plus tardivement que par le passé). La précocité du semis est par ailleurs motivée par la nécessité de limiter la concurrence exercée par les adventices en début de cycle. C'est en synchronisant la levée du maïs et des mauvaises herbes que l'on peut donner au premier les meilleures chances de prendre le dessus sur les secondes. Une troisième raison renforce l'utilité de la pratique du *katray* : la nécessité de protéger la culture des attaques de criquets. Il est manifeste que, dans la plupart des cas, les dégâts occasionnés par les criquets sont d'autant plus graves que les semis sont tardifs. Au cours de nos trois campagnes d'observation, le maïs semé en *katray* a subi essentiellement des destructions foliaires, tandis que les dégâts concernaient également les épis des plantes semées plus tardivement. De nombreux agriculteurs étendent de ce fait à présent la pratique du *katray* à la première année de culture.

Le *katray* est réalisé en fin de saison sèche, dès le mois d'octobre, lorsque l'agriculteur dispose de grandes surfaces à emblaver, ou plus tard, à l'approche des premières pluies. Mais cette technique traduit une prise de risque élevée, puisque l'agriculteur ne peut préjuger de l'occurrence, ni de la hauteur, des premières pluies de la campagne. Une première pluie isolée peut provoquer la germination des grains et la levée des plantules, qui se dessècheront ensuite rapidement (d'autant que la température diurne est élevée à cette période de l'année). En décembre 1996 à Antsapana, une première pluie de quelques millimètres a ainsi provoqué le pourrissement en terre de la totalité des semences. Le même phénomène s'y reproduisit l'année suivante, les agriculteurs procédant, après une très longue interruption des pluies, à des resemis tardifs, jusqu'au début du mois de février. Si les semis précoces constituent le gage d'une espérance de rendement élevé, ils sont par contre affectés d'un risque d'échec important. De fait, il est rare qu'un *katray* réussisse totalement, et un ou plusieurs resemis successifs, au moins partiels, s'imposent le plus souvent. Ce risque d'échec est pleinement assumé par les agriculteurs, compte tenu du faible investissement en travail et en semences que représente l'opération de semis (environ deux jours de travail et 10 kg de grains par hectare). On retrouve ici la même logique que celle qui préside, dans les conditions des agricultures de l'Afrique sahélo-soudanienne, à la mise en place des cultures céréalières (MILLEVILLE, 1998).

En toute rigueur, le terme de *katray* désigne un semis réalisé en sol sec. Généralement appliqué au semis réalisé avant les premières pluies utiles, lorsqu'en extrême fin de saison sèche apparaissent les signes annonciateurs de la période pluvieuse, il peut aussi concerner des semis réalisés plus tardivement, au cours de phases d'interruption prolongée des précipitations, lorsque l'horizon de surface s'est desséché, empêchant ainsi la germination des graines. Le *katray* n'est donc pas toujours synonyme de semis précoce, même s'il s'agit du cas le plus fréquent.

LE CONTRÔLE DES ADVENTICES : NUISANCE ET RESSOURCE

L'enherbement constitue la contrainte principale de l'agriculture pluviale, et ce sont en grande partie les problèmes liés à son contrôle qui justifient les dynamiques temporelle et spatiale de l'exploitation et de l'abandon des terres de culture.

Le défrichement forestier et le brûlis qui l'accompagne laissent, durant la première année de culture, un sol dépourvu de toute végétation herbacée. Au cours des deux premières années de culture, aucun désherbage n'est réalisé, même si certaines espèces herbacées apparaissent en cours de deuxième campagne. L'agriculteur se contente alors de couper, en début de saison des pluies, à l'aide du coupe-coupe (*fibira*) les rejets de souche les plus abondants. Le terme *hatsabao* désigne cette phase des deux premières années à Analabo. Il arrive même que des parcelles, isolées et protégées des passages de troupeaux, y soient encore qualifiées d'*hatsabao* en troisième année de culture, si l'enherbement y reste très limité. *A contrario*, ce terme n'est appliqué qu'à la première année de culture à Antsapana, la seconde année y prenant le nom de *silabao*. Les observations confirment que l'apparition et la prolifération des adventices sont plus précoces sur les sols du substrat calcaire que sur les sables roux.

À partir de la troisième année, et surtout de la quatrième, le contrôle de l'enherbement s'impose. La parcelle de culture rentre dans la phase appelée *mondra* (à Analabo), *vantotse* (troisième année) puis *mondra* (quatrième année et suivantes) à Antsapana. Ce contrôle peut emprunter des voies différentes. Il peut s'agir de la coupe des repousses arbustives et de l'arrachage des touffes plus ou moins éparses d'herbacées (*bira*), d'un sarclage proprement dit réalisé à l'aide de l'*antsoro*, ou d'une combinaison de ces deux types d'interventions. L'intérêt d'un entretien précoce réside évidemment dans la possibilité d'éliminer les plantes herbacées indésirables avant leur mise à graines. Mais, dans les faits, le sarclage à l'*antsoro* de la parcelle dans son ensemble se révèle très rare, en raison des besoins élevés en travail qu'il nécessiterait, compte tenu de l'importance des surfaces cultivées. Il est par ailleurs totalement exclu de le pratiquer sur le plateau calcaire, en raison de l'abondance des blocs rocheux en surface. On notera de forts contrastes de la flore adventice de ces deux milieux (Grouzis, comm. pers.) : sur calcaire, les graminées pérennes (telles que *Pennisetum polystachyon et Hyparrhenia rufa*) prolifèrent et représentent l'essentiel de la phytomasse herbacée.

Durant la saison sèche, l'incursion des troupeaux dans les terres de culture est jugée néfaste, car les animaux sont perçus comme des agents de dissémination (par leurs déjections) des graines d'adventices. Mais il s'avère dans les faits difficile d'empêcher le bétail de pénétrer dans les champs durant la saison sèche, d'autant que les pailles de maïs laissées sur pied constituent une ressource fourragère très appréciée. Les agriculteurs ne peuvent qu'essayer d'éviter que des troupeaux de grande taille ne s'attardent sur leurs terres de culture.

Le feu constitue un autre moyen de lutter contre les adventices. Cette pratique, généralisée sur sols calcaires en raison de l'impossibilité d'y manier l'*antsoro*, est également fréquente sur sables roux. Les herbes sont brûlées en extrême fin de saison sèche, avec les résidus de pailles de maïs. La surface du sol est ainsi nettoyée, et prête pour le prochain semis. Mais le feu permettrait surtout, d'après les agriculteurs, de détruire une fraction plus ou moins importante des semences d'adventices, et d'en limiter par conséquent la ré-infestation lors du retour des pluies. Pour que cet effet soit sensible, le feu doit être intense, ce qui implique de disposer d'une biomasse herbacée importante. Cette technique, pratiquée sur *mondra* à la suite d'une saison favorable à la croissance des adventices, permet de poursuivre la mise en culture de la parcelle et de limiter le travail d'entretien au cours de la campagne suivante. En 1999, après une campagne caractérisée par une pluviométrie exceptionnelle (1500 mm à Analabo) et un enherbement massif, des agriculteurs estimaient qu'il leur serait ainsi possible de poursuivre la culture sur des parcelles déjà exploitées depuis 6 ou 7 ans. Lorsque la biomasse d'herbes sèches est jugée insuffisante, l'agriculteur préfère abandonner temporairement la parcelle pendant un ou deux ans, puis mettre à feu la végétation de la jachère avant de procéder à un nouveau semis. Des périodes courtes de jachère trouveraient ainsi leur principale justification dans le contrôle de l'enherbement par le feu. Une telle pratique, justifiée par l'objectif de limiter le temps de travail, repose sur une éradication incomplète des adventices. L'herbe constitue bien pour l'agriculteur à la fois une nuisance et une ressource qui, grâce au feu, participe à son propre contrôle. On relèvera par ailleurs que le contrôle de l'enherbement par le feu constitue une technique particulièrement peu exigeante en travail. Il est par contre manifeste que son efficacité reste souvent limitée, sans commune mesure avec celle d'un sarclage réalisé précocement à l'*antsoro*.

Enfin on relèvera que le brûlis, en fin de saison sèche, des pailles d'adventices et de maïs, permet d'entretenir, sur des parcelles déjà anciennes et débarrassées de leur végétation ligneuse, un apport régulier de cendres qui, bien que quantitativement limité, joue sans doute un rôle bénéfique sur la croissance des plantules de maïs.

MOBILISATION ET VALORISATION DU TRAVAIL

En agriculture manuelle, les différents travaux reposent largement sur la main-d'œuvre familiale. C'est à l'homme qu'incombe l'essartage et le creusement des trous de semis, la récolte et le battage. Le sarclage est par contre plus souvent (mais non exclusivement) réalisé par la femme, qui participe par ailleurs activement au nettoyage des champs et au semis. Les enfants contribuent eux aussi fréquemment à ces deux dernières opérations. En fait, une étroite coopération s'exprime entre les membres de l'unité de production familiale, dont la taille et la composition expliquent en grande partie l'étendue des superficies défrichées et cultivées annuellement.

La contribution d'une main-d'œuvre extérieure est néanmoins fréquente. Si certains agriculteurs pratiquent une entraide systématique, et si l'organisation de séances de travail collectif (*rima*) n'est pas rare, c'est essentiellement le recours à la main-d'œuvre salariée qui permet d'accroître la force de travail des unités de production. Généralisé chez les « gros producteurs » pour la totalité des opérations (préculturales, culturales et postculturales), l'emploi de salariés (qui sont le plus souvent eux-mêmes des petits paysans) est aussi le fait des autres catégories de producteurs, lorsque la force de travail de l'unité familiale ne suffit pas à mener à bien certaines tâches dans les délais souhaitables. Mais l'agriculteur doit alors disposer des liquidités suffisantes en temps voulu. Le travail salarié est toujours rémunéré à la tâche. Au cours de la période 1997-1999, les tarifs suivants étaient pratiqués à Analabo :

Défrichement forêt :	110 à120 000 F/ha
Nettoyage	25 à 40 000 F/ha
Semis	250 F/*kapoaka*, soit 7 500 F/ha
Sarclage	25 à 60 000 F/ha
Récolte	20 à 40 000 F/ha
Battage	5000 F/charrette épis (équivalent 125 kg grain)

De fortes différences se manifestent dans ces tarifs, qui procèdent d'une appréciation des quantités de travail nécessaires compte tenu de l'état de la parcelle (abondance des repousses arbustives, enherbement) et de sa productivité, paramètres soumis à de très grandes variations.

Tous travaux cumulés, on peut évaluer approximativement les coûts en main-d'œuvre au cours des quatre premières campagnes, en considérant : i) qu'en première et deuxième année l'entretien se limite à la coupe des repousses arbustives, et qu'un travail de sarclage se justifie localement à partir de la troisième année ; ii) que les niveaux de rendement sont identiques au cours des trois premières années, et chutent à partir de la quatrième ; iii) que tous les travaux sont réalisés par des salariés (ce qui est quasiment le cas chez les gros producteurs).

TABLEAU I : COÛT DU TRAVAIL SALARIÉ PAR OPÉRATION (FMG PAR HECTARE)

Années de culture	Préparation	Semis	Entretien	Récolte	Battage	Total
C1	120 000	10 000	25 000	40 000	60 000	255 000
C2	40 000	10 000	25 000	40 000	60 000	175 000
C3	40 000	10 000	40 000	40 000	60 000	190 000
C4	40 000	10 000	50 000	30 000	40 000	170 000
Total	240 000	40 000	140 000	150 000	220 000	790 000

Si l'on considère qu'en conditions pluviométriques satisfaisantes il est possible d'obtenir un rendement de 1500 kg/ha durant les trois premières années et de 1000 kg/ha en quatrième année, le coût total en travail sur les quatre premières années de culture, rapporté à la production cumulée durant cette période, représenterait environ 140 F par kilogramme de maïs produit, soit 35 à 40 % du prix payé au producteur (350 à 400 F/kg). En absence de toute charge en intrants, le produit net s'établirait ainsi à environ 1 300 000 F par hectare sur 4 ans, soit en moyenne à 325 000 F par hectare et par an (pour un produit brut de l'ordre de 515 000 F).

Il s'agit bien entendu d'ordres de grandeur, sujets à de multiples variations en fonction des conditions climatiques et des niveaux de rendement, des prix réels de transaction (les gros producteurs, qui peuvent différer la vente de leur maïs en fin de saison sèche, bénéficient alors de prix beaucoup plus rémunérateurs), et de la contribution de la main-d'œuvre salariée (qui peut, dans les faits, varier de 0 à 100 % de la quantité totale de travail investi).

Dans cette agriculture pionnière, la priorité est accordée à la valorisation du travail, qui représente le facteur rare de la production. Ce souci, conjugué à la nécessité d'assumer une prise de risque élevé, explique que la pratique du *hatsaky* repose sur des itinéraires techniques très simples, peu exigeants en travail, privilégiant la rapidité d'implantation du peuplement et excluant tout recours aux intrants. Une telle logique extensive est caractéristique de situations où la terre ne constitue pas un facteur limitant et où le coût de son accès reste faible. La progression continue des défrichements et la raréfaction des espaces cultivables sont en passe de modifier profondément ce contexte.

UNE AGRICULTURE NON DURABLE

Avec la pression croissante de l'enherbement et la diminution de l'aptitude à produire de sa terre, l'agriculteur abandonne après quelques années le site de culture (MILLEVILLE *et al*, 1999). Cette décision, motivée par la baisse progressive des niveaux de rendement, intervient plus ou moins tôt, car elle dépend aussi de la situation particulière de chaque agriculteur. Pour différentes raisons, certains choisissent d'abandonner précocement leurs parcelles, alors que d'autres préfèrent en poursuivre plus longtemps l'exploitation, en s'accommodant d'une baisse prononcée de la productivité de leur travail. L'abandon (ou le non abandon) du site cultivé par l'agriculteur ne résulte donc pas simplement de l'appréciation objective d'un état de dégradation du milieu cultivé. Cette décision peut être en effet motivée par d'autres types de considérations : souci de ne pas s'éloigner du village de résidence, difficulté d'accès à de nouvelles terres de forêt, manque conjoncturel de liquidités pour embaucher des salariés ou acheter des semences, etc.

Les systèmes de culture sur abattis-brûlis ont fait l'objet de très nombreux travaux dans les zones tropicales humides, où ils constituent un archétype en matière d'exploitation des milieux forestiers. C'est ainsi qu'une littérature abondante a été consacrée au *tavy*, terme qui désigne ce type d'agriculture, répandue sur tout le versant oriental de Madagascar (cf tout particulièrement les travaux réalisés par le projet Terre-Tany/BEMA depuis 1989). Lorsque certaines conditions sont remplies (très faible densité démographique, surface cultivée par habitant limitée, contexte d'autosubsistance), comme c'est encore le cas dans une grande partie de cette région, de tels systèmes de culture se révèlent viables, en faisant alterner de longues périodes de jachère arborée (de 15 à 25 ans), durant lesquelles une formation forestière secondaire se reconstitue, à de courtes phases culturales (de un à trois ans dans la plupart des cas). La phase post-culturale a une double fonction : elle permet, d'une part de reconstituer une biomasse ligneuse importante, source d'éléments minéraux libérés massivement lors du brûlis ultérieur, et d'autre part de réduire, jusqu'à la faire totalement disparaître, la flore adventice herbacée qui s'était développée durant la phase culturale précédente. Ce type d'agriculture, essentiellement manuelle, parvient donc à se perpétuer, au prix de faibles performances en termes d'intensité culturale et de rendement, sans recours aux intrants et à l'aide de techniques peu exigeantes en travail.

Il n'en va pas de même dans le sud-ouest de Madagascar. Telle qu'elle y est pratiquée, l'agriculture sur abattis-brûlis ne peut être considérée comme durable, car incapable d'assurer sa reproduction. La comparaison avec les systèmes de culture analogues des zones tropicales humides fait apparaître deux différences notables :

– la phase culturale est d'une durée beaucoup plus longue (si les agriculteurs déclarent abandonner un site de culture au bout de 4 à 5 ans, il n'est pas rare de voir une même parcelle cultivée pendant 8 à 10 ans, voire plus) ; il est probable que les conditions climatiques (faiblesse des précipitations et alternance d'une longue saison sèche et d'une courte saison des pluies) tempèrent les dynamiques d'évolution du milieu cultivé, qu'il s'agisse de la lixiviation des éléments minéraux ou de la prolifération des adventices ; ces dynamiques restent néanmoins de mêmes types qu'en zones tropicales humides ;

– la phase post-culturale se caractérise par un processus de savanisation, et non de reforestation (GROUZIS *et al*, 2001) ; si les conditions climatiques et la faible agressivité des espèces ligneuses pionnières jouent sans doute un rôle non négligeable, il est probable que les facteurs anthropiques soient déterminants ; après la phase culturale, les friches (*monka*) sont en effet plus ou moins activement parcourues par les animaux et par le feu ; la conséquence majeure en est la persistance des herbacées, que ne parvient donc pas à éradiquer la phase d'abandon cultural, même de longue durée. Il s'agit bien de friches et non de jachères, puisque ces dernières qualifient l'état de parcelles entre deux périodes culturales (SEBILLOTTE, 1985). Or les *monka* sont jusqu'à présent rarement remis en culture.

En raison de la persistance des herbacées, il devient en effet impossible de procéder à la remise en culture des friches par le seul procédé de l'abattis-brûlis suivi du semis direct, car l'enherbement demande à être impérativement contrôlé. L'allongement de la phase culturale et la reprise d'anciens sites de culture supposent donc un changement plus ou moins radical des systèmes de culture. Contrairement aux systèmes sur abattis-brûlis habituellement décrits, ceux du sud-ouest malgache doivent être considérés comme caractéristiques d'une phase pionnière, non stabilisée et non reproductible.

C'est bien la question de fond qui se pose actuellement à nombre d'agriculteurs, car les perspectives de poursuite des défrichements forestiers s'amenuisent, compte tenu de la disparition du couvert forestier ou de conditions pédo-climatiques de plus en plus défavorables, et des contraintes qui s'alourdissent avec l'éloignement croissant des points d'eau permanents (BLANC-PAMARD, 1998). Si la course à la terre s'exacerbe, c'est précisément parce que chacun en perçoit la fin proche.

CONCLUSION

En réponse à cette crise de durabilité, certains agriculteurs tentent d'imaginer et d'expérimenter de nouvelles techniques de production. La substitution progressive du manioc au maïs constitue une réponse purement adaptative à la baisse du niveau de fertilité des terres. Réputé rustique, le manioc permet en effet de s'accommoder de sols en voie d'épuisement, devenus impropres à la culture du maïs. Le manioc, d'abord associé au maïs, peut ainsi être cultivé sous forme de peuplement monospécifique sur des parcelles âgées. Une deuxième option réside dans le labour à la charrue, accompagné ou non de l'adoption d'autres plantes cultivées que le maïs (cotonnier et arachide en particulier) et de l'apport d'engrais minéraux. Ces innovations se heurtent à deux contraintes principales : d'une part le temps de travail nécessaire à la préparation du sol, avec la limitation des superficies cultivées et les risques de retard au semis qui lui sont liés ; d'autre part le coût prohibitif des engrais, qui en compromet fortement la rentabilité. À ce jour, il faut bien constater que ces tentatives restent timides et assez peu convaincantes.

Il convient donc de concevoir de nouveaux systèmes de culture propres à prolonger la durée de la phase culturale et à remettre en culture des terres en friche, avec l'objectif d'améliorer les propriétés de durabilité de ces systèmes, et sans pénaliser leur productivité. Il semble à cet égard raisonnable de s'inspirer de l'expérience de zones agro-écologiques voisines quant aux conditions de milieu, telles que les régions soudaniennes d'Afrique de l'ouest. Le recours coordonné à des successions culturales incorporant ou non la jachère, à des associations de plantes, au travail du sol (n'imposant pas le labour *stricto sensu*) et au sarclage à l'aide d'outils attelés, mérite d'être évalué. On mentionnera par ailleurs les travaux entrepris depuis plusieurs années dans cette région, afin de tester et de promouvoir des systèmes de culture fondés sur le semis direct et les plantes de couverture (ROLLIN et RAZAFINTSALAMA, 1998). Si les résultats expérimentaux sont encourageants, la mise en pratique de tels systèmes pose encore de nombreuses questions, dont la moindre n'est pas celle du maintien, durant la saison sèche, d'une plante de couverture dans des espaces soumis au passage récurrent des feux et des troupeaux. Le problème posé ne pourra probablement être résolu que par des voies différenciées, adaptées aux situations particulières. Quoi qu'il en soit, il apparaît urgent de permettre aux agriculteurs d'opter, s'ils en perçoivent l'intérêt, pour d'autres perspectives que celle d'une perpétuelle fuite en avant.

RÉFÉRENCES BIBLIOGRAPHIQUES

AMPALAHY L., RAZALARISOA B., RAJAONAH E., 1994 – Rapport sur la commercialisation du maïs dans le sud-ouest malgache. PSO, multigr., 36 p. + annexes.

BLANC-PAMARD C., 1998 – À l'ouest d'Analabo. La trame du maïs : agriculture pionnière et construction du territoire en pays Masikoro (sud-ouest de Madagascar). CNRS, Centre d'Études Africaines, GEREM, IRD/CNRE, multigr., 135 p.

DANDOY G., 1972 – Atlas de la région de Manombo-Befandriana sud. *In* : Marchal J.Y. et Dandoy G., *Contributions à l'étude géographique de l'ouest malgache*. ORSTOM, Paris, coll. Travaux et Documents, n° 16 : 81-162.

ESCANDE, 1995 – Étude des réseaux commerciaux et de la formation des prix des produits agricoles dans le Sud-Ouest de Madagascar. CNEARC-PSO, multigr.,   76 p. + annexes.

FAUROUX S., 1999 – Instabilité des cours du maïs et incertitude en milieu rural : le cas de la déforestation dans la région de Tuléar (Madagascar). Mém. DESS, UER Sc. Économiques, Univ. Paris X Nanterre, 163 p. + annexes.

GROUZIS M., RAZANAKA S., LE FLOC'H E., LEPRUN J.C., 2001 – Évolution de la végétation et de quelques paramètres édaphiques au cours de la phase post-culturale dans la région d'Analabo. *In* Razanaka S., Grouzis M., Milleville P., Moizo B., Aubry C. (éds) *Sociétés paysannes, transitions agraires et dynamiques écologiques dans le Sud-Ouest de Madagascar*. CNRE/IRD/2001, Antananarivo : 327-337.

LEPRUN J.C., 1998 – Compte rendu de mission à Madagascar (projet GEREM, 30/04 – 16/05/1998), multigr., 12 p.

MILLEVILLE P., 1998 – Conduite des cultures pluviales et organisation du travail en Afrique soudano-sahélienne. Des déterminants climatiques aux rapports sociaux de production. *In* Biarnès A. (éd.) : *La conduite du champ cultivé. Points de vue d'agronomes*. ORSTOM, Paris, coll. colloques et séminaires : 165-180.

MILLEVILLE P., GROUZIS M., RAZANAKA S., RAZAFINDRANDIMBY J., 1999 – Systèmes de culture sur abattis-brûlis et déterminisme de l'abandon cultural dans une zone semi-aride du sud-ouest de Madagascar. *In* Floret Ch. et Pontanier R. (éds.), *La jachère en Afrique Tropicale : rôles ; aménagements ; alternatives*. Vol. 1. Actes du Séminaire International, Dakar (Sénégal), 13-16 avril 1999, Paris, John Libbey Eurotext, 2 vol. : 59-72 ?.

Projet Terre-Tany/BEMA – *Cahiers Terre-Tany*, numéros 1 à 7, Antananarivo, FOFIFA, GDE/GIUB.

RÉAU B., 1996 – Dégradation de l'environnement forestier et réactions paysannes. Les migrants tandroy sur la côte ouest de Madagascar. Th. Doct. Géographie tropicale, UFR de géographie, Université Michel de Montaigne Bordeaux III, multigr., 371 p.

ROLLIN D., 1996 – Les possibilités d'amélioration des systèmes de culture dans le Sud Ouest de Madagascar. PSO, Tuléar, multigr., 20 p.

ROLLIN D., RAZAFINTSALAMA, 1998 – Du semis direct en agriculture extensive sur défriche au semis direct sur une couverture permanente du sol, éléments pour une évolution des systèmes de culture dans le Sud-ouest. *In* Rasolo F. et Raunet M. (éds.) : *Gestion agrobiologique des sols et des systèmes de culture*. Actes de l'atelier international d'Antsirabe (Madagascar), 23-28 mars 1998 : 271-279.

ROLLIN D. & RAZAFINTSALAMA H., 2001 – Conception de nouveaux systèmes de culture pluviaux dans le Sud-Ouest malgache. Les possibilités apportées par les systèmes avec semis direct et couverture végétale. *In* Razanaka S., Grouzis M., Milleville P., Moizo B., Aubry C. (éds) *Sociétés paysannes, transitions agraires et dynamiques écologiques dans le Sud-Ouest de Madagascar*. CNRE/IRD, 2001, Antananarivo : 281-292.

SEBILLOTTE M., 1985 – La jachère, éléments pour une théorie. In *À travers champs, agronomes et géographes*, coll. Colloques et Séminaires, ORSTOM, Paris : 175-229.

SOURDAT M., 1977 – *Le sud-ouest de Madagascar. Morphogenèse et pédogenèse*. coll. Travaux et Documents n° 70, ORSTOM, Paris, 212 p. + annexes.

RECHERCHES SUR LES PRATIQUES
DES AGRICULTEURS

En France comme dans les pays tropicaux, la recherche agronomique française manifeste depuis une vingtaine d'années un intérêt croissant pour la pratique agricole, c'est à dire pour la mise en œuvre des techniques par les agriculteurs. Plusieurs raisons justifient cette préoccupation, qui se traduit par un élargissement de la problématique scientifique et par un renouvellement méthodologique :

– La recherche agronomique a progressivement reconnu dans les situations agricoles des lieux de recherche aussi féconds que la station expérimentale, lui permettant d'acquérir des références dans le contexte réel de l'agriculture, difficilement reproductible en milieu contrôlé, et d'étendre ainsi considérablement son champ d'investigation. Ce mouvement scientifique peut être mis en relation très directe avec l'émergence et l'affermissement progressif de l'agronomie, envisagée comme une démarche synthétique s'appliquant aux relations entre le milieu, le peuplement végétal et les techniques (SEBILLOTTE, 1974) et se différenciant des « sciences agronomiques » spécialisées et sectorielles portant sur les conditions et facteurs particuliers de l'élaboration de la production agricole.

– De par les questions qu'ils privilégient, les agronomes contribuent à enrichir la connaissance des agricultures, en comblant une lacune entre les recherches portant sur le milieu biophysique et celles consacrées aux sociétés rurales. Leur apport spécifique consiste notamment, à travers l'analyse des faits techniques, à éclairer les modes de mise en valeur agricole du milieu par l'homme.

– Les interrogations liées à la manière dont s'opère le changement technique, et plus précisément au transfert des techniques nouvelles élaborées par la recherche expérimentale, constituent sans aucun doute une raison majeure de cet intérêt. En Afrique intertropicale, la recherche agronomique a longtemps invoqué le caractère routinier et la technicité déficiente des paysans, ou les imperfections des modes d'encadrement et de vulgarisation, pour justifier les décalages constatés entre les acquis des travaux expérimentaux et l'adoption effective des innovations dans le monde rural. De plus en plus elle a ressenti le besoin de se pencher sur la validité même de ses modèles techniques de progrès, cherchant à les rendre plus compatibles avec les conditions locales dans lesquelles ils devaient s'introduire. Pour ce faire, les chercheurs ont dû sortir de la station expérimentale, puiser dans la compréhension des agricultures une large part de leurs interrogations, considérer les processus du changement technique comme objet même de recherche. L'expérience des « unités expérimentales » au Sénégal, engagée dès 1968 par l'IRAT[1] et poursuivie par l'ISRA[2], a sur ce plan constitué une étape décisive et riche d'enseignements (BENOIT-CATTIN *et al.*, 1986).

---

[1] IRAT : Institut de Recherches Agronomiques Tropicales et des cultures vivrières.

Contribuer à l'enrichissement de l'agronomie, à la connaissance des agricultures et à leur transformation, autant de motifs qui ont donc poussé les agronomes à s'intéresser davantage à ce que font les agriculteurs.

De fortes convergences en matière de conception de ces recherches, de réflexions sur les concepts et les méthodes, se manifestent actuellement entre équipes de recherche de l'INRA[3], du CIRAD[4] et de l'ORSTOM[5]. On soulignera tout particulièrement à ce propos les mises au point méthodologiques réalisées par l'INRA à travers les travaux de ses départements SAD (Systèmes Agraires et Développement) et Agronomie.

LA NOTION DE PRATIQUE

Si l'on entend par pratiques agricoles les manières concrètes d'agir des agriculteurs, cela signifie, comme le souligne J.H. TEISSIER (1979), que l'on se propose de ne pas dissocier le fait technique de l'opérateur, et plus généralement du contexte dans lequel les techniques sont mises en œuvre. Ainsi définie, une pratique n'est en effet pas réductible à des règles, à des principes d'action : elle procède d'un choix de l'agriculteur, d'une décision qu'il prend, compte tenu de ses objectifs et de sa situation propre. Tributaire du fonctionnement de l'exploitation agricole dans son ensemble, une pratique est en quelque sorte personnalisée, indexée à un système de production particulier. Ceci dit, les pratiques, qui dépendent des conditions de milieu et des moyens techniques dont disposent les agriculteurs, peuvent être aussi considérées comme des produits de l'histoire et de la société : une collectivité rurale se distinguera d'une autre par une certaine spécificité de ses pratiques. À une technique donnée correspondra finalement, au sein d'une petite région, un ensemble plus ou moins diversifié de pratiques.

La pratique est par ailleurs dimensionnée : d'abord parce qu'elle s applique à des objets eux-mêmes dimensionnés (les parcelles par exemple), ensuite parce que sa réalisation nécessite la mobilisation de moyens (facteurs de production). Elle se trouve donc affectée d'un coût de mise en œuvre.

On peut remarquer ici que les pratiques des agriculteurs ne relèvent pas du seul domaine technique, privilégié par les agronomes, ni ne concernent que l'acteur individuel. Pratiques économiques, sociales, religieuses, entretiennent des relations souvent très directes avec les précédentes, interférant ainsi avec l'activité agricole proprement dite.

QUESTIONS À PROPOS DES PRATIQUES

L'analyse des pratiques ne peut se limiter à leur description. Elle consiste à envisager à la fois deux ensembles de questions. Les premières sont relatives aux conséquences agronomiques des pratiques, les secondes aux conditions dans lesquelles les techniques sont mises en œuvre par les agriculteurs et à ce qui détermine leur choix (GRAS *et al.*, 1987).

---

[2] ISRA : Institut Sénégalais de Recherche Agronomique.

[3] INRA : Institut National de la Recherche Agronomique.

[4] CIRAD : Centre de Coopération Internationale en Recherche Agronomique pour le Développement.

[5] ORSTOM : Institut français de recherche scientifique pour le développement en coopération.

a) L'évaluation des conséquences agronomiques des pratiques est un objectif qui relève très directement de l'application de la théorie agronomique.

Le rendement d'une culture résulte d'un processus complexe, qui se déroule dans le temps, d'interactions qui s'établissent entre un peuplement végétal et un milieu (sol, climat) sous l'action de techniques. À l'échelle d'une petite région, du territoire d'un village, des différentes parcelles consacrées à la même culture sur une exploitation, voire à l'intérieur d'une même parcelle, ce rendement est affecté d'une variabilité plus ou moins forte. Un « diagnostic agronomique » global s'attache à rechercher les causes de variation constatées du rendement et de les hiérarchiser. Il est donc fondé sur l'existence d'une gamme de variations que l'agronome utilise comme explication. Ce type d'enquête, qui se prête à des procédures plus ou moins complexes en termes d'observations à réaliser et de paramètres à prendre en compte, est fondé sur un « suivi agronomique », c'est-à-dire sur des observations réparties sur l'ensemble du cycle cultural destinées à rendre compte des évolutions conjointes des « états » du milieu et du peuplement sous l'effet des techniques.

À ce titre, deux concepts opératoires ont été introduits par les agronomes :

– les « composantes » du rendement, qui concrétisent le fait que le rendement d'une culture s'établit par étapes liées à la succession des stades de développement de la plante et à sa croissance ;

– « l'itinéraire technique », défini comme « une combinaison logique et ordonnée de techniques qui permettent de contrôler le milieu et d'en tirer une production donnée » (SEBILLOTTE, 1974 et 1978). L'itinéraire technique, non seulement permet de décrire et d'interpréter la réelle application des techniques culturales sous la forme de leur chaîne opératoire, mais peut aussi être mis en correspondance avec la succession temporelle des états du milieu et du peuplement végétal, seul moyen d'analyse de l'élaboration d'un rendement.

Le diagnostic agronomique peut bien entendu concerner des séquences ou des opérations particulières de l'itinéraire technique, afin de préciser des questions soulevées au cours d'une phase d'enquête préalable. L'agronome pourra par exemple expliciter les répercussions de différents types de préparation du sol sur l'implantation d'une culture, évaluer l'impact des techniques d'entretien sur le contrôle des adventices... Inversement ce diagnostic peut se référer à des « pas de temps » plus longs : c'est notamment le cas de l'appréciation des états du milieu engendrés par la succession des cultures sur la parcelle.

b) La compréhension des conditions el des déterminants de la mise en œuvre des techniques par les agriculteurs.

C'est au niveau de l'exploitation agricole que s'exprime une réelle cohérence des choix effectués. L'optimisation de la combinaison des moyens oblige l'agriculteur à adopter des compromis évidents. L'analyse des pratiques, à ce titre, doit aider à rendre compte des objectifs et des projets de l'agriculteur et apprécier la nature et l'impact des contraintes qui limitent les possibilités de production. Les pratiques constituent sans doute les éléments les plus concrets permettant d'apprécier le fonctionnement de l'exploitation agricole dans son ensemble.

Les objectifs de l'agriculteur apparaissent multiples, plus ou moins hiérarchisés, relatifs à des durées variables, parfois antagonistes ou contradictoires. Comme le soulignent J. P. DEFFONTAINES et M. PETIT (1986), « une erreur courante dans l'analyse des objectifs d'un agriculteur est de croire qu'il suffit de les lui demander ». C'est à cet éclairage que doit aussi contribuer la compréhension des pratiques, considérées comme révélatrices de comportements, de motivations, et donc d'objectifs qui sont loin d'être tous explicites.

D'une façon plus générale, les pratiques renseignent sur le fonctionnement de l'exploitation, c'est-à-dire sur l'enchaînement des décisions prises pour orienter, organiser et maîtriser les processus de production. À cet égard peut être reconnu un caractère hiérarchique des décisions. Certains choix imposent des bornes évidentes aux choix ultérieurs, de par leur ampleur et (ou) la durée qu'ils engagent. C'est ainsi que le choix d'un assolement peut être qualifié de stratégique et oriente les choix tactiques (réalisation des opérations culturales sur chacune des parcelles de l'exploitation). Les centres de décision sont par ailleurs souvent multiples : dans l'unité de production interviennent différents acteurs qui ont aussi des objectifs plus ou moins individuels et bénéficient d'une certaine marge de liberté décisionnelle. La constitution du groupe familial, l'organisation du travail sur l'exploitation et la contribution de chacun aux différentes tâches, les critères avancés par les acteurs pour justifier leurs choix, représentent des grilles de mise en cohérence des pratiques entre elles. Il n'existe en effet sans doute pas de solution unique, d'indicateurs simples, pour rendre compte du fonctionnement de l'exploitation agricole, qui demande plutôt à être décrypté grâce à la mise en œuvre d'un faisceau d'approches différenciées et complémentaires. Insistons seulement sur l'importance de cet objectif, car il conditionne directement l'identification des problèmes et celle des voies qu'il semble souhaitable d'emprunter pour les résoudre.

QUELQUES REMARQUES MÉTHODOLOGIQUES

Si l'enquête est la démarche générale qui s'impose, il convient de souligner qu'elle ne peut se limiter à des entretiens verbaux avec l'agriculteur et qu'elle requiert une part plus ou moins importante d'observations directes. On le conçoit aisément en matière d'évaluation des effets des pratiques, pour laquelle d'ailleurs des démarches mixtes associant enquête et expérimentation peuvent être mises utilement à profit. Mais cette nécessité s'impose en fait dès que l'on veut les caractériser : on ne peut s'en tenir à ce que les agriculteurs en disent, surtout lorsqu'ils sont interrogés de manière très générale sur leur activité. Le discours correspond alors rarement à la réalité observable, mais n'est pas pour autant dénué d'intérêt. Il éclaire la perception qu'ont les agriculteurs de leurs situations, de leurs objectifs, des modèles implicites qu'ils ont de l'exploitation du milieu. La confrontation systématisé du « dit » et du « fait » se révèle à l'expérience un moyen efficace, parmi d'autres, pour éclairer les raisons des choix techniques. S'exprime alors l'intervention de contraintes multiples qui explique que le « réalisé » diffère du « souhaitable » ou du « prévu ».

S'intéresser à la fois aux deux ensembles de questions oblige à prendre en considération plusieurs niveaux (d'espace, de temps, d'organisation) : placette d'observation du peuplement végétal, parcelle, exploitation, terroir villageois, petite région. Ce qui se passe à un niveau donné dépend en effet du fonctionnement de niveaux plus englobants, et retentit de la même façon sur les niveaux d'ordre inférieur. L'expérience prouve par ailleurs que le niveau auquel se détecte un problème n'est pas toujours, de loin s'en faut, celui où ce problème pourra être résolu.

Si le premier ensemble de questions relève directement des préoccupations et de la compétence des agronomes, le second pose de façon très vive le problème de la pluridisciplinarité. Plus on cherche à comprendre le pourquoi des décisions des agriculteurs, et plus s'impose la prise en compte de phénomènes échappant au champ des techniques et au niveau de l'individu. L'intervention des sciences sociales apparaît vite nécessaire. Les travaux des géographes, des sociologues, des anthropologues et des économistes, éclairent de manière déterminante les règles sociales et les organisations liées plus ou moins directement à l'activité agricole (en matière de gestion de la terre et de la force de travail par exemple), l'intervention des différents centres de décision, les relations entre dynamiques sociales et changement technique[6]... L'élargissement de la problématique des agronomes aboutit à un recoupement de leur champ scientifique avec ceux d'autres disciplines, créant ainsi, à propos des recherches sur les pratiques, les conditions d'une réelle pluridisciplinarité.

PRATIQUES DES AGRICULTEURS ET PROBLÉMATIQUE DU CHANGEMENT TECHNIQUE

Des exemples multiples de par le monde illustrent le fait que des modèles techniques proposés par la recherche agronomique expérimentale ont été largement modifiés, dénaturés, voire totalement rejetés. Leur stricte validité technique n'était souvent pas en cause. Mais sans doute considérait-on implicitement que ces modèles techniques constituaient aussi, de fait, des modèles de pratiques. Ce qui signifie que l'on prêtait d'une certaine manière à l'agriculteur les objectifs et les logiques de l'agronome.

Il est nécessaire de préciser les conditions d'acceptation de nouvelles techniques par les agriculteurs. La compréhension de leurs comportements, de leurs pratiques, doit ainsi aider la recherche agronomique à reconsidérer la définition de ses modèles de progrès, en les rendant plus en accord avec les conditions locales de l'agriculture.

On connaît, pour l'Afrique de l'Ouest par exemple, la difficulté de faire adopter des méthodes de cultures intensives exigeantes en travail à l'unité de surface dans les situations où les disponibilités en terre cultivable sont grandes (MILLEVILLE et DUBOIS,1979). Les résultats de nombreuses recherches nous montrent de façon claire que l'agriculteur, dans de telles conditions, assure une productivité plus forte de son travail (facteur rare de la production) en mettant en œuvre des techniques de type extensif.

Dans le même ordre d'idée, la reconnaissance de la diversité des exploitations agricoles (que nous révèle en partie la diversité des pratiques) incite à se départir d'une conception uniformisante du changement technique. On reconnaît de plus en plus la nécessité de moduler les propositions, de les adapter aux situations particulières. Les typologies d'exploitations (en terme de fonctionnement et d'évolution) deviennent des méthodes opérantes pour avancer dans cette voie (CAPILLON et SEBILLOTTE, 1980).

La recherche sur les pratiques des agriculteurs doit aussi, dans cette perspective influer en retour sur la recherche agronomique expérimentale. Bien entendu ces deux démarches ne devraient pas être concurrentes mais synergiques.

La première doit aider la seconde à mieux orienter ses priorités, à diversifier sa thématique, en fonction des problèmes détectés et hiérarchisés au cours de l'analyse des situations agricoles. La compréhension des pratiques des agriculteurs et de leurs contraintes peut également inciter à concevoir de nouveaux types d'expérimentation. Par exemple ne serait-il pas utile d'acquérir des références, non plus seulement sur le potentiel des techniques nouvelles (potentiel révélé dans des conditions que l'on veut

---

[6] Dans ces domaines d'investigations, on relèvera plus particulièrement les apports des chercheurs de l'ORSTOM, à travers les nombreuses recherches réalisées (notamment en Afrique) et les travaux de production méthodologique du groupe AMIRA.

les plus proches possibles de « l'optimum agronomique »), mais aussi sur les risques liés à leur mise en œuvre dans des conditions plus ou moins défavorables (qui sont par définition celles de la pratique agricole) ? Doit-on ainsi considérer comme « raté » un essai sur la fertilisation dans lequel le contrôle des adventices aurait été mal réalisé ? De nouvelles formes d'expérimentations, telles que celles de systèmes de cultures sous contraintes (FILLONNEAU *et al.*, 1983), ont déjà été imaginées, à partir de la connaissance des conditions locales de l'agriculture et du fonctionnement des exploitations agricoles.

Il reste que les sociétés rurales changent, que leurs agricultures se transforment, sous l'impact de multiples facteurs, internes ou externes à ces sociétés. Des mutations plus ou moins profondes, des processus de spécialisation, ou de diversification sont à l'œuvre. Les travaux des chercheurs en sciences sociales nous montrent que des stratégies paysannes s'élargissent, au sein desquelles l'activité agricole ne constitue qu'une composante parmi d'autres. Des mouvements migratoires s'amplifient, les rapports avec la ville s'intensifient. Reconnaissons que la recherche agronomique pèse bien souvent très peu dans ces phénomènes. Mais elle ne peut les ignorer. Concevoir de nouveaux modèles techniques qui aient des chances raisonnables d'être adoptés par les agriculteurs suppose que l'on tienne compte absolument des dynamiques en cours, donc qu'on puisse les caractériser et évaluer ce qu'elles impliquent. Les recherches sur les pratiques des agriculteurs, qui nécessitent une coopération étroite entre différentes disciplines scientifiques, doivent pouvoir y contribuer efficacement.

BIBLIOGRAPHIE

BENOIT-CATTIN M. (éd) *et al.*, 1986 – Les unités expérimentales au Sénégal. ISRA-CIRAD-FAC, 500 p.

CAPILLON A., SEBILLOTTE M., 1980 – Étude des systèmes de production des exploitations agricoles. Une typologie. In *Séminaire Inter-Caraïbes sur les systèmes de production*, Pointe-à-Pitre, : 85-III.

CAPILLON A., 1986 – Jugement des pratiques et fonctionnement des exploitations. In *Colloque DMDR*, 17-18 avril 1986,17 p.

COUTY P., HALLAIRE A., 1980 – De la carte aux systèmes. Vingt ans d'études agraires au sud du Sahara (ORSTOM 1960-1980). *Note AMIRA*, n° 29, Paris, INSEE, 121 p.

DEFFONTAINES J.P., PETIT M., 1985 – Comment étudier les exploitations agricoles d'une région ? Présentation d'un ensemble méthodologique. Versailles, INRA-SAD, *Études et Recherches*, 4, 47 p.

FILLONNEAU C. *et al*, 1983 – Recherches en agronomie générale en rapport avec la mise en œuvre des nouvelles technologies par le développement. Atelier OFRIC, 15-17 déc. 1983, IDESSA, ORSTOM Bouaké, 26 p.

GRAS R., BENOIT M., DEFFONTAINES J.P. *et al*, 1987 – Points de vue d'agronomes sur l'activité agricole. Faits techniques, concepts et méthodes, 1989.

INRA, Département SAD, 1985 – Bilan du Département (1979-1985), Rapport général.

JOUVE P., 1984 – Le diagnostic agronomique, préalable aux opérations de recherche-développement. *Les Cahiers de la Recherche-Développement*, n° 3-4 : 67-75.

MILLEVILLE P., DUBOIS J.P., 1979 – Réponses paysannes à une opération de mise en valeur de terres neuves au Sénégal. *Maîtrise de l'espace agraire et développement en Afrique au sud du Sahara. Logique paysanne et rationalité technique*, Mém. ORSTOM, Paris, 1979, n° 89 : 513-518.

SEBILLOTTE M., 1974 – Agronomie et agriculture. Essai d'analyse des tâches de l'agronome. *Cah. ORSTOM, sér. Biol.*, n° 24 : 3-25.

SEBILLOTTE M., 1978 – Itinéraires techniques et évolution de la pensée agronomique. *CR. Acad. Agric. Fr.*, 11 : 06-913.

TEISSIER J.H., 1979 – Relations entre techniques et pratiques. INRAP 38, 19 p.

DEUXIÈME PARTIE
CHANGEMENT TECHNIQUE ET
DYNAMIQUES AGRAIRES

PRÉSENTATION

Les textes regroupés dans cette deuxième partie portent sur la transformation des agricultures paysannes. Si les préoccupations de l'agronome le portent naturellement à privilégier le thème du changement technique, celui-ci s'insère dans des dynamiques sociales de plus grande ampleur, dont il ne représente qu'une composante. La compréhension du changement nécessite de mobiliser des facteurs d'ordre divers en interrelations, et d'appréhender le milieu rural dans ses rapports avec son environnement économique, politique et institutionnel. Cette exigence justifie pleinement le partenariat avec des chercheurs d'autres disciplines. Une collaboration suivie avec des collègues géographes a constitué le fondement de ces travaux, et le Sénégal leur ancrage privilégié.

Au début des années 1970, les Terres Neuves du Sénégal oriental représentaient, sur le thème du changement impulsé par des instances de développement, un véritable laboratoire, et le dispositif de recherche mis en place lui était spécifiquement consacré. La confrontation d'une collectivité paysanne déracinée et d'intervenants extérieurs, promoteurs d'un modèle technique intensif monolithique, générait, de la part des producteurs, un détournement radical du modèle proposé, en vertu d'une logique privilégiant le contrôle de l'espace et la productivité du travail. Mais ce détournement constituait de fait un véritable processus d'innovation, répondant aux objectifs et contraintes des agriculteurs.

Ce projet de développement, malgré ses particularités et sa taille limitée, donnait ainsi l'occasion, à l'époque de la « révolution verte », de s'interroger sur la pertinence des modèles de progrès issus des stations agronomiques expérimentales, en termes de compatibilité avec les agricultures paysannes censées les adopter. Leur conception apparaissait très techniciste, et incitait à considérer les agriculteurs comme un obstacle à l'expression des potentialités que leur mise en œuvre se proposait d'extérioriser. En fait, un triple malentendu apparaissait pénaliser le bien-fondé du modèle et la réussite de son transfert :

– produit d'une recherche agronomique largement importée, il privilégiait une certaine voie du progrès technique, dominée par la maximisation des rendements ; même lorsque les ressources en terre sont limitées (ce qui n'est pas toujours le cas), la productivité du travail reste primordiale, et tout agriculteur y est sensible ; son comportement peut apparaître agronomiquement incorrect, en s'éloignant des recommandations de la vulgarisation, mais être pourtant économiquement justifié ;

– la recherche considérait implicitement que le modèle issu du milieu contrôlé de la station expérimentale était en mesure d'être transféré tel quel, dès lors qu'il avait été sanctionné à travers la grille d'évaluation des agronomes ; autrement dit, le modèle technique représentait aussi, pour ses promoteurs, un modèle pour la pratique ;

– la confiance accordée au modèle technique conduisait à interpréter l'attitude des agriculteurs, lorsqu'ils refusaient ou dénaturaient des propositions, comme un comportement passif de résistance à la nouveauté ; une analyse plus ouverte des faits montre au contraire qu'il s'agit souvent d'une démarche active d'innovation.

L'analyse des agricultures paysannes invite donc l'agronome à reconsidérer, non seulement la pertinence de ses modèles techniques, mais aussi sa propre pratique de recherche. Ainsi, il ne s'agit plus seulement de viser « l'optimum agronomique », afin de révéler des potentiels de réponse, mais également de produire des références correspondant aux conditions, plus ou moins défavorables dans lesquelles les agriculteurs exercent leur activité, et de moduler les propositions techniques en fonction de la diversité des situations particulières. Par ailleurs, les changements du contexte global (tels que le désengagement de l'État, la libéralisation de l'économie et le renchérissement du coût des intrants qui en a résulté) rendent vite caduques certaines recommandations, et fixent un cahier des charges évolutif aux acteurs du développement agricole et à la recherche agronomique. Il n'appartient enfin pas à la recherche de statuer à elle seule sur la validité économique et sociale de ses propositions.

Le changement technique ne constitue qu'un aspect parmi d'autres des dynamiques agraires et rurales. L'expérience pluridisciplinaire élargie engagée au Sénégal avec le retour sur des « terrains anciens », revisités 15 à 20 années après leur étude initiale, s'est avérée riche d'enseignements quant à l'intrication des faits d'ordre divers (démographiques, sociaux, économiques, techniques), à l'interdépendance des niveaux d'organisation (exploitation agricole, terroir villageois, petite région, État) et des espaces d'activité (zones de départ et d'accueil migratoires, ville et campagne), aux différentes manifestations du changement (irrégularité, tendance, rupture, cycle ou permanence). Le temps devenait la variable clé, et invitait à une périodisation des phénomènes. Les chercheurs étaient conduits à s'interroger sur la validité d'hypothèses d'évolution formulées explicitement ou implicitement par le passé, et à porter ainsi un regard critique sur la pertinence de leurs interprétations antérieures. Les échelles de temps privilégiées (la génération et au-delà) permettaient d'aborder la question du changement à partir d'éléments plus concrets et de façon moins spéculative qu'on ne le fait généralement à partir d'une analyse fonctionnelle de la réalité.

La combinaison de démarches comparatives et diachroniques nourrit la réflexion sur les dynamiques agraires, et éclaire la compréhension des processus du changement technique et de l'innovation. Elle conduit ainsi à revisiter, non seulement des terrains, mais aussi des débats théoriques, tels celui des logiques extensive v. intensive, ou le bien fondé des conceptions néo-malthusienne v. boserupienne à propos des relations entre la pression démographique et la transformation des agricultures. L'agronome n'est pas en mesure d'appréhender seul ces questions, et c'est bien l'exercice de la pluridisciplinarité qui débouche sur une meilleure compréhension du changement, où interfèrent des phénomènes relevant de catégories variées. Mais il lui appartient d'apporter sa propre contribution à cette entreprise, tout particulièrement en explicitant ce qui relève, dans ces dynamiques, des pratiques de production, des systèmes de culture et des écosystèmes cultivés.

RÉPONSES PAYSANNES À UNE OPÉRATION DE MISE EN VALEUR DE TERRES NEUVES AU SÉNÉGAL

Pierre MILLEVILLE, Jean-Paul DUBOIS

En 1972 débutait au Sénégal le « Projet pilote de colonisation des Terres Neuves », première tentative d'un vaste programme de décongestion du bassin arachidier préconisé par la Direction de l'Aménagement du Territoire. Pour mener à bien cette opération et en préparer les phases ultérieures fut créé un établissement public, la Société des Terres Neuves (STN).

La première tranche de ce projet, qui a fait l'objet d'une étude d'accompagnement réalisée par l'ORSTOM, porte sur le transfert et l'installation, de 1972 à 1974, de 300 familles d'agriculteurs (Serer pour la plupart) originaires du Sine. La situation de cette région centrale du bassin arachidier, compte tenu de la pression démographique qui y règne et de la surexploitation des sols qui en résulte, est depuis longtemps considérée comme particulièrement critique.

La zone d'accueil, située entre Koumpentoum et Maka (département de Tambacounda, Sénégal oriental) a été choisie en fonction de la disponibilité des terres (la densité y était de 4,2 habitants/km^2 en 1972), de leur fertilité et de la pluviométrie (850 mm environ) plus abondante que celle de la zone de départ. Ces nouvelles terres, dont le potentiel agricole est élevé, doivent être mises en valeur d'une façon rationnelle et intensive. Le Projet a donc été établi sur la base d'objectifs de développement relativement ambitieux : intensification et diversification des cultures (arachide, cotonnier, mil, sorgho et maïs), techniques culturales perfectionnées (traction bovine, forte fertilisation minérale, assolements et rotations permettant de maintenir le potentiel de fertilité des sols).

Les modalités de l'opération étaient définies par le rapport d'évaluation réalisé par la Banque Mondiale. Les principales dispositions retenues étaient les suivantes :

– installation des 300 familles en 3 ans (50 en 1972, 100 en 1973, 150 en 1974) réparties en 6 villages de 50 familles chacun, implantés sur les sols forestiers profonds des plateaux, les agriculteurs autochtones exploitant essentiellement les terres plus légères des axes alluviaux ;

– création des infrastructures indispensables : pistes d'accès aux villages, forages profonds ou puits ;

– attribution à chaque famille dès son arrivée de 2 ha défrichés mécaniquement, l'extension de l'exploitation devant s'effectuer ensuite par défrichement manuel ;

– aide matérielle destinée à faciliter le départ et l'installation des migrants ;

– mise à la disposition des agriculteurs de tous les moyens de production nécessaires : paire de bœufs et matériel de culture attelée (obtenus grâce à l'octroi d'un crédit à moyen terme), engrais et semences sélectionnées ;

– mise en place d'un encadrement dense (deux vulgarisateurs par village) ;

Maîtrise de l'espace agraire et développement en Afrique au sud du Sahara. Logique paysanne et rationalité technique, Mém. ORSTOM, Paris, 1979, n° 89 : 513-518

– signature par chaque migrant d'un contrat d'exploitation, par lequel il s'engage à respecter les clauses d'un « cahier des charges ».

Des objectifs ambitieux, nécessitant un investissement élevé, sont responsables d'un style d'intervention résolument dirigiste. Le projet apparaît en effet à la fois comme une opération de migration (appel à la population du Sine), une opération de mise en valeur (aménagement de terres vides), une opération de productivité (intensification, amélioration des techniques). Bien que d'envergure modeste, il doit permettre de tester et d'améliorer un ensemble de méthodes pour la mise en place ultérieure d'un programme beaucoup plus vaste de colonisation, en amorçant la mise en valeur systématique, et contrôlée[1], des terres inexploitées du Sénégal oriental.

De 1972 à 1974, le programme d'installation des familles se réalisa comme prévu. Les infrastructures furent créées, parfois au prix de grandes difficultés en ce qui concerne les forages et les puits, les moyens de production fournis aux migrants. Au terme de ces trois ans, aucun chef de famille n'avait quitté la zone d'accueil, et la plupart d'entre eux semblaient considérer leur nouveau lieu de résidence comme définitif. Manifestement, les motifs qui auraient pu inciter ces agriculteurs à regagner le Sine n'avaient pas pesé d'un poids comparable à celui des facteurs de rétention.

L'objectif primordial des migrants, s'assurer un revenu monétaire élevé le plus rapidement possible, était en effet atteint, en même temps que se trouvaient largement assurés dès la seconde campagne agricole les besoins vivriers familiaux.

Réussite économique certaine donc, mais qui en fait traduit très imparfaitement la mise en œuvre des moyens que s'assignait le projet pour y parvenir.

UN ESPACE À OCCUPER

Le défrichement et la répartition spatiale des cultures étaient conçus selon un schéma très strict. La disposition en bandes de 25 ha (2 500 x 100 m) des terres défrichées mécaniquement[2], et livrées aux agriculteurs pour leur première campagne agricole, devait permettre une extension contrôlée des surfaces et le respect d'un assolement rigoureux. 10 ha étaient alloués à chaque famille, répartis en deux ensembles de 5 ha chacun. Il était prévu à terme quatre soles entrant dans la rotation (cotonnier, sorgho et maïs, arachide, jachère) et une cinquième (2 ha) restant en réserve. 6 ha devaient donc être cultivés annuellement, et ce dès la troisième année, l'évolution de l'assolement prévu pour chaque exploitation étant la suivante (il s'y ajoute un jardin de case, théoriquement de 24 a, que les paysans peuvent utiliser à leur gré) :

Surfaces (ha)	Arachide	Cotonnier	Céréales	Jachère	Total
1re année	0.75	0.25	1.00	—	2.00
2e année	2.00	0.50	1.50	—	4.00
3e année	3.00	1.00	2.00	—	6.00
4e année et suivantes	2.50	1.50	2.00	2.00	8.00

[1] Les mouvements migratoires spontanés vers la périphérie orientale du bassin arachidier existent depuis longtemps. Les systèmes de culture pratiqués y sont caractérisés par une utilisation extensive de l'espace liée à une très forte emprise de l'arachide.

[2] Chaque famille recevait 2 parcelles de 1 ha défrichées mécaniquement situées sur deux bandes parallèles. Poursuivant à partir de ces deux parcelles le défrichement manuellement, elle devait à terme disposer de deux lots de 5 ha. Quatre bandes de 25 ha par village étaient ainsi défrichées mécaniquement. Des brise-vents devaient être respectés.

Il s'est très vite avéré que les besoins en terres des agriculteurs avaient été largement sous-estimés, de même que leurs capacités de défrichement. Dès la première année (1972), la surface mise en culture par exploitation atteignait en moyenne 3,10 ha, malgré l'arrivée très tardive des migrants, et grâce à des défrichements hâtivement effectués en dehors du schéma d'aménagement.

En 1973, la surface cultivée moyenne était, pour l'échantillon d'exploitations étudié, de 5,66 ha pour les colons installés en 1972, et de 4,24 ha pour les nouveaux arrivants. Devant cet état de fait, les responsables du projet révisaient les objectifs initiaux et établissaient un nouveau plan d'assolement qui accordait 8 ha aux colons de troisième année, 5,5 ha à ceux de deuxième année, et 4 ha aux derniers arrivés. Ces prévisions furent de nouveau largement dépassées. On constatait une forte progression des surfaces pour les trois groupes d'agriculteurs, ce que montre le tableau récapitulatif suivant :

Surface cultivée par exploitation (ha) en :		1972	1973	1974
année	1972	3.10	5.66	11.51
d'installation	1973	—	4.24	8.69
	1974	—	—	5.24

(En 1976, les migrants les plus anciens mettaient en culture 11,1 ha[3], soit approximativement la même surface qu'en 1974. Une sole de jachère était par contre apparue, ce qui traduit par conséquent une poursuite des défrichements entre 1974 et 1976).

Ainsi, pour les colons qui effectuaient leur troisième campagne agricole, la surface mise en culture atteignait presque le double de ce qui avait été initialement prévu. De telles superficies sont obtenues par des défrichements sommaires, la tendance étant de préparer au plus vite la plus grande surface possible à ensemencer.

L'agriculteur a pour ce faire souvent procédé à un simple éclaircissage de la forêt en n'abattant lors du défrichement que les arbres les plus gros avec l'intention de parachever progressivement ce travail par la suite. L'essouchage était une opération beaucoup trop exigeante en main-d'œuvre pour présenter un caractère prioritaire, d'autant que la légèreté du matériel de culture employé leur permettait de s'accommoder de la persistance de nombreuses souches.

Cet accroissement des surfaces résulte non seulement de l'augmentation du nombre d'actifs par exploitation (due notamment à l'afflux des navétanes)[4], mais également (du moins jusqu'en 1974) de celle de la surface moyenne cultivée par actif.

Conjointement à cette extension globale rapide des surfaces cultivées, s'est affirmée très vite la place de choix réservée à l'arachide, qui représentait en moyenne 62 % des surfaces mises en culture en 1974, et 70 % en 1976 chez les colons les plus anciens. Le cotonnier n'a jamais été cultivé que sur des soles d'importance négligeable (4 à 9 % de la surface cultivée), l'assolement se trouve donc très différent de celui initialement prévu, et il en résulte l'impossibilité de pratiquer les rotations préconisées. Durant les

---

[3] Les données concernant 1976 sont tirées du rapport de l'ISRA qui a repris le suivi agro-socio-économique du projet. (Projet Terres Neuves II, rapport sur le suivi agro-socio-économique de la campagne 1976-1977, mai 1978).

[4] Le *sourga* est un actif masculin dépendant du *diatigui* (chef d'exploitation). Il peut être membre de la famille, ou un travailleur saisonnier (navétane) lié par contrat au *diatigui*, ce dernier lui fournissant une terre pour la durée de la campagne en échange de prestations de travail sur ses propres champs.

trois premières années, la progression des surfaces céréalières a suivi à peu près exactement, avec une année de différé, celle des surfaces d'arachide, les agriculteurs évitant de pratiquer cette dernière culture deux années consécutives sur le même champ. Ils ont pu ainsi dès la seconde campagne disposer d'une surface en céréales suffisante pour que les besoins d'autoconsommation familiale soient assurés. Pendant ce temps, l'arachide progressait au rythme des nouveaux défrichements, affirmant une fois de plus sa qualité de remarquable plante pionnière.

Il apparaît que le schéma de mise en valeur adopté par les auteurs du projet était fondé sur une conception théorique et simplificatrice de l'exploitation agricole, ignorant que si les cultures céréalières dépendent à peu près exclusivement du chef de famille, l'arachide, en revanche, est une culture individuelle devant assurer le revenu monétaire de chaque membre de l'exploitation. *Sourga* et femmes ont des champs personnels, dont le produit leur appartient en propre. À cet égard, on pouvait constater en 1974 que, pour les colons de troisième année, 35 % seulement des surfaces d'arachide étaient cultivées au profit du *diatigui*, contre 46 % pour les *sourga* et 19 % pour les femmes.

Il est enfin certain que les dispositions perfectionnistes du projet en matière d'aménagement de l'espace ont heurté les conceptions et les habitudes des agriculteurs. L'agencement en soles homogènes, permettant une rotation collective des cultures, reste pour le paysan une notion parfaitement abstraite. Les brise-vents, qui devaient être respectés entre les bandes de cultures, ont rapidement succombé au défrichement dans les villages les plus anciens. L'attribution de lots de terre strictement égaux à tous les colons est une mesure théorique, et l'on constate que des prêts de terre s'effectuent entre les agriculteurs, qui réalisent ainsi des réajustements spontanés en fonction de la taille des familles. En ce qui concerne les cultures céréalières, la répugnance à les pratiquer en première année de défriche se traduit par des emprunts temporaires de champs dans les villages autochtones. On voit d'autre part se manifester dans certains terroirs la tendance naturelle à constituer autour du village une auréole de culture continue de céréales, reproduisant le système agraire traditionnel.

LE TRI DES PROPOSITIONS TECHNIQUES ET SES CONSÉQUENCES

Les écarts constatés entre le prévu et la réalité en matière d'aménagement de l'espace s'expriment aussi fortement, bien qu'à des degrés divers, dans l'application des normes techniques préconisées.

En effet, et dès le début de l'opération, deux thèmes étaient presque totalement refusés. En premier lieu la culture du maïs, qui gustativement est peu apprécié, et a de plus donné de très mauvais résultats. Il se trouve dans la plupart des cas relégué dans les jardins de case, en association fréquente avec d'autres céréales. Ensuite le labour à la charrue, préconisé avant le semis du maïs, du cotonnier et du sorgho, qui s'est révélé une opération difficile à réaliser avec des bœufs peu puissants et souvent mal dressés en première année, et par la suite d'exécution trop lente compte tenu de l'importance des surfaces cultivées.

Si la plupart des agriculteurs ont admis la nécessité d'un travail du sol avant le semis, ils se sont contentés d'un simple grattage au canadien ou à la houe attelée, qui offrait sur le labour le double avantage de pouvoir être rapidement effectué sur une grande surface, et de requérir une force de traction suffisamment réduite pour que le cheval ou même l'âne puissent être utilisés à cet effet.

D'autres thèmes ont été partiellement suivis, c'est le cas notamment de la culture cotonnière. Bien qu'entreprise par tous les agriculteurs qui la considéraient surtout comme une des obligations les liant à la STN, elle n'a par la grande majorité d'entre eux été pratiquée que sur des surfaces très réduites, si on les compare à celles consacrées à l'arachide. Plante totalement nouvelle pour ces agriculteurs, exigeant un lourd travail à l'unité de surface, très sensible aux attaques parasitaires, et assurant (dans le contexte de cette opération) une rémunération de l'heure de travail bien moins élevée que l'arachide, le cotonnier n'a jusqu'à présent pu véritablement concurrencer cette dernière.

Il en est de même du recours rationnel à la fertilisation. L'utilisation des engrais, généralisée sur arachide et cotonnier, l'a été beaucoup moins sur les céréales. Les doses moyennes appliquées aussi bien sur les cultures d'arachide que de céréales sont inférieures à la normale, et d'autant plus que l'agriculteur est installé depuis plus longtemps, c'est-à-dire qu'il cultive une plus grande surface (les quantités d'engrais utilisés croissant moins vite que les surfaces, sans doute parce que leur coût global est rapidement jugé trop élevé). Le phosphatage de fond prévu par le projet a dans de nombreux cas abouti à un gaspillage, certains agriculteurs allant jusqu'à se débarrasser en forêt des sacs de phosphates (fournis gratuitement) jugés trop « encombrants ».

Thème parfaitement adopté par contre, celui du recours à la culture attelée, déjà familière à ces agriculteurs. D'année en année les bœufs ont été mieux et davantage utilisés, mais le cheval ou l'âne restent des animaux que la plupart des paysans ont ou veulent acquérir en plus de leurs paires de bœufs. Le matériel fourni semble donner entière satisfaction mais s'avère bientôt nettement insuffisant à de nombreux exploitants qui complètent leur équipement par un nouveau semoir ou une houe, leur permettant ainsi de disposer en même temps de deux, voire trois attelages.

Les rendements obtenus (et par conséquent les productions) pour les différentes cultures ont fortement varié d'une année à l'autre et d'une catégorie de colons à une autre pour une même année. De 1972, année où la sécheresse a sévi le plus cruellement dans toute la zone sahélo-soudanienne, à 1974, les conditions pluviométriques se sont considérablement améliorées. Le rapport d'évaluation de la BIRD se fondait sur les prévisions de rendements suivantes : 1 000 kg/ha pour l'arachide, passant à 1 100 kg en troisième année, 1 200 kg/ ha en première année pour le cotonnier et 1 300 kg/ha en seconde campagne, 1 000 kg/ha passant dès la deuxième année à 1 200 pour le sorgho. Ces objectifs se sont révélés nettement pessimistes en ce qui concerne l'arachide, mais beaucoup trop optimistes pour le cotonnier et les céréales.

En effet, le rendement moyen de l'arachide passait de 1 000 kg/ha en 1972 à 1 340 en 1973 et à plus de 1 500 en 1974. Ces niveaux de rendement obtenus sont tout à fait remarquables si l'on tient compte des conditions défavorables de l'année 1972 et de l'extension rapide des surfaces dès 1973, qui aurait pu faire craindre un mauvais entretien de la plupart des parcelles. Il n'en a rien été, et il est clair que tous les agriculteurs ont accordé une priorité absolue aux travaux culturaux de l'arachide. L'extension des surfaces n'avait donc pas contribué (au contraire) à une réduction des rendements, car elle était corrélative d'un accroissement du nombre d'actifs par famille, mais aussi d'un équipement plus poussé des exploitations et d'une meilleure maîtrise de celui-ci.

Il n'en a malheureusement pas été de même pour les autres cultures. Pour le cotonnier en particulier dont les rendements de 1972 et 1973, que l'on ne peut, compte tenu du déficit pluviométrique, qualifier de mauvais, n'ont pourtant pas été suffisants pour rendre cette culture véritablement attractive. Les conséquences catastrophiques des attaques parasitaires en 1974 (rendement moyen de l'ordre de 400 kg/ha) liées à une mauvaise réalisation des traitements insecticides, alors que la pluviométrie était au moins aussi favorable au cotonnier qu'à l'arachide, n'a évidemment fait qu'affirmer davantage cette tendance qu'il sera sans doute difficile de renverser.

Quant aux céréales, leurs rendements, bien que s'améliorant d'année en année, sont restés encore nettement inférieurs aux prévisions. L'emploi par certains agriculteurs de semences non sélectionnées, l'absence fréquente de travail du sol et d'épandage d'engrais ainsi qu'un entretien moins soigné que celui des parcelles d'arachide, autant de raisons expliquant ces niveaux de rendement très moyens, qui se sont de plus toujours révélés particulièrement faibles en première année de culture. L'accroissement des surfaces de céréales a été, de 1972 à 1974, directement lié à celui des surfaces cultivées en arachide. L'agriculteur dispose donc rapidement d'une surface de cultures vivrières suffisamment grande pour que l'obtention d'un rendement médiocre lui permette de satisfaire amplement les besoins alimentaires de sa famille. On comprend donc que dans ces conditions le paysan juge inutile d'investir une trop grande quantité de travail dans ses parcelles de céréales, ce qui ne pourrait que porter préjudice aux résultats de sa production arachidière. La priorité accordée à cette dernière ne fait pas de doute, traduisant un comportement technique plus extensif vis-à-vis de cultures de subsistance dont il suffit d'assurer une certaine production, qu'à l'égard d'une plante dont la fonction est de maximiser un revenu monétaire.

Les accroissements rapides et simultanés du nombre d'actifs par famille, de la surface cultivée par actif et des rendements d'arachide, ont évidemment influé cumulativement sur les niveaux de production des exploitations.

Un premier point important est celui de l'autosatisfaction vivrière. Si la production céréalière n'a en moyenne jamais été suffisante en première année d'installation pour couvrir ces besoins (estimés, selon les normes habituelles, à 200 kg de grain par habitant), la situation se normalise dès la seconde campagne. C'est ainsi qu'en 1974, les agriculteurs installés depuis un et deux ans ont assuré en moyenne plus du double des besoins vivriers de leurs familles. Le stockage d'une partie de la récolte céréalière au sein de chaque exploitation devrait sans aucun doute s'accompagner d'un transfert d'une fraction de ce surplus du lieu de production vers le groupe familial resté dans le Sine.

Les revenus monétaires réels (valeur des produits effectivement commercialisés diminuée des charges globales) se sont quant à eux accrus dans des proportions exceptionnelles, conséquence des différentes causes évoquées, mais aussi de l'évolution en hausse des prix payés aux producteurs. Les objectifs initiaux ont de ce fait été très largement dépassés. Le revenu monétaire réel par exploitation, qui n'était en 1972 que de 34 000 F CFA, passe en 1974 à plus de 450 000 F pour les plus anciens migrants, et atteint près de 200 000 F pour les nouveaux arrivants, résultats très supérieurs à ceux que rendaient possibles les conditions de la zone d'origine, même en année d'excellente pluviométrie. On comprend qu'ils constituent le principal motif de satisfaction des agriculteurs et répondent parfaitement aux objectifs individuels de cette migration. Il est par ailleurs évident qu'ils suscitent l'installation de nouveaux *sourga*, résidents ou saisonniers, induisant par là même une pression encore plus forte de l'arachide dans les systèmes de cultures.

DES COMPORTEMENTS ET DES RÉSULTATS DISPERSÉS

Les résultats moyens ou globaux qui viennent d'être résumés masquent en fait une variabilité entre exploitations considérable. On aurait pu s'attendre à ce que ces agriculteurs, placés dans des conditions écologiques homogènes, disposant de moyens techniques identiques, et recevant du personnel d'encadrement des directives et conseils similaires, réagissent de manière très uniforme. Or il n'en a rien été. Qu'il s'agisse de la surface cultivée par actif, de l'accueil manifesté à l'égard des principales innovations telles que la culture cotonnière ou l'utilisation et le dressage des bœufs, du soin apporté aux différentes opérations culturales (emploi plus ou moins rationnel de l'engrais, date de semis, entretien des cultures), on constate que s'expriment des comportements très divers. Si des agriculteurs « de tête » émergent sans conteste, se révélant très réceptifs à toute innovation et confiants dans l'encadrement, si inversement chez d'autres se manifeste une suspicion certaine vis-à-vis du progrès technique, l'analyse pluriannuelle semble montrer que pour la plupart des paysans ce comportement varie fortement d'une année à l'autre. Bien que le niveau de technicité de nombreux exploitants ne soit pas encore suffisant, et si interviennent des déséquilibres structurels (entre les disponibilités en main- d'œuvre et en équipement notamment), entrent également en jeu des causes de nature conjoncturelle, telles que le mauvais état de la paire de bœufs ou la maladie du chef d'exploitation (lorsque la taille de la famille est réduite) à un moment crucial du déroulement des travaux. Tout paraît indiquer que ce type de facteurs intervient de moins en moins fortement au fur et à mesure que la taille de l'exploitation et que son équipement s'accroissent, en même temps que s'améliore l'adaptation à un milieu naturel bien différent de celui du Sine.

La dispersion des résultats économiques entre les exploitations résulte évidemment de celles des surfaces cultivées et des rendements obtenus. Extrêmement accusée en 1972, elle s'est réduite sensiblement par la suite, c'est- à-dire à mesure que les résultats s'amélioraient. Durant ces trois années, le PAN par actif[5] apparaît en liaison positive plus étroite avec le PAN par hectare qu'avec la surface cultivée par actif, pour une double raison : la dispersion du PAN par hectare est plus accusée que celle de la surface cultivée par actif, alors que n'apparaît pas véritablement entre eux de liaison négative. En fait, des différences très sensibles de force de travail, de technicité, d'efficacité des moyens de traction, expliquent que se rencontrent tous les intermédiaires entre les exploitations qui réussissent à obtenir un fort rendement moyen sur une grande surface et celles qui n'atteignent, sur une superficie réduite, que des rendements très médiocres. L'obtention de PAN par actif similaires se trouve réalisée par des voies diverses quant à l'utilisation de la terre, du travail et des moyens matériels de production, qui témoignent

---

[5] PAN : Produit Agricole Net, défini de la manière suivante : PAN = somme des valeurs de la totalité des différentes productions (quantités x prix officiel au kg) – charges globales (charges de campagne en semences et engrais + remboursement des annuités pour l'acquisition du matériel et de la paire de bœufs) – valeur de l'autoconsommation familiale (sur la base de 200 kg de céréales par habitant et du prix officiel de campagne). On peut considérer que le PAN/actif, qui exprime la rémunération de l'agent économique, représente un bon critère d'appréciation de la « réussite économique » de l'exploitation durant une campagne agricole. On a par ailleurs : PAN par actif = PAN par ha x Surface cultivée par actif (ha).

de réactions très hétérogènes face à un nouveau milieu et à un schéma uniforme de vulgarisation.

CONCLUSION

Le système de culture pratiqué par la grande majorité des agriculteurs s'écarte donc très sensiblement de celui qui était préconisé. Les surfaces exploitées se sont très rapidement accrues, un tri des thèmes techniques a été opéré, aboutissant à éliminer ceux qui ne pouvaient s'accorder avec cet accroissement des surfaces cultivées, et l'arachide a pris dans l'assolement une place prépondérante. Ces choix opérés par les paysans ne peuvent être considérés comme l'expression d'une faible maîtrise technique, car ils répondent en fait positivement (les résultats obtenus le prouvent) à leurs objectifs économiques. Ces choix tendent à dénaturer le schéma proposé pour le rendre proche des systèmes de culture mis en place sur la frange pionnière du bassin arachidier dans un contexte de migration spontanée. C'est donc davantage par la voie d'une extension des surfaces cultivées en arachide que par une intensification globale de tout le système cultural que l'agriculteur cherche à maximiser son revenu monétaire. Le fait qu'il n'existe pas de véritable marché céréalier permettant au producteur de vendre son surplus à des prix vraiment rémunérateurs, et que la culture cotonnière lui assure une productivité de son travail bien plus faible que l'arachide, n'aboutit qu'à renforcer la priorité accordée à cette dernière.

Mais si le comportement adopté semble cohérent à court terme, il est à craindre que de tels systèmes d'exploitation du milieu ne conduisent à une dégradation plus ou moins rapide de la fertilité des sols, ce qui mettrait par conséquent en cause leur pérennité. On peut en outre se demander s'ils n'aboutissent pas à un certain gaspillage d'un espace « utile » qui, même à l'échelle du Sénégal oriental, n'est pas illimité. Ceci pose évidemment la question de compatibilité entre les projets individuels (et les moyens mis en œuvre pour y accéder) et les orientations que l'on peut juger favorables au niveau régional et national. Et le problème majeur est finalement de savoir si un système de culture véritablement intensif peut être adopté par la plupart des agriculteurs tant qu'une limitation des surfaces exploitées n'intervient pas.

Enfin il apparaît, au vu de la dispersion des résultats individuels, que les exploitations agricoles, différant entre elles (que ce soit par la constitution et l'importance de leur force de travail, ou par leurs « projets » individuels), ne peuvent se conformer toutes à un modèle uniforme. Le schéma d'intervention initial s'avère beaucoup trop rigide dans sa conception, et une modulation des propositions techniques et des moyens matériels fournis aux agriculteurs devrait pouvoir être entrepris.

TABLEAU RÉCAPITULATIF DES PRINCIPAUX RÉSULTATS PAR EXPLOITATION (moyennes)

	1972	1973		1974		
	Col. 72	Col. 72	Col. 73	Col 72	Col. 73	Col. 74
Nbre exploitations suivies	41	11	26	12	13	13
Population						
Nbre actifs hommes	1.3	2.0	1.8	3.3	2.5	1.9
Nbre actifs femmes	1.1	1.4	1.4	1.4	1.5	1.3
Nbre total actifs	2.4	3.4	3.2	4.7	4.0	3.2
Population totale	4.3	5.3	5.6	7.0	6.8	5.8
Surfaces cultivées (ha)						
Arachide	1.51	3.75	2.40	7.24	5.19	3.34
Cotonnier	0.27	0.31	0.25	0.60	0.55	0.28
Céréales	1.32	1.60	1.59	3.67	2.95	1.62
Total	3.10	5.66	4.24	11.51	8.69	5.24
S.cultivée par actif	1.27	1.73	1.40	2.47	2.17	1.66
S. arachide/S. totale (%)	49	66	57	63	60	64
S. arachide *diatigui*/ S. totale arachide (%)	69	51	41	35	43	48
Rendements (kg/ ha)						
Arachide	1.000	1.390	1.310	1.670	1.370	1.670
Coton	820	1.140	820	290	425	250
Céréales	410	870	620	895	1.010	560
Productions (kg)						
Arachide	1.510	5.200	3.140	12.080	7.110	5.570
Coton	210	350	200	180	240	70
Céréales	540	1.380	980		2.965	915
Disponible céréalier par habitant (kg)	125	262	174	472	438	159
Prix à la production (F)						
. arachide	22	25,5	(+ 4)		41.5	
. coton	30	30	(+ 4)		47	
. céréales	20	25			30	
Revenu monétaire réel (F)	34.400	104.700	73.000	454.500	257.000	199.000
Part du ménage (%)	85	79	68	52	67	77
Revenu monétaire réel par actif (F)	14.100	31-100	23-100	97.300	64.300	63.100
PAN (F)	24.600	111.000	61.700	515.500	307.200	199.200
PAN par actif (F)	10.100	33.000	19.600	110.500	76.800	63.200
PAN par ha (F)	8.000	19.600	14.500	44.800	35.400	38.000

L'AGRICULTURE SEREER SUR LES TERRES NEUVES, 15 ANS PLUS TARD

Jean-Paul DUBOIS, Pierre MILLEVILLE

La recherche d'accompagnement de la première phase du projet Terres Neuves (1972-1975) avait permis de mettre en évidence la logique du comportement des agriculteurs sereer brusquement confrontés à des conditions de larges disponibilités en terres. Les surfaces cultivées avaient progressé très rapidement, l'arachide avait pris une place prépondérante dans l'assolement, et les agriculteurs avaient opéré un tri sélectif des propositions techniques qui leur étaient faites, aboutissant notamment au rejet total ou partiel des thèmes qui impliquaient une forte dépense en travail à l'unité de surface. Les systèmes de culture mis en place s'écartaient beaucoup du modèle intensif uniforme que les initiateurs du projet prétendaient faire adopter. Le comportement des agriculteurs apparaissait tout à fait rationnel, dans un tel contexte, et de nature à satisfaire aux objectifs économiques qu'ils se fixaient, tout au moins dans le court terme. La question de la viabilité de tels systèmes de culture restait néanmoins posée, compte tenu de leurs répercussions possibles sur l'évolution ultérieure des capacités productives du milieu.

Une quinzaine d'années plus tard, il convient d'examiner si les évolutions amorcées au cours des premières années de colonisation des Terres Neuves se sont confirmées ou infléchies. La densification croissante de l'espace rural a-t-elle poussé les agriculteurs à intensifier leurs pratiques ? Les comportements techniques se sont-ils différenciés ? Les performances, exprimées à travers les rendements et la productivité du travail, ont-elles changé, et dans quel sens ? Et peut-on, avec le recul, statuer sur le caractère plus ou moins durable de cette agriculture ?

CARACTÉRISTIQUES STRUCTURELLES DES EXPLOITATIONS AGRICOLES

Taille et constitution des unités de production

Un échantillon d'une quarantaine d'exploitations (ou « cuisines ») a été retenu. Ses caractéristiques moyennes, établies sur deux années successives (1986 et 1987), sont les suivantes : 2,8 actifs masculins (15 ans et plus), 2,3 actifs féminins, 4,9 enfants, 10 personnes au total. Ces effectifs indiquent un fort accroissement du nombre de femmes et d'enfants, et un tassement relatif du nombre d'actifs masculins. Ce dernier point traduit sans aucun doute la réduction sensible du nombre des navétanes depuis les années soixante-dix. On pouvait en effet enregistrer à cette époque des moyennes supérieures à deux navétanes par exploitation dans certains villages. Ces taux ont bien baissé : 0,8 en 1986 et 1,1 en 1987 pour cet échantillon. Il en résulte que le nombre d'actifs masculins par exploitation n'a que peu progressé, beaucoup moins que le

Paysans sereer, Dynamiques agraires et mobilités au Sénégal, IRD, coll. À travers champs, 1999 (extraits)

nombre total de personnes. Néanmoins, les navétanes représentent encore un tiers de la force de travail masculine de ces exploitations pendant la saison de culture. Les hommes résidents sont moins nombreux que les femmes (1,9 contre 2,3 par cuisine).

L'échantillon est affecté d'une forte diversité : de 4 à 22 personnes par exploitation en 1986 (médiane à 9). Le quart d'entre elles ne disposent que d'un seul homme, et le tiers d'une seule femme. Dans 22 % des cas, 4 hommes ou plus sont présents dans l'unité de production. Dans 30 % des cuisines le ménage du chef d'exploitation coexiste avec celui d'un de ses fils. Dans la quasi-totalité des cas, le « carré » ne comporte qu'une seule cuisine, ce qui signifie que l'autonomisation d'un ménage passe par la création d'une nouvelle unité résidentielle plutôt que par celle d'une nouvelle cuisine au sein du carré dont il faisait partie. Les cuisines les plus grandes correspondent à des exploitations installées dès les premières années du projet et témoignent d'une réussite économique incontestable. Elles ont souvent doublé leur assise foncière par la reprise d'un lot à l'occasion du départ d'un colon et sont largement dotées en équipement et en mesure d'accueillir chaque année plusieurs navétanes. À l'opposé, se rencontrent des cuisines dont la faible taille traduit généralement un processus de récession économique ou le stade initial d'une exploitation nouvellement créée. Les départs, les reprises, les cumuls, les nouvelles installations, les scissions, expliquent la grande diversité des exploitations des Terres Neuves, telle que l'on peut l'apprécier à un moment donné. Le phénomène de différenciation des exploitations, déjà marqué dès les premières années du projet, s'est à l'évidence poursuivi et amplifié.

On relèvera ici les difficultés qui peuvent surgir lorsqu'il s'agit d'évaluer sur une longue période l'évolution d'exploitations agricoles, dans des contextes où la composition du groupe domestique joue un rôle de premier plan, sans doute plus important que celui des composantes technique et même foncière de l'appareil de production. L'échantillon retenu ne permet généralement pas de comparer terme à terme des situations particulières à ce qu'elles étaient par le passé. Près d'un tiers des lots de terre ont changé de titulaires et les exploitations correspondantes n'ont plus grand-chose à voir avec celles qui les précédaient. Pour toutes les autres, la variabilité interannuelle de la force de travail incite à la prudence dans la caractérisation et l'interprétation des tendances évolutives.

Équipement

Tous dotés à l'origine d'une paire de bœufs et du même type de matériel (bâti arara et semoir), la plupart des agriculteurs avaient, dès les premières années, cherché à compléter ces moyens techniques en acquérant un cheval, une houe Sine et un deuxième semoir. En phase d'installation, l'âne était considéré comme un expédient, destiné à pallier temporairement la carence de paires de bœufs trop jeunes et mal dressés.

Une douzaine d'années plus tard, l'équipement des exploitations s'est globalement renforcé, mais les disparités se sont accentuées. En moyenne, l'exploitation dispose de 2,4 attelages. En 1986, l'échantillon de 37 exploitations totalise 26 paires de bœufs (soit 0,7 en moyenne), 56 chevaux (1,5 en moyenne) et 6 ânes. 14 d'entre elles n'ont plus de bœufs de trait, et 4 ne possèdent ni bœufs ni cheval et doivent se contenter d'ânes ou avoir recours à des prêts ou locations d'attelages. 25 exploitations sur 37 disposent de deux attelages ou plus. Seules 5 exploitations n'ont pas de cheval, et plus de la moitié en possèdent au moins deux. Il est manifeste que la dynamique amorcée dès les premières années du projet s'est amplifiée. De nombreux agriculteurs ne considèrent plus le cheval seulement comme un complément nécessaire à la paire de bœufs, mais comme son substitut. L'exploitation dispose en moyenne de 1,3 semoir et de 2,2 outils de sarclage (houe arara ou Sine). Ces chiffres sont à rapprocher de ceux des moyens de traction, ils montrent une bonne adéquation globale entre le nombre total d'attelages et le nombre d'outils de sarclage d'une part, entre le nombre de chevaux et le nombre de semoirs d'autre part (contrairement à ce qui était pratiqué par le passé, le semoir n'est plus jamais tracté par les bœufs).

Au niveau de l'exploitation, de nombreux déséquilibres se manifestent entre la force de traction disponible, l'outillage et la main-d'œuvre. En considérant que le semis exige la présence d'un cheval, ou à défaut d'un âne, et que la présence d'un actif masculin au moins est exigée dans la conduite de tout attelage, on constate que sur 37 exploitations 9 manquent de matériel (principalement d'un semoir supplémentaire), 11 manquent d'animaux de trait, 4 souffrent d'une main-d'œuvre masculine trop réduite, certaines pouvant cumuler deux types d'insuffisance. On peut estimer que l'équilibre entre force de traction, outillage et main-d'œuvre est satisfaisant pour 15 d'entre elles. 11 exploitations disposent d'un bâti arara sans posséder de bœufs de trait (en imposant donc au cheval un effort de traction trop soutenu). Moins du tiers des exploitations témoignent d'un bon équilibre d'ensemble. S'ajoute à ce diagnostic l'état souvent défectueux du matériel, lié à sa vétusté (de nombreux outils ayant plus de 10 ans) et à la dégradation généralisée des conditions de sa maintenance et de son renouvellement.

Le tableau I ventile, pour 1986, ces 37 exploitations en fonction des capacités réelles d'utilisation du matériel de culture attelée, appréciées à travers la combinaison des trois critères précédents. Les deux premiers groupes, qui totalisent 15 et 11 exploitations (soit 70 % de l'ensemble) se distinguent l'un de l'autre de façon tranchée : alors qu'un seul semoir est disponible, le passage d'un à deux attelages et d'un à deux outils de sarclage, accroît la surface moyenne de 5,0 à 9,3 ha. Entre les quatre groupes se manifeste une bonne homogénéité de la surface moyenne par outil de sarclage (4,3 à 5 ha), alors que la surface moyenne par semoir est affectée de fortes variations. On peut en déduire que, sur les Terres Neuves, la surface cultivée s'ajuste préférentiellement aux capacités de sarclage, qui constitue le poste de travail le plus lourd.

Tableau I

DISTRIBUTION DES 37 EXPLOITATIONS EN 1986 SELON LA SURFACE CULTIVÉE ET L'ÉQUIPEMENT

Équipement	Groupe I	Groupe II	Groupe III	Groupe IV
Semoirs	1	1	2	3
Houes	1	2	2 à 4	5
Surface moyenne (ha)	5,0	9,3	13,4	24,3
Surface/semoir (ha)	5,0	9,3	6,7	8,1
Surface/houe (ha)	5,0	4,6	4,3	4,9
Nombre d'exploitations	15	11	9	2
Hommes/exploitation	1,4	3,0	3,4	6,0

Les chiffres précédents sont plus élevés que les normes couramment admises pour la région sud du Sine-Saloum (5 ha par semoir, 3,5 ha par houe Sine et 4 ha par houe arara). L'équipement de culture attelée semble être utilisé, dans bien des cas, à la limite de ses capacités. Le deuxième groupe (un semoir et deux houes) manifeste en particulier une situation de forte tension pour le semis, qui ne peut qu'induire un étalement dans le temps de la mise en place de l'arachide, préjudiciable au rendement de la culture. Mais il est par ailleurs clair que plus de la moitié de ces exploitations ne pourraient rééquilibrer leurs capacités d'intervention qu'en acquérant à la fois un deuxième semoir et un deuxième cheval.

Dans l'ensemble, on ne peut donc conclure à un suréquipement des exploitations sereer des Terres Neuves, bien au contraire. Les ratios constatés sont élevés et, dans bien des cas, les disponibilités en moyens de traction et/ou en outillage peuvent représenter une contrainte susceptible de limiter l'accueil d'une main-d'œuvre supplémentaire.

Surfaces cultivées et assolement

Les plantes cultivées : une perte de diversité

Le changement le plus immédiatement perceptible dans les systèmes de culture concerne le matériel végétal. Le cotonnier a totalement disparu de la région des Terres Neuves ; le sorgho et le sanio (mil tardif) n'occupent plus que des surfaces très réduites et sont absents de la plupart des exploitations ; le maïs se trouve généralement confiné dans des jardins de case où il bénéficie de forts apports organiques. Pour l'ensemble des 38 exploitations suivies, le souna (mil précoce) occupe, en 1986, 91 % de la surface consacrée aux cultures céréalières, alors que cette part n'était, en 1974, que de 14 à 35 % suivant les villages. Le sorgho tenait à cette époque une place prépondérante (35 â 73 % de la surface en céréales). Une variété d'arachide semi-hâtive (105 jours) tend par ailleurs à supplanter progressivement la variété tardive (120 jours) qui était cultivée antérieurement, conformément à la nouvelle carte de répartition des variétés adoptée par les services agricoles.

La disparition de la culture cotonnière n'étonne pas. Les agriculteurs sereer s'en étaient désintéressés dès les premières années du projet, en ne lui consacrant que des surfaces limitées. Ils la considéraient comme une des obligations du contrat qui les liait à la STN, mais estimaient qu'il leur était plus aisé et plus sûr de maximiser leurs revenus grâce à de grandes surfaces d'arachide. Le calcul des niveaux respectifs de productivité du travail (et même de la terre) atteints pour ces deux cultures ne laissait aucun doute sur la justesse de leur appréciation, qui était bien entendu renforcée par une conduite technique défectueuse du cotonnier. Le déficit pluviométrique jouait dans le même sens, en pénalisant beaucoup moins l'arachide que le cotonnier, qui se trouvait sur les Terres Neuves à la limite nord de son aire de culture.

Le bouleversement de la place occupée par les différentes céréales, ainsi que les changements variétaux pour l'arachide, sont la conséquence directe de la crise climatique. Les espèces et variétés à cycle long ont été plus ou moins totalement abandonnées par les agriculteurs[1]. Il est remarquable de constater qu'en dépit d'une pluviométrie annuelle moyenne excédant de 300 mm environ celle du Sine, la région des Terres Neuves n'en diffère que très peu pour ce qui est des cultures pratiquées à la fin des années quatre-vingt, l'arachide et le souna y occupant, dans l'un et l'autre cas, la quasi-totalité des superficies cultivées. Les systèmes de culture pratiqués sur les Terres Neuves se sont donc considérablement simplifiés, alors que les conditions de milieu qui prévalaient avant la longue période sèche avaient poussé les promoteurs du Projet à afficher la diversification des productions comme l'un de ses principaux objectifs.

---

[1] Ce phénomène semble général à toute l'agriculture pluviale au nord de la Gambie.

Surfaces cultivées et force de travail disponible

La surface cultivée par exploitation est en moyenne de 9 ha pour les trois années 1985, 1986 et 1987[2]. Elle est sensiblement inférieure à ce que cultivaient les unités de production suivies à Diaglé-Sine en 1974 au cours de leur troisième campagne (11,5 ha). En fait, si l'on ne se réfère qu'aux mêmes exploitations de ce village, la progression des surfaces cultivées par exploitation reste faible, en passant à 12,3 ha en moyenne pour les trois années récentes. De fortes différences se manifestent entre villages (6,6 ha à Keur-Daouda, 8,6 ha à Diamaguène, 12,3 ha à Diaglé-Sine), sans que l'on puisse considérer l'échantillon retenu comme repré-sentatif. Il est clair en particulier que la présence de sols peu profonds, à cuirasse sub-affleurante, a limité la taille des lots de terre réellement exploités à Keur-Daouda, alors que les colons de Diaglé-Sine bénéficiaient quant à eux de conditions quasi idéales. Après une progression très rapide au cours des premières années qui ont suivi l'installation des migrants, les surfaces cultivées se sont (en moyenne bien sûr) vite stabilisées. Comme l'espace agricole utile n'est pas véritablement saturé, il faut rechercher la raison principale de cette limitation des surfaces mises en culture dans la capacité de travail des exploitations. On relève effectivement un certain tassement du nombre moyen d'actifs masculins par exploitation, alors que le nombre d'actifs féminins s'est considérablement accru. Il convient néanmoins d'interpréter avec prudence l'évolution de la force de travail, car le nombre d'actifs masculins dépend fortement de celui des navétanes, qui peut largement fluctuer d'une année à l'autre. Il est d'ailleurs possible qu'une partie de la différence constatée entre les surfaces défrichées disponibles et la superficie annuellement cultivée résulte d'un afflux antérieur de navétanes plus important qu'actuellement.

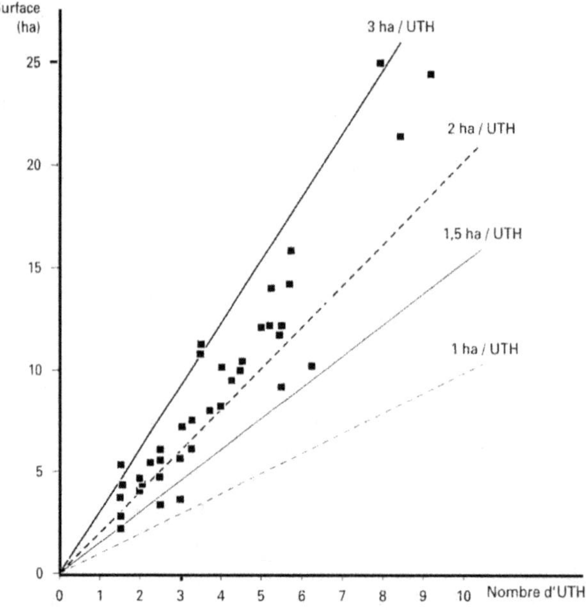

Fig. 1 – Force de travail et surface totale cultivée par exploitation
(moyennes 1986-1987)

---

[2] La surface réellement exploitée est supérieure : il faudrait ajouter à ce chiffre les surfaces des terres laissées en jachères.

L'ajustement de la surface cultivée à la force de travail disponible trouve sa confirmation dans la figure 1 qui révèle une bonne corrélation entre la surface cultivée par exploitation et le nombre d'UTH[3]. Mais il convient aussi de souligner que ce dernier critère ne rend compte que d'une manière approximative de la force de travail effective de l'exploitation. Par exemple, les chefs des exploitations de grande taille ne participent souvent plus qu'exceptionnellement aux travaux culturaux. Ils se consacrent plutôt à une activité d'organisation et de gestion.

L'ajustement précédent, pour imparfait qu'il soit, traduit le maintien de conditions d'accès à la terre satisfaisantes, mais aussi l'uniformité du type de moyens techniques dont disposent ces agriculteurs (même si la disponibilité réelle de l'équipement peut sensiblement varier d'une exploitation à l'autre). La surface cultivée par UTH se situe entre 2 et 3 ha dans les deux tiers des exploitations.

La figure 1 met par ailleurs en évidence le degré de diversité des exploitations dont la taille (force de travail et surface cultivée) varie dans des proportions considérables : de 1,5 à 9,5 UTH, de 1,2 à 25 ha en 1987. Il est manifeste que les phénomènes de différenciation, déjà perceptibles lors des premières années du projet Terres Neuves, n'ont fait que s'amplifier. Cette évolution est compréhensible, compte tenu de la multiplicité des dynamiques à l'œuvre : processus de segmentation ou d'extension du groupe familial, acquisition de nouvelles terres, installation de nouveaux migrants, phénomènes de récession ou de réussite économique. La diversité constatée résulte de ces différentes dynamiques et de la position qu'occupent les groupes domestiques dans leurs cycles de vie. Ceci confirme, s'il en était besoin, le caractère théorique et inadapté des dispositions uniformes préconisées par les initiateurs du projet, tout particulièrement quant à l'attribution aux agriculteurs sereer des lots de terre et de l'équipement.

Pour l'ensemble de l'échantillon, les surfaces cultivées par habitant et par actif sont respectivement de 0,87 et 1,67 ha en 1987. Ces chiffres sont nettement inférieurs à ceux de 1974 pour les villages de Diaglé-Sine et de Diamaguène et équivalents à ceux de Keur-Daouda, où les agriculteurs effectuaient alors leur première campagne (tabl. II).

TABLEAU II

SURFACES CULTIVÉES PAR HABITANT ET PAR ACTIF EN 1974 ET 1987

	Surface/habitant (ha)		Surface/actif (ha)	
	1974	1987	1974	1987
Diaglé-Sine	1,64	0,93	2,47	1,79
Diamaguène	1,28	0,81	2,17	1,45
Keur-Daouda	0,91	0.85	1,66	1,78
Ensemble	1,29	0,87	2,14	1,67

Il est surprenant d'enregistrer une telle baisse de ces ratios, alors que les disponibilités en terres restent appréciables et que le niveau d'équipement des exploitations s'est accru. Par ailleurs, ces ratios ne sont pas très supérieurs à ceux des

---

[3] Le nombre d'UTH (unité travail homme) a été calculé en attribuant à l'actif féminin un indice de 0,5, comme y invitent les contributions respectives en travail agricole fournies par l'homme et la femme au cours du cycle cultural, au vu des enquêtes d'emploi du temps réalisées par le passé, ainsi que les tailles moyennes respectives des parcelles d'arachide de ces deux catégories d'attributaires.

villages du Sine, où la saturation foncière est particulièrement marquée. Il est manifeste que les besoins en travail à l'unité de surface sont plus importants sur les Terres Neuves que dans le Sine, en raison de la texture plus fine des sols et de l'abondance de l'enherbement. Ce dernier facteur est probablement déterminant, et l'on peut supposer (sans pouvoir en prendre objectivement la mesure) que la pression des adventices s'est significativement accrue au cours de 12 à 15 années de culture quasi continue, augmentant ainsi les quantités de travail nécessaires pour le sarclage.

Les surfaces cultivées en arachide et en céréales, ainsi que les parts respectives qu'elles tiennent dans l'assolement, sont affectées d'une forte variabilité : entre exploitations, entre années, voire entre villages.

Pour l'échantillon retenu, l'arachide représentait globalement 54 % des surfaces cultivées en 1985, 52 % en 1986, 60 % en 1987, 60 % en 1988. La fluctuation interannuelle de cet indice résulte pour partie de celle du nombre de navétanes présents durant la campagne agricole. C'est ainsi que pour l'ensemble des exploitations enquêtées ce nombre était de 21 en 1985, 28 en 1986, 41 en 1987, 45 en 1988. Elle peut également résulter des difficultés que connaissent les agriculteurs certaines années (par exemple en 1986) pour acquérir les quantités de semences d'arachide nécessaires. On comprend que la part de l'arachide dans l'assolement puisse être affectée d'une forte variabilité entre exploitations (de 32 % à 77 % en 1987), et entre années pour une exploitation donnée.

On peut apprécier simplement l'importance de la variabilité interannuelle qui affecte un paramètre donné sur quelques campagnes successives, en établissant le quotient entre les valeurs maximale et minimale qu'il prend pour chaque exploitation au cours de cette période. Un tel indice a été calculé pour les surfaces cultivées et pour la part tenue par l'arachide dans l'assolement au cours de la période 1985-1987. L'instabilité de ces paramètres apparaît de fait considérable. La valeur moyenne de cet indice est égale à 1,54 pour l'arachide. La surface en céréales est affectée d'un degré d'instabilité identique (1,56), ce qui peut surprendre car on aurait pu s'attendre à la voir ajustée au niveau des besoins vivriers, moins fluctuant que celui de la main-d'œuvre disponible sur l'exploitation. Au total, la valeur moyenne de cet indice appliqué à la surface totale cultivée par exploitation est de 1,39. Il est de 1,41 en ce qui concerne la part que représente l'arachide dans l'assolement. Au niveau d'une exploitation agricole, de véritables bouleversements peuvent donc se manifester d'une année à l'autre. Un tel degré d'instabilité ne peut résulter que d'une forte variabilité interannuelle des facteurs de production. Il traduit plus spécifiquement l'ajustement de la surface cultivée aux niveaux de disponibilité des autres facteurs de production, en premier lieu la force de travail. Il faut y voir sans aucun doute le signe de disponibilités foncières encore non limitantes pour la plupart des exploitations des Terres Neuves.

La part de l'assolement consacrée à l'arachide a tendance à augmenter lorsque le nombre d'actifs masculins de l'unité de production s'accroît : en 1987, elle passe ainsi de 42 % en moyenne pour un seul homme présent sur l'exploitation, à 51 % pour deux, 57 % pour trois, 63 % pour quatre et plus. Cette part peut varier du simple au double d'une année à l'autre, tout particulièrement dans les exploitations de petite taille. La présence ou l'absence de navétanes peut en effet y induire des variations considérables de la force de travail disponible.

Pour l'ensemble des trois campagnes 1985-1986-1987, la répartition des surfaces d'arachide cultivées en fonction du statut des attributaires de parcelles est la suivante : 43 % pour les chefs d'exploitation, 27 % pour les femmes, 30 % pour les *sourga*. La part des *sourga* s'est visiblement réduite depuis les années 1974 et 1975, qui avaient vu affluer sur les Terres Neuves les navétanes venus du Sine. C'est sans aucun doute pour la même raison que le poids de l'arachide dans l'assolement a sensiblement diminué, passant de 70 % environ à moins de 60 % en moyenne. Les surfaces d'arachide cultivées par les navétanes proprement dits représentent 17 % de la surface totale d'arachide pour les trois années considérées, et ont varié du simple au double de 1985 à 1987 (tabl. III). En moyenne, les surfaces d'arachide cultivées par navétane sont très uniformes : 1 ha, contre 2 ha par chef d'exploitation et 0,5 ha par femme.

TABLEAU III

SURFACES D'ARACHIDE CULTIVÉES PAR LES NAVÉTANES

| Villages | 1985 | | 1986 | | 1987 | | Navétanes/total *Sourga* % | | |
	Nombre de navétanes	Surface (ha)	Nombre de navétanes	Surface (ha)	Nombre de navétanes	Surface (ha)	1985	1986	1987
Diaglé Sine	10	8,9	12	13,1	18	19,0	51	52	65
Diamaguène	9	9,6	14	14,7	17	17,7	49	67	71
Keur Daouda	2	1,9	2	2,3	6	5,9	26	27	57
Total	21	20,4	28	30,1	41	42,6	46	54	66

SYSTÈMES DE CULTURE ET ORGANISATION DU TRAVAIL

Successions culturales et place de la jachère

Rappelons que dans les villages de colonisation, les agriculteurs recevaient deux lots de terre et que l'essentiel des parcelles des 50 exploitations d'un village étaient réparties sur quatre grandes bandes parallèles. S'y ajoutaient des champs épars, provenant de défrichements « pirates » ou d'emprunts contractés auprès de villages autochtones voisins. Ce schéma d'aménagement fut respecté dans ses grandes lignes et il persiste encore, fixé qu'il est par les attributions foncières qui se sont pour certaines étendues, mais qui n'ont pas subi de morcellement, même lorsqu'elles ont changé de titulaires.

La réduction du nombre des plantes cultivées ne peut que limiter les types de successions pratiquées. La succession de loin dominante est représentée par l'alternance de l'arachide et du souna. Sur les « bandes », on observe d'ailleurs un déplacement collectif des cultures, responsable d'une grande uniformité du paysage agraire. De vastes ensembles de parcelles jointives, constituant de grands blocs de cultures, portent ainsi une année donnée soit du souna, soit de l'arachide. Seule, la présence de champs laissés en jachère introduit des ruptures dans cette uniformité. À ce type de succession largement dominant peuvent s'ajouter :

– la culture du maïs en continu sur des parcelles de concessions abondamment fumées,

– dans de rares cas, la succession ininterrompue de souna dans des champs situés à proximité immédiate des habitations et bénéficiant d'un apport régulier de fumure animale (parcage ou transport). Le mode d'aménagement des terres adopté ne favorisait évidemment pas la constitution d'une auréole de culture continue de mil autour des villages, comme c'est la règle habituelle lorsque l'agriculture et l'élevage coexistent,

– la culture de l'arachide en alternance avec la jachère, sur quelques parcelles généralement éloignées du village et situées hors des bandes.

Le modèle dominant peut lui-même subir quelques entorses, que révèle notamment la présence des jachères. Il est utile de préciser cet aspect et d'éclairer les raisons de la mise en jachère, donc les fonctions qu'elle remplit sur les Terres Neuves. Alors que la jachère était inexistante au cours des trois ou quatre premières années, la situation se modifia par la suite lorsque les exploitations, ayant achevé leur expansion foncière, durent gérer chaque année une superficie â peu près fixée. La jachère apparut alors, mais sans occuper dans les assolements une place considérable, ni surtout stable. Dans l'ensemble, on peut estimer que les surfaces en jachère restent actuellement inférieures à 20 % des terres exploitées (cultures + jachères). Ainsi, par exemple, pour les 13 exploitations du village de Diamaguène en 1986, la jachère occupe, avec 21 ha pour 116 ha mis en culture, 15 % de la surface exploitée. Mais cette part varie de 0 à 51 % suivant les exploitations. Les prêts de terres entre exploitations sont fréquents (7 en empruntent et 5 en prêtent), et la présence de jachères ne semble pas toujours traduire un excédent de terre disponible puisque certains, qui la pratiquent, empruntent de la terre à l'extérieur. La jachère apparaît constituer de fait, au même titre que les prêts, un outil de régulation de l'assolement au niveau de l'exploitation.

Dans les systèmes de culture ne combinant que l'arachide et le mil, le choix des successions culturales est fatalement limité. Les agriculteurs évitent soi-gneusement de faire succéder l'arachide à elle-même, et la culture continue du mil est inexistante dans les villages créés par la STN, pour la raison évoquée plus haut. Par ailleurs, en raison d'impératifs liés au déplacement des troupeaux et au gardiennage des champs, les agriculteurs ont adopté des règles collectives de gestion du terroir villageois. Ils répugnent enfin à semer du mil après jachère, considérant que ce précédent lui est défavorable. Les règles sont donc extrêmement simples : le mil suit l'arachide, et l'arachide succède au mil ou à la jachère.

La reproduction à l'identique d'un assolement, suivant les parts respectives qu'y prennent l'arachide et le mil, justifiera ou non l'usage de la jachère ou le recours aux prêts de terre (fig. 2).

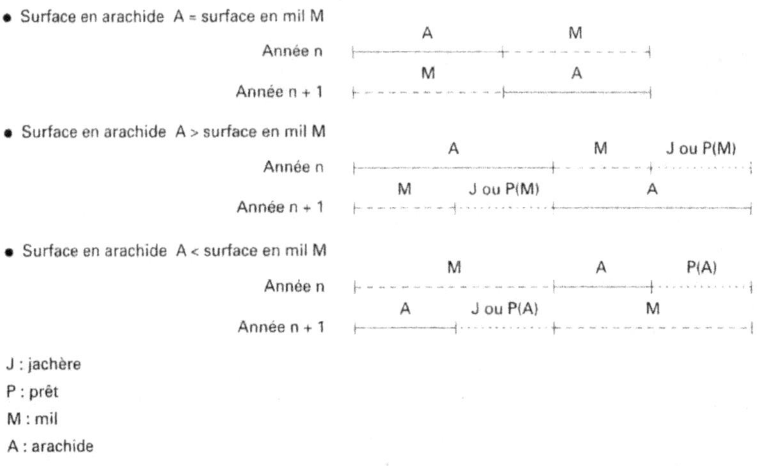

Fig. 2 - Relation assolement-successions culturales dans l'hypothèse
d'une surface totale cultivée constante

Lorsque les deux cultures sont également représentées, la succession peut prendre la forme d'une rotation biennale arachide-mil, sous réserve que les deux lots de terre, de même taille, soient intégralement cultivés. Si les disponibilités foncières excèdent la surface mise en culture, le complément sera laissé en jachère ou prêté. Quand l'arachide occupe une surface supérieure à celle du mil, ou dans le cas inverse, il devient nécessaire d'introduire une sole de jachère de courte durée (un an, parfois deux, afin de respecter les règles de gestion collective) ou de procéder chaque année à des échanges de terre avec d'autres agriculteurs.

Le problème se complique lorsque l'assolement de l'exploitation fluctue au cours du temps. Or, on a vu que cette instabilité était très marquée sur les Terres Neuves, notamment en raison des fluctuations interannuelles de la force de travail de l'exploitation. Dans un tel contexte, la mise en jachère, comme les prêts de terre, constituent un élément de souplesse tout à fait essentiel.

Dans la décision de laisser une terre en jachère, les raisons qui viennent d'être évoquées l'emportent sans conteste sur les justifications plus spécifiquement agronomiques qui pourraient sembler *a priori* primordiales. Après une quinzaine d'années de mise en valeur de ces sols ferrugineux tropicaux, l'aptitude à produire du milieu ne s'est manifestement pas effondrée. Les agriculteurs continuent de puiser dans un capital de « fertilité naturelle » qui n'a pu que s'éroder, mais sans manifestation tangible de grave insuffisance. Certains relèvent néanmoins localement des signes de « fatigue » du sol, se traduisant par un manque de vigueur des plantes cultivées et par une tendance à la baisse des rendements. Plus précisément, une conséquence défavorable de la culture continue est perçue à travers la prolifération de certaines plantes adventices, telles que *Pennisetum pedicellatum*, et certains agriculteurs déclarent avoir pratiqué la jachère, ou envisager de le faire, pour cette raison. Enfin, l'abandon prolongé de grands pans de terroir peut être motivé par leur isolement et la difficulté qui en résulte de contrôler certains prédateurs (phacochères). C'est alors une décision que prennent en concertation plusieurs chefs de famille qui ont leurs terres limitrophes.

Enfin, contrairement à ce qu'était l'organisation traditionnelle des terroirs dans le Sine, la jachère ne remplit pas sur les Terres Neuves de fonction importante vis-à-vis de l'élevage. Celui-ci s'y est pourtant spectaculairement développé, mais les troupeaux disposent encore de vastes parcours en forêt, ainsi que d'appréciables quantités de résidus de culture. Les jachères ne s'imposent pas comme lieux de stabulation d'hivernage et les troupeaux sont parqués en saison sèche sur les terres de culture, qui bénéficient ainsi d'un apport (globalement faible) de fumure. Le rôle que joue l'élevage dans la mise en jachère est indirect : il justifie le déplacement des cultures par grands blocs. Cette pratique permet en effet aux troupeaux d'accéder aux pailles de mil dès la récolte des épis, sans porter préjudice aux parcelles d'arachide. La présence discontinue de parcelles en jachère peut alors s'expliquer par le souci de ne pas déroger à cette règle de gestion collective des espaces de culture.

La jachère ne remplit donc pas aux Terres Neuves les mêmes fonctions que dans le Sine. Si son importance dans l'espace agricole s'accroît, elle n'occupe pas encore de place stabilisée. Son rôle actuel doit être compris, en grande partie, en référence au fonctionnement des exploitations agricoles, et plus particulièrement à la mise en place annuelle des assolements. Elle représente, à ce titre, un précieux facteur de souplesse et de régulation, en facilitant la gestion des systèmes de culture dans le cadre dimensionné, et instable, de l'appareil de production. Les considérations d'ordre plus spécifiquement agronomique passent pour le moment encore au second plan, mais devraient prendre une importance croissante dans l'avenir.

Mobilisation des moyens techniques dans l'exploitation

Dans les Terres Neuves, la culture attelée est généralisée et combine deux modes de traction différents et complémentaires : la paire de bœufs et le cheval. Cette combinaison repose sur une spécialisation plus ou moins marquée, et variable d'une exploitation à l'autre, de chaque type d'attelage.

Le seul critère de possession d'animaux de trait se révèle insuffisant pour apprécier leur contribution réelle aux travaux agricoles. Le tableau IV indique, pour les deux campagnes 1986 et 1987 et les dix mêmes exploitations, la répartition de l'effort consenti globalement par les attelages en fonction des opérations culturales (préparation du sol, semis et sarclage). Depuis 1973, la contribution respective des trois types de traction aux travaux culturaux (récolte exclue) a considérablement changé. Les bœufs, qui effectuaient alors 71 % du travail total, n'en réalisent plus que 20 % environ, et l'âne n'est plus utilisé que dans quelques rares exploitations. Globalement, le cheval assure les trois quarts du travail cultural attelé.

Le cheval tient une place déterminante dans les trois types d'opérations culturales. Sa contribution est dominante, puisqu'elle a représenté en 1986 et 1987 respectivement 73 et 77 % de la totalité du travail cultural *stricto sensu*. Il est par excellence l'animal du semis, opération qu'il convient d'exécuter rapidement, et qui s'accommode d'une force de traction réduite. Mais il réalise aussi 70 % du travail de sarclage. Les bœufs sont quant à eux utilisés prioritairement pour les travaux les plus lourds. Ils interviennent en particulier pour le grattage du sol avant semis (le labour n'a jamais été pratiqué, même au début du projet), et bien entendu lors du « soulevage » de l'arachide qui, effectué à une période où l'horizon de surface du sol s'est fortement desséché, exige une force de traction instantanée importante si l'on veut limiter les « restes en terre ». En 1987, le grattage a représenté 23 % du travail réalisé par les bœufs pour les opérations proprement culturales, contre 9 % pour les chevaux. En tenant compte du déterrage de l'arachide, la contribution globale des bœufs apparaît beaucoup

TABLEAU IV

CONTRIBUTION DES ATTELAGES AUX DIFFÉRENTES OPÉRATIONS CULTURALES

DANS 10 EXPLOITATIONS EN 1986 ET 1987

		1986				1987			
		G	Se	Sa	Total	G	Se	Sa	Total
Bœufs	Nombre de ½ journées	26	2	322	350	63	6	208	277
	%	1	–	20	21	4	–	14	18
Chevaux	Nombre de ½ journées	31	314	844	1 189	107	285	761	1 153
	%	2	19	52	73	7	19	51	77
Ânes	Nombre de ½ journées	–	27	67	94	16	13	44	73
	%	–	2	4	6	1	1	3	5
Total	Nombre de ½ journées	57	343	1 233	1 633	186	304	1 013	1 503
	%	3	21	76	100	12	20	68	100

(G = grattage, Se = semis, Sa = sarclage)

plus forte (34 %, alors qu'elle n'est que de 18 % pour les seuls travaux culturaux) : les bœufs ont effectué en effet 82 % du travail de « soulevage » de l'arachide, et cette seule opération a représenté 59 % de la totalité de l'effort qu'ils ont consenti sur les parcelles.

La part croissante tenue par le cheval dans les exploitations des Terres Neuves confirme et amplifie les tendances amorcées au cours des années soixante-dix. Le refus manifesté par les agriculteurs pour le labour, la priorité accordée à la mise en culture de surfaces étendues grâce à des techniques légères, justifient pleinement la priorité accordée au cheval. Il est en outre fortement mobilisé pour le transport (la plupart des agriculteurs possèdent une charrette) et pour le puisage de l'eau dans les villages qui ne disposent pas de forage.

On peut dès lors s'interroger sur les motifs qui conduisent encore près des deux tiers des exploitations à entretenir des bœufs de trait. Trois raisons principales peuvent être avancées :

– la première, déjà évoquée, tient à la nature des sols de plateau : tant qu'ils restent peu humectés, ils ne peuvent être travaillés qu'au prix d'un effort de traction intense. C'est tout particulièrement vrai pour le soulevage de l'arachide[4] ; la deuxième raison est liée à la remarquable maîtrise du dressage des bœufs dont font preuve les Sereer des Terres Neuves. On est à l'évidence loin de l'apprentissage laborieux des premières années. La règle générale est à présent d'un seul homme par attelage, la paire de bœufs étant dirigée à la voix par celui qui maintient l'outil. Il ne faut pas sous-estimer cet aspect, dans un contexte où le travail demeure le facteur rare de la production. La conduite du cheval exige par contre la présence de deux personnes, l'une aux mancherons de l'outil, l'autre pour diriger l'animal[5] ;

– enfin, les bœufs de trait sont entretenus en stabulation à la concession durant une partie de l'année et bénéficient alors d'une alimentation soignée. À ce titre, ils sont donc aussi des animaux d'embouche, et valorisés comme tels. La rotation souvent rapide des paires de bœufs s'explique par l'exploitation spéculative qui en est faite.

L'effort global consenti par animal peut être apprécié en nombre de demi-journées de travail fournies au cours de la saison de culture. En totalisant les données de 1986 et 1987, et en ne tenant compte que des opérations culturales *stricto sensu* (déterrage de l'arachide exclu), on constate que les chevaux et les bœufs ont travaillé respectivement 64 et 70 demi-journées en moyenne annuelle. Leurs contributions sont donc très proches, mais se révèlent extrêmement variables. Si de telles quantités de travail apparaissent modestes, elles traduisent en fait la brièveté de la période d'activité des attelages, qui n'excède guère deux mois. En 1986, la durée moyenne d'utilisation des attelages pendant le cycle cultural est de 61 jours, les semis de mil débutant le 28 juin et les sarclages mécanisés s'achevant, suivant les exploitations, durant la dernière décade d'août ou la première décade de sep-tembre. Cette moyenne est identique en 1987 (60 jours), malgré une arrivée des pluies beaucoup plus précoce, les semis de mil commençant le 9 juin. Mais les sarclages s'achèvent, dans la plupart des exploitations, dès le milieu du mois d'août.

En 1973, l'effort de traction se répartissait à raison de 61 % sur l'arachide, 6 % sur le cotonnier et 33 % sur les céréales. En 1986 et 1987, la part consacrée aux céréales

---

[4] Certains agriculteurs justifient d'ailleurs ainsi l'intérêt accordé aux variétés d'arachide semi tardives (cycle de 105 jours contre 120 pour les variétés tardives), qui permettent une récolte plus précoce, à une période où le sol n'est pas encore totalement repris en masse.

[5] Cette dernière tache est souvent réalisée par des enfants et la généralisation de la culture attelée équine explique leur forte participation aux travaux agricoles.

reste très stable (31 %) et la disparition de la culture cotonnière s'est traduite par un report sur l'arachide du travail qui lui était consacré. La répartition du travail des attelages par opération culturale a sensiblement évolué, en raison d'une réduction spectaculaire de la préparation du sol avant semis. Cette opération représentait en 1973 respectivement 40 % et 30 % du travail total des attelages sur l'arachide et les céréales. En 1986 et 1987, les proportions tombent à 11% et 1 %. La préparation du sol n'est plus pratiquée sur les parcelles de céréales et concerne, en culture arachidière, des surfaces très variables d'une année à l'autre.

Les quantités totales de travail des attelages s'élèvent, en moyenne pour les années 1986 et 1987, à 10,8 demi-journées par hectare pour les céréales et à 17,3 demi-journées par hectare pour l'arachide. La différence est importante. Elle résulte d'une moindre exigence en travail pour le semis du mil (lignes plus espacées) et surtout d'un contrôle de l'enherbement moins bien assuré sur céréales que sur arachide. En ajoutant à ces quantités de travail les 7,2 demi-journées par hectare consacrées au « soulevage » de l'arachide, ce sont 24,5 demi-journées par hectare de travail en attelé qui sont destinées à cette culture, sur laquelle se concentrent globalement 80 % de l'effort total déployé par les attelages. Depuis 1973, la quantité de travail à l'unité de surface sur céréales a diminué de manière relative et probablement absolue, alors que tout laisse à penser qu'elle est restée stable pour l'arachide. De fait, l'entretien du mil apparaît mal assuré dans l'ensemble. Pour l'arachide, le report en travail de la préparation du sol sur le sarclage correspond à un changement de stratégie de contrôle de l'enherbement et de conduite de la culture, privilégiant les semis précoces. On peut le considérer comme une adaptation à la détérioration prolongée des conditions climatiques.

Évolution des itinéraires techniques

Comme les assolements et les successions de cultures, les itinéraires techniques ont évolué dans le sens de la simplification. Le semis du souna est réalisé dès les premières pluies, sans préparation du sol préalable. Celle-ci a par ailleurs fortement régressé sur les parcelles d'arachide, elle concerne des surfaces importantes seulement lorsque l'hivernage débute précocement. Dans le cas contraire, la priorité est donnée au semis direct, suivi le plus souvent d'un *radou*, c'est-à-dire d'un grattage léger de l'interligne. Bien entendu, aucun agriculteur n'effectue plus depuis longtemps de véritable labour qui, dès les premières années du projet, était un thème spécifiquement limité à la culture cotonnière.

L'engrais minéral a été abandonné, tant en raison de son renchérissement lié à l'abandon de son subventionnement que de la désorganisation des circuits d'approvisionnement et donc de la difficulté de s'en procurer. La crise climatique a, par ailleurs, renforcé les doutes des agriculteurs sur sa rentabilité.

L'apport de fumure organique grâce au parcage des troupeaux sur les parcelles durant la saison sèche, ou au transport des déjections de la concession sur les champs, constitue sans aucun doute une innovation notable, mais qui est loin de compenser l'abandon de la fertilisation minérale, compte tenu du ratio entre surfaces cultivées et cheptel. Ces apports ne concernent chaque année qu'une faible part des surfaces cultivées, de l'ordre de 5 %. En fait, il semble bien que seules certaines parcelles sont régulièrement fumées. Le parcage de saison sèche concerne des parcelles qui seront cultivées au cours de la campagne suivante aussi bien en arachide qu'en céréales, ce qui peut *a priori* paraître surprenant. La pratique du parcage avant arachide s'explique par la précocité d'accès des troupeaux aux « bandes » cultivées en souna (précédent cultural de l'arachide), alors que les parcelles cultivées en arachide ne peuvent être ouvertes au bétail qu'une fois achevés les travaux de battage-vannage, c'est-à-dire courant janvier. Les agriculteurs estiment par ailleurs qu'un tel parcage présente un arrière-effet positif pour le souna qui suivra l'arachide.

Globalement, les tendances amorcées dès les premières années se sont confirmées et renforcées. Les systèmes de culture se sont encore extensifiés, moins en raison d'une progression des surfaces cultivées par actif que de la simplification des itinéraires techniques et de l'insuffisance des modes d'entretien de la fertilité. Priorité a été accordée à ce qui permet de sécuriser la production, tout particulièrement en assurant une mise en place précoce des cultures qui se réduisent, à présent, à l'arachide semi-tardive et au mil à cycle court.

PERFORMANCES DES SYSTÈMES DE CULTURE

Rendements

Le tableau V indique les rendements moyens des céréales et de l'arachide pour l'ensemble des exploitations suivies, ventilés par années, par villages, et par catégories d'attributaires (pour l'arachide).

TABLEAU V

RENDEMENTS MOYENS (KG/HA) DE L'ARACHIDE ET DES CÉRÉALES PAR ANNÉES ET PAR VILLAGES

		Arachide				Céréales
		Diatigui	*Sourga*	Femmes	Moyenne	
	DS	900	860	710	835	545
1985	DM	1 380	960	820	1 105	640
	KD	1 030	640	680	980	610
	Ensemble	1 100	870	450	945	595
	DS	1 140	1 050	810	1 010	525
1986	DM	1 070	970	600	900	420
	KD	1 380	890	820	1 100	740
	Ensemble	1 195	995	750	1 000	540
	DS	1 780	1 520	1 290	1 545	650
1987	DM	1 560	1 165	790	1 205	590
	KD	1 490	1 435	1 160	1 390	770
	Ensemble	1 605	1 390	1 095	1 395	655

(DS = Diaglé-Sine ; DM = Diamaguène ; KD = Keur-Daouda)

Pour les céréales, les rendements moyens restent d'un niveau assez médiocre, eu égard aux conditions de milieu de Terres Neuves. Ils varient de 420 kg/ha en 1986 à Diamaguène à 770 kg/ha en 1987 à Keur-Daouda. Il faut néanmoins souligner que le souna, qui constitue l'essentiel des surfaces céréalières, manifeste un potentiel de rendement plus faible que les espèces et variétés à cycle long (sorgho et sanio) ou que le maïs, réduit à une place infime dans l'assolement. Parmi les causes de faiblesse des rendements, il faut bien entendu relever l'absence d'apport d'engrais, mais surtout un entretien imparfait des cultures, en raison de la priorité accordée comme par le passé à l'arachide. La part non négligeable prise par les parcelles de *sourga* en 1986 à Diamaguène et à Diaglé-Sine explique les bas niveaux de rendement moyen enregistrés, étant donnée la négligence manifestée pour les céréales par cette catégorie d'attributaires. Une fois l'arachide implantée, les parcelles de souna ont été quasiment abandonnées. Le rendement moyen pour ces trois années s'établit à 600 kg/ha environ, soit un niveau sensiblement inférieur à celui atteint au début du projet Terres Neuves, une fois franchi le cap difficile de la première année de mise en culture. Un tel niveau de rendement, compte tenu des surfaces moyennes cultivées en céréales, ne peut permettre de dégager un surplus appréciable. En 1987, le disponible céréalier par habitant s'établit à 285 kg à Keur-Daouda, 194 kg à Diamaguène, 220 kg à Diaglé-Sine. Ce qui signifie des besoins vivriers globalement couverts, mais sans plus, à l'issue d'une campagne agricole pourtant satisfaisante. Il semble donc bien que les exploitations des Terres Neuves, dans leur ensemble, ne dégagent qu'exceptionnellement de forts excédents céréaliers, contrairement à ce que l'on observait dans les années soixante-dix.

Les rendements céréaliers moyens entre villages et entre années varient assez peu. Il n'en va pas de même au niveau de l'exploitation agricole. En reprenant pour le rendement moyen par exploitation l'indice d'écart interannuel maximum (calculé sur les trois campagnes consécutives), tel qu'il a été défini à propos des surfaces cultivées, on constate en effet que la valeur moyenne de cet indice est de 2,07. Sur trois ans, les exploitations enregistrent donc, en moyenne, une fluctuation du simple au double des rendements céréaliers. Cet indice n'est inférieur à 1,50 que pour un tiers des exploitations. Dans la mesure où ne se manifeste pas clairement d' « effet année » sur les niveaux moyens de rendement, sans doute faut-il attribuer ces variations à la conduite des parcelles de céréales, et notamment à l'efficacité du contrôle de l'enherbement.

Les rendements de l'arachide apparaissent eux aussi en retrait sensible par rapport à la période de référence 1973-1974, pour laquelle les résultats (environ 1 350 kg/ha et 1 550 kg/ha en moyenne respectivement pour ces deux années) avaient largement dépassé les prévisions les plus optimistes. Le rendement moyen s'établit à 1 130 kg/ha pour les trois campagnes 1985-86-87. Il convient néanmoins de nuancer le diagnostic, compte tenu de forts contrastes qui se manifestent entre années, entre exploitations et entre catégories d'attributaires. Les rendements obtenus en 1987, qui excèdent fortement ceux des deux années précédentes, prouvent ainsi que les capacités de production du milieu demeurent élevées, dès lors que les conditions de pluviosité sont favorables, et ceci même en l'absence de toute fertilisation minérale. Les variations interannuelles du rendement moyen de l'arachide par village sont nettement plus marquées que pour les céréales.

Il est remarquable de constater la permanence des écarts de rendement entre les parcelles des *diatigui* et celles des dépendants, femmes et *sourga*. L'analyse de l'organisation du travail dans les exploitations montre sans ambiguïté la priorité dont bénéficient les chefs d'exploitation pour la mobilisation du matériel de culture attelée et aussi de la force de travail. Leurs parcelles d'arachide sont systématiquement semées et sarclées les premières, et l'on connaît le rôle positif qu'exercent sur le rendement la précocité d'implantation de la culture et la qualité du contrôle de l'enherbement. La situation demeure identique à celle des années 1972-1974, et peut être considérée comme une caractéristique véritablement structurelle de cette agriculture. Les parcelles des femmes, régulièrement semées et sarclées tardivement, apparaissent particulièrement pénalisées par les règles d'organisation du travail dans l'exploitation et par les pratiques qui en résultent.

La variabilité entre exploitations des niveaux de rendement moyen, tant en céréales qu'en arachide, se révèle considérable. Cette variabilité des rendements (qui est évidemment encore beaucoup plus forte entre parcelles), traduit prioritairement le poids des techniques culturales : contrôle de l'enherbement avant tout pour les céréales ; date de semis, qualité des semences et contrôle de l'enherbement pour l'arachide. Ceci suggère que de substantielles marges de progression des rendements restent possibles pour la plupart des exploitations. Mais une telle dispersion ne peut être considérée simplement comme l'expression d'une technicité déficiente des agriculteurs. Chacun reconnaît l'intérêt d'un semis précoce et d'un entretien de la culture bien assuré. C'est plutôt en termes d'organisation du travail au sein de l'exploitation, compte tenu des surfaces cultivées, de la main-d'œuvre mobilisable et de l'équipement disponible, que doit être recherchée l'explication d'un niveau de rendement moyen obtenu à l'occasion d'une campagne donnée.

La diversité des performances agronomiques s'exprime donc fortement et à différents niveaux entre années, entre exploitations, et au sein même de l'exploitation. Et cela, en dépit d'une bonne homogénéité des conditions édaphiques à l'échelle des terroirs villageois et d'une remarquable uniformité des moyens techniques mis en œuvre.

Évolution du milieu cultivé

À l'issue des trois premières campagnes du projet Terres Neuves et compte tenu du caractère extensif des systèmes de culture mis en œuvre par les agriculteurs, nous avions évoqué la question de l'évolution du milieu cultivé. Si le comportement des paysans apparaissait à court terme cohérent dans un contexte de grandes disponibilités en terre où le travail constituait le facteur de production le plus rare, il était en effet à craindre que les capacités à produire du milieu se dégradent plus ou moins rapidement, conduisant (entre autres choses) à une réduction, voire à un effondrement, des niveaux de rendement. Cette question demeure plus que jamais à l'ordre du jour, en raison de l'évolution des pratiques agricoles et de la crise climatique.

Le problème majeur réside sans aucun doute dans le déséquilibre du bilan organo-minéral. Les « exportations » de la biomasse épigée sont quasi totales. Les fanes d'arachide sont précieusement récoltées et stockées à la concession, les pailles de mil font l'objet de prélèvements intenses par le bétail pendant les quelques mois qui suivent la récolte, et les matières végétales qui demeurent à la surface du sol en fin de saison sèche sont ratissées et brûlées lors du nettoyage des champs qui précède la mise en place des cultures suivantes. Les apports de fumure animale concernent des surfaces (ou des doses) faibles à l'échelle du terroir et les engrais minéraux ont été abandonnés. Il est manifeste que l'on puise dans un « capital de fertilité » sans avoir mis en place les modalités de son renouvellement. Il est vrai qu'il conviendrait de tenir compte, d'une part du pouvoir de fixation symbiotique d'azote par l'arachide, et d'autre part des masses racinaires des cultures (et des adventices) qui contribuent à un certain entretien du taux de matière organique des horizons de surface aux dépens des réserves minérales des couches plus profondes du sol. Quoi qu'il en soit, on voit mal comment des systèmes de culture pourraient fonctionner durablement sur de telles bases. Le fléchissement des niveaux de rendement que l'on est conduit à constater entre les deux périodes de référence, tant pour l'arachide que pour les céréales, constitue un indicateur d'un tel déséquilibre.

Si la situation actuelle est préoccupante, des marges de manœuvre beaucoup plus étendues que dans le Sine existent aux Terres Neuves :
– les disponibilités en terre sont encore grandes et la jachère devrait pouvoir occuper une place plus importante qu'actuellement. Il serait d'ailleurs souhaitable qu'elle y soit pratiquée de manière raisonnée (et à l'aide de méthodes renouvelées), sans attendre que de graves problèmes agronomiques se posent, l'imposant alors comme une

exigence absolue. Il est vrai qu'à moyen terme, si les surfaces cultivées continuent à progresser, la question de la réduction et de la disparition de la jachère ne manquera pas de se poser.

– les conditions édaphiques et climatiques sont plus favorables et permettent d'atteindre des niveaux de rendement nettement plus élevés. Cela signifie que les exportations minérales sont plus fortes, mais aussi que de réelles possibilités de recyclage de la biomasse existent.

– l'élevage s'est développé de façon spectaculaire et rien ne permet de penser que cette dynamique est achevée. L'intégration de l'élevage à l'agriculture apparaît encore très limitée. La fréquentation d'un vaste domaine de parcours en forêt et en savane arborée écarte en effet les troupeaux des terres de culture pendant une bonne partie de la saison sèche (et évidemment durant toute la saison des pluies). Globalement, la fumure animale est mal valorisée. Il devrait être possible de proposer de nouveaux modes de conduite de l'élevage, dans un sens de plus forte intégration avec l'agriculture, et de tirer ainsi un meilleur profit du recyclage de la biomasse végétale par l'animal.

– la désaffection pour la fertilisation minérale n'est pas une fatalité. Le rétablissement de meilleurs rapports de prix entre les engrais et les produits agricoles et la restauration de conditions d'accès aux intrants satisfaisantes (à travers les circuits d'approvisionnement et le crédit) seraient à même d'assurer une reprise des pratiques de fertilisation. Les conditions locales de milieu en garantissent en effet une meilleure rentabilité que dans le Sine. Il importe d'insister sur ce point, car on voit mal comment la « durabilité » de l'agriculture des Terres Neuves pourrait se concevoir sans un recours régulier à la fertilisation minérale, nécessaire complément d'une meilleure gestion de la matière organique.

LA RECHERCHE FACE AU CHANGEMENT
DES SYSTÈMES DE PRODUCTION
AGRICOLE SAHÉLIENS

André LERICOLLAIS, Pierre MILLEVILLE

INTRODUCTION

Les systèmes de production agricole sont des objets complexes, constitués de multiples composants en interdépendance, et entretenant des relations avec un environnement lui aussi changeant. La prise en compte de leurs évolutions plus ou moins récentes est inhérente à toute analyse de situation et contribue dans tous les cas à l'interprétation des faits présents. La compréhension de ces évolutions paraît en outre indispensable au monde du développement pour définir des objectifs et propositions qui tiennent compte des dynamiques en cours. Mais les difficultés de l'exercice sont bien connues. La reconstitution du passé récent met en jeu la subjectivité de l'observateur et celle des acteurs. En l'absence de repères anciens précis, elle risque d'être sectorielle, normative, orientée, parfois anachronique. L'analyse du changement ne peut se limiter à celle de l'évolution de faits particuliers dans des lieux déterminés. L'observation ne peut se perpétuer ou se reproduire qu'au niveau d'entités agraires structurées relativement pérennes : les finages, les aires pastorales, les périmètres irrigués. Elle doit rendre compte de l'interférence entre des faits relevant de catégories et de niveaux différents. Au-delà des artefacts que l'on peut attribuer globalement a la subjectivité de l'observateur se pose sans doute plus fondamentalement le problème de la transformation de l'objet lui-même.

Pour mettre en évidence les problèmes particuliers que pose l'analyse diachronique des systèmes de production agricole dans les régions sahéliennes, nous allons nous référer à trois situations contrastées observées au Sénégal :

– les campagnes densément et anciennement peuplées du vieux pays Serer Sine, où s'expriment plus particulièrement des évolutions continues et le poids des héritages (Lericollais, 1972) ;

– les Terres Neuves du Sénégal oriental, occupées depuis le début des années 70 par des agriculteurs Serer, où des conditions de milieu et une situation foncière plus favorables autorisent d'autres dynamiques (Milleville et Dubois, 1979) ;

– un secteur de la vallée alluviale du Sénégal éprouvé par les sécheresses et très impliqué dans les opérations d'aménagement hydroagricole.

Le pas de temps pluridécennal est *a priori* adapté à la mise en évidence de changements importants en raison des facteurs en cause, écologiques, démographiques,

Actes du Symposium international, *Recherches systèmes en agriculture et développement rural*, Montpellier, 1994 : 236-241 techniques et économiques. La recherche mise en œuvre dans ces trois situations relève du retour sur terrains anciens. Au départ, il y avait donc une occasion, relativement rare, de s'appuyer sur des études anciennes, elles aussi centrées sur l'analyse des systèmes de production. Dans les trois cas, des changements importants, dignes d'intérêt, justifiaient la reprise de l'étude. L'évolution est retracée en s'appuyant sur deux phases d'observation minutieuse, séparées par une période de 10 à 20 ans. La méthode se situe donc entre l'approche rétrospective et le suivi continu.

OBSERVER LE CHANGEMENT : OBJECTIFS ET ENJEUX

Antécédents

Les retours sur d'anciens terrains, dans le cadre notamment de monographies de villages, ne sont pas sans précédents hors des régions sahéliennes. On peut citer l'expérience de l'équipe INRA à Rambervilliers dans les Vosges, qui s'est attachée à suivre l'évolution des exploitations agricoles (CRISTOFINI *et al*, 1982). On peut rappeler le cas du village mexicain de Tepotzlan, dans l'État du Morelos, près de Mexico, étudié en 1926-1927 (REDFIELD, 1946), puis une seconde fois en 1943 (LEWIS, 1951), afin d'analyser le changement social. L'étude de Piparsod, village du Madhia Pradesh en Inde, reconstitue l'évolution de l'agriculture et de la société locales en se fondant sur une cartographie minutieuse (CHAMBARD, 1980). Les films réalisés par G. ROUQUIER sur des paysans d'un village de l'Aveyron, *Farrebique* en 1947 puis *Biquefarre* en 1984, témoignent de la révolution agricole vécue par cette région en deux générations.

Pour les campagnes africaines, nous disposons d'études anciennes faites le plus souvent à l'échelle locale, celle du village et de son terroir (Pélissier et Sautter, 1970), auxquelles il est légitime et précieux de se référer pour qualifier la situation ancienne et que l'on est tenté de réactiver dans une démarche de comparaison avec le temps présent : démarche en apparence très simple, qui mérite pourtant d'être explicitée.

Objectifs et principes méthodologiques

Analyser l'évolution des sociétés rurales en se référant aux renseignements anciens que fournissent les études monographiques réalisées il y a quinze ou vingt ans constitue l'objectif principal de ces recherches. Mais l'analyse du changement ne se fonde pas sur la simple comparaison de deux « photographies ». La chronique des événements, des progressions, des régressions, des ruptures, retracée pour l'essentiel en utilisant des indicateurs et en s'appuyant sur des témoignages, devra nécessairement faire le lien entre les deux périodes d'enquête et les déborder.

L'approche nouvelle se situe sur le plan local, comme la précédente, mais avec le souci de définir et d'atteindre une échelle significative. L'étude de cas ne se réduit plus à une simple monographie villageoise, souvent qualifiée d'observation ponctuelle. La zone d'enquête s'est étendue à un ensemble de villages (par exemple, au Sénégal, les quinze à trente villages d'une communauté rurale). Les observations sont replacées dans les niveaux englobants ou situées au sein de réseaux de relations. Dans tous les cas la zone d'étude est située dans la diversité régionale, en appréciant les réactions et les adaptations induites par des décisions économiques et juridiques prises au niveau de l'État. En pays Serer Sine, dans les Terres Neuves et dans la vallée du Sénégal, l'objectif des retours sur d'anciens terrains allait bien au-delà d'une simple réévaluation des travaux anciens, de géographie agraire notamment. De nouveaux protocoles de recherche ont été définis ; des socioanthropologues et des agronomes sont venus s'adjoindre aux géographes sur les différents terrains.

Un certain recadrage de l'analyse du système agraire a résulté du nouveau montage de la recherche. La mise en place d'une équipe réellement pluridisciplinaire s'accompagne d'un élargissement et d'une redéfinition du champ d'analyse. L'analyse critique des travaux précédents a eu pour cible les limites propres à une discipline qui, même quand elle revendique une vision globalisante, n'appréhende qu'une partie de la réalité et n'est pas à même d'identifier tous les moteurs de changements. Mais les changements intervenus depuis une vingtaine d'années ont modifié la nature et les contours du système. Le système agraire s'est diversifié et ouvert. Localement, les stratégies d'acteurs se sont affirmées. L'intensité des relations développées à distance traduit la permanence des liens maintenus avec les migrants.

Sont aussi à évaluer les écarts éventuels entre les perspectives d'évolution, prudemment esquissées lors des premières investigations, et les constatations que l'on peut faire aujourd'hui. Vu la complexité des systèmes en question, le poids des innovations dans les évolutions internes, l'imprévisibilité aussi bien des fluctuations écologiques que des décisions institutionnelles, on admettra rétrospectivement que les changements qui ont eu lieu étaient difficilement prévisibles. Les reconstitutions rigoureuses du passé récent incitent à la prudence quant à la prévision. Si des diagnostics prospectifs ou même prédictifs peuvent s'appliquer à certaines variables mesurables sous certaines conditions, la prévision au niveau du système de production dans sa globalité nous semble hors de portée.

Particularités de la recherche au Sahel

Au plan méthodologique, le suivi des systèmes agricoles des régions sahéliennes se heurte à de fortes contraintes :
– il n'y a guère de statistiques fiables concernant l'activité agricole, (évolution des surfaces, des cheptels, des productions) et les facteurs attenants que sont la dynamique de la force de travail et la gestion foncière. Il n'existe ni recensement régulier, ni cadastres, ni mercuriales. L'essentiel de l'analyse doit donc se fonder sur des données d'enquête ;
– les fluctuations interannuelles sont considérables. Les normes et les moyennes sont d'une signification plus limitée qu'ailleurs. Quand les évolutions ne sont pas linéaires, il devient difficile d'apprécier les tendances par delà les fluctuations et les ruptures ;
– l'espace agricole y a été soumis à des contraintes brutales. Les sécheresses des trois dernières décennies ont modifié durablement les conditions de la production. L'aménagement hydroagricole a parfois complètement transformé l'espace agraire lui-même ;
– les systèmes agropastoraux étaient souvent complexes, associant pluriactivité et mobilité locale. Au cours des dernières décennies, les migrations urbaines, interafricaines et transcontinentales ont contribué à élargir plus encore les fondements des économies domestiques ;
– les terrains revisités sont affectés de dynamiques fortes. Dans ces régions, on peut attendre un doublement des effectifs de la population en moins de trente ans, compte tenu des coefficients démographiques naturels. La densification se conjugue dans tous les cas avec l'émigration ;

– l'environnement institutionnel a changé. Au Sénégal, la législation nouvelle et les réformes administratives, telles que la loi sur le domaine national (1964), la constitution des communautés rurales (1972) et le code de la Famille (1972), étaient susceptibles d'infléchir les règles d'attribution des terres et d'héritage.

Niveaux et échelles d'analyse

Dans les années 60, le terroir villageois constitue le niveau d'analyse privilégié des structures agraires traditionnelles, c'est-à-dire largement héritées, et d'une économie ayant maintenu ses fondements locaux. L'observation ne peut se perpétuer ou se reproduire qu'au niveau d'entités agraires structurées relativement pérennes : les finages, les aires pastorales, les périmètres irrigués dans les cas observés. Pour l'analyse de la situation locale, il importe de dépasser le particularisme d'un village ou de quelques exploitations agricoles. La validation acquise au niveau de la communauté rurale au moyen d'une enquête légère portant sur quelques indicateurs significatifs permet d'atteindre cet objectif tout en conservant le caractère régional spécifique. L'analyse géographique s'est fondée sur la cartographie à plusieurs échelles, du finage à la communauté rurale. Une information cohérente, localisée et fiable permet de construire à ces échelles des systèmes d'information géographique pouvant répondre aux questions sur le mode de gestion du terroir (LERICOLLAIS et WANIEZ, 1993).

Il n'est pas possible par ailleurs de considérer l'espace rural, quel que soit le niveau d'analyse retenu, comme une entité autonome, autosuffisante et repliée sur elle-même. Avec le développement des échanges économiques et l'importance des flux migratoires, les relations à distance interfèrent en permanence, et fortement, avec les dynamiques locales : échanges avec d'autres zones rurales, avec les familles urbaines et avec la force de travail prise dans les réseaux de migrations internationales. Sur les trois terrains de référence, il n'est plus possible d'analyser les économies familiales et les projets familiaux sans considérer les émigrés et la fonction émigré. Les investigations dans les zones de migration, que l'on peut *a priori* considérer comme des laboratoires du changement, s'avèrent complémentaires et très éclairantes.

La comparaison dans le temps et entre terrains différents ne peut se faire qu'au niveau d'agrégats, d'échantillons ou d'entités (complexes) de dimension significative, pour ne pas se rendre prisonnier de la singularité des faits, pour absorber la variabilité individuelle et limiter le poids des contingences.

Les typologies d'exploitations agricoles servent précisément d'outils de mise en ordre et d'interprétation de la diversité. Les exploitations agricoles suivies dans le Sine, dans les Terres Neuves et dans les villages de la vallée du Sénégal étaient en nombre suffisant pour construire ces typologies prenant en compte la structure de la population active, la terre disponible et exploitée, les cheptels et les équipements, les performances au niveau de la parcelle et la conduite des troupeaux.

La catégorisation a été faite aussi par types d'actifs-exploitants. Les parcelles des chefs d'exploitation, celles des hommes dépendants et celles des femmes ont constitué trois regroupements distincts, très différenciés. Il s'agit là d'une caractéristique fréquente des unités de production agricoles en Afrique : l'exploitation agricole constitue un niveau d'organisation agrégeant plusieurs sous-systèmes interdépendants.

Le montage d'une recherche pluridisciplinaire passe ici par l'intégration chemin faisant de nouveaux chercheurs novices sur ces terrains. La diversité des points de vue favorise le renouvellement des approches et enrichit les comparaisons dans l'espace et dans le temps.

Les études anciennes nous donnent d'emblée une analyse de la structure agraire et de sa genèse, qu'il faut vérifier et actualiser. Elles nous fournissent des références sur le fonctionnement, les niveau techniques et les performances du système de production d'il y a quinze ou vingt ans, qui seront réinterprétées.

Chaque discipline doit alors préserver la maîtrise de son protocole de recherche sans se contraindre à adopter le cadre et les échelles d'enquêtes anciennes, ni ceux des enquêtes mises en place par les autres. La collaboration n'est pas des plus aisées, pour des raisons tenant fondamentalement au choix des unités d'observation. Pourtant, toutes les investigations devront prendre en compte la diversité des situations particulières, étendre les observations à une échelle significative, cadrer l'analyse locale dans les niveaux plus englobants, prendre en compte la trame des relations locales ou celles entretenues à distance ente les individus et les groupes. Autant que faire se peut, toutes les recherches doivent s'intéresser à la même population et pendant le même laps de temps. Chaque approche disciplinaire s'infléchit en fonction de l'orientation générale du programme, des problèmes posés et, plus concrètement, en fonction des questions soulevées par les autres disciplines.

Interprétation

La reconstitution et l'interprétation du changement, en sciences sociales pour le moins, apparaissent liées au coefficient personnel du chercheur ou au courant théorique dont il se recommande. Elles sont aussi déterminées par les modes d'approches privilégiés ou spécifiques de chaque discipline, et plus encore par le choix des niveaux d'observation et du type d'enquête. Ainsi, une analyse de l'évolution du foncier sur un finage aura tendance à valoriser les phénomènes de permanence, alors qu'une entrée sociologique par les conflits fonciers, incitera plutôt à parler d'évolution ou de rupture. De même, l'étude des parcelles de l'exploitation agricole révélera d'autres changements qu'une analyse du paysage régional. La logique économique d'une entité familiale pratiquant la pluriactivité pourra coexister légitimement avec l'approche en terme de rentabilité par filière évaluée à l'échelle nationale. À quelles unités pertinentes s'adresser pour rendre compte à la fois des permanences et des ruptures, en faisant la part du conjoncturel, et du structurel ? Nous devons être attentifs à la fois à la dimension spatiale de phénomènes et à tous les niveaux d'organisation qui opèrent.

L'interprétation du changement engage par ailleurs à rechercher des relations de cause à effet entre variables. Un tel exercice se heurte à des difficultés réelles. D'abord parce que l'on ne dispose pas toujours des données rétrospectives nécessaires. Ensuite et surtout en raison de l'interdépendance entre les faits, qui ne permet que rarement d'isoler l'effet d'une variable particulière. C'est bien de causalités multiples et de l'évolution de systèmes complexes qu'il s'agit de rendre compte.

INTERPRÉTER LE CHANGEMENT DES SYSTÈMES DE PRODUCTION : DES THÈMES POUR EN DÉBATTRE

De telles recherches, qui reposent sur une approche intégrée de la société rurale, constituent de fait un chantier de mise en pratique de la pluridisciplinarité et de confrontation d'expériences méthodologiques variées. Géographes, démographes, socioanthropologues et agronomes ont ainsi collaboré sur le terrain, tandis que la contribution des historiens a permis de rendre compte à des niveaux plus englobants de l'histoire du peuplement et de l'histoire économique. La reconstitution des évolutions et l'interprétation des résultats ont privilégié certains thèmes qu'éclairent la diversité et la complémentarité des approches. Les thèmes retenus apparaissent depuis longtemps comme des composantes majeures incontournables de la dynamique des systèmes de production.

Les transformations du paysage agraire

L'analyse des évolutions du paysage agraire se raccorde à celle des structures socioéconomiques en reliant des niveaux d'organisation sociale bien identifiés à des entités spatiales précisément délimitées : espace de la communauté rurale, terroirs villageois et lignager, périmètre irrigué et maille hydraulique, terres de l'exploitation agricole, etc. La transformation de l'espace agraire peut s'apprécier d'abord au niveau des composantes *a priori* les plus stables du paysage, puis à celui d'éléments plus contingents. L'analyse peut ainsi concerner successivement l'état et les fonctions des aménagements agraires, la gestion foncière, l'utilisation agricole du sol, l'état des ressources et des paramètres de fertilité du milieu.

Dans les campagnes du vieux bassin arachidier, les effets de la pression foncière s'expriment clairement sur les cartes relatives à l'aménagement du terroir villageois, à l'accès à la terre de chaque catégorie d'actifs, à la place de la jachère, aux types de successions culturales, aux apports de fumure animale.

Dans les Terres Neuves, l'actualisation des cartes d'utilisation du sol donne la mesure de la progression des défrichements réalisés par les colons Serer depuis 1972, ainsi que des écarts entre l'organisation actuelle de l'espace et le modèle initialement préconisé.

L'aménagement de la vallée du Sénégal a modifié radicalement les conditions d'exploitation des terres alluviales. La confrontation des cartes des terroirs de décrue en 1972 et des périmètres irrigués en 1992 le montre spectaculairement ; elle permet de rendre compte du déplacement des enjeux fonciers.

Ces représentations qui, à l'échelle du finage principalement, traduisent les évolutions du paysage agraire et éclairent celles de la tenure et de l'utilisation du sol, constituent pour le moins une bonne entrée en matière pour aborder le changement des systèmes de production.

La dynamique de la force de travail

La croissance et la mobilité de la force de travail sont à la mesure des évolutions lourdes et des fortes fluctuations interannuelles que connaissent les systèmes de production sur le pas de temps pluridécennal. En liaison avec l'enquête démographique doivent être identifiés les différents niveaux d'organisation sociale qui interfèrent avec l'activité agricole, en premier lieu les unités résidentielles et domestiques. Mais l'appartenance aux classes d'âge, à des confréries religieuses ou à des organisations paysannes modernes crée aussi des solidarités durables qui opèrent. Enfin il est nécessaire de sortir de la zone d'étude pour reconstituer les solidarités lignagères et observer les relations à distance maintenues avec les migrants (Couty, Pontié et Robineau, 1981).

Dans le Sine, la zone de référence où ont lieu les recherches sur les systèmes de production fait l'objet d'un suivi démographique depuis 1963. Les effectifs suivis (plus de 25 000 personnes pour la période postérieure à 1983) sont suffisants pour estimer précisément les principaux paramètres démographiques. Au cours de la dernière période, l'enquête démographique a tenu compte de la problématique de notre étude en améliorant l'enregistrement des déplacements de courte durée pour les différentes catégories de migrants, notamment ceux des travailleurs agricoles vers les Terres Neuves. L'enquête socioanthropologique s'est attachée à situer les individus dans les groupes statutaires, dans les lignages ainsi que dans les réseaux migratoires.

L'analyse de la population active dans les Terres Neuves s'est fondée sur les recensements réalisés au cours des deux périodes d'enquête. L'analyse de l'organisation sociale des émigrés a été conduite en même temps et en parallèle avec celle de la société Serer d'origine.

Dans la vallée du Sénégal, nous ne disposons pas de séries démographiques aussi longues et aussi sûres. L'enquête par sondage en grappes et à passages répétés mise en place en 1991 nous éclaire principalement sur les mouvements récents des actifs. L'approche sociologique s'est focalisée sur la restructuration de la société paysanne liée à l'exploitation de secteurs irrigués. De nouvelles structures de production familiales, villageoises et intervillageoises apparaissent, en rapport avec le déplacement des enjeux fonciers, le recours au crédit, la mise en œuvre de nouvelles techniques et les aléas de la commercialisation.

Les enjeux fonciers

L'analyse approfondie de la dynamique du système foncier est indispensable pour comprendre l'évolution du système agraire. L'étude des questions foncières se situe par excellence au point de rencontre de plusieurs approches disciplinaires qui gagnent à se conjuguer, notamment pour reconstituer la genèse du système foncier et examiner les tensions et les conflits au cours de la période récente.

Les géographes ont dressé des parcellaires fonciers en considérant la terre comme support et facteur de l'activité agricole (conception proche de celles des agronomes et des économistes). Les socioanthropologues ont identifié les différentes unités sociales qui interviennent dans la gestion du foncier (attribution de parcelles, rééquilibrage entre unités de production, organisation des successions...) et étudié les diverses représentations relatives à la terre.

En pays Serer Sine, la fragmentation des domaines fonciers lignagers ne se raccorde pas à une simple segmentation du lignage, l'analyse conjuguée du parcellaire et des relations parentales et statutaires montre qu'il y a eu dévolution d'une partie des terres à d'autres familles et passage dans certains cas d'héritages en ligne paternelle à des transmissions en ligne maternelle et inversement.

Dans les Terres Neuves, la poursuite des défrichements a notablement réduit la disponibilité en terre. Si elle reste encore globalement appréciable, on observe de forts contrastes entre villages et entre exploitations. Les prêts de terre continuent de se pratiquer de façon très libérale, tandis qu'apparaissent les ventes de lots entiers initialement attribués aux colons Serer, ainsi que la mise en gage de terres.

Dans la vallée du Sénégal, l'affectation des parcelles aménagées par la société de développement dans les années 70 a induit pendant plus de dix ans une répartition de la terre plus égalitaire que celle que l'on observait au niveau des terroirs exploités traditionnellement à la décrue. Mais les conseillers ruraux, qui gèrent dorénavant les questions foncières à l'échelle de la communauté rurale, réactivent les rapports sociaux anciens, en dépit d'un déplacement des enjeux fonciers à l'intérieur des territoires villageois.

Ces études montrent à la fois une permanence certaine des pratiques foncières et leurs adaptations (changement des règles, arbitrage des conflits) dans un contexte de pression croissante sur la terre dans le Sine, de déplacement des lieux de culture et de changement de système agricole dans la vallée du Sénégal, et, dans tous les cas en relation avec la population émigrée. Le contenu identitaire de la terre joue un rôle capital dans le maintien des statuts, localement et à distance.

L'évolution des systèmes agricoles

En régions sahéliennes, la pratique agricole et les performances des systèmes de production dépendent de paramètres affectés d'une forte irrégularité interannuelle (Milleville, 1989). On relèvera qu'en agriculture pluviale deux campagnes successives ne peuvent être considérées comme indépendantes l'une de l'autre : une bonne campagne, ou au contraire une campagne désastreuse, retentit en effet sur le comportement technique et économique des agriculteurs l'année suivante.

En pays Serer et sur les Terres Neuves, l'altération prolongée des conditions climatiques depuis le début des années 70 a profondément et durablement transformé les systèmes de culture. Les espèces et variétés à cycle long ont été abandonnées, les techniques se sont simplifiées et extensifiées. Irrégularité d'une part, effets induits et cumulatifs entre années d'autre part, constituent deux caractéristiques fortes de l'activité agricole pluviale. Pour qui se préoccupe du changement sur une durée de quinze à vingt ans, il importe de pouvoir faire la part des choses, afin de ne pas interpréter comme fait d'évolution majeure (tendance, rupture, permanence) ce qui relève plutôt du domaine de la perturbation conjoncturelle. Pour ce faire, il convient de retenir des séquences de référence de quelques années, à la fois pour prendre la mesure de la variabilité interannuelle et pour la neutraliser.

Dans la vallée du Sénégal, les changements induits par les déficits de la pluviométrie et des crues du fleuve se conjuguent avec la mise en place et l'extension progressive des aménagements hydroagricoles. Il y a véritablement une double rupture : création d'un nouveau terroir et changement de système de production. L'activité agricole qui s'organisait autour des cultures de décrue jusqu'au début des années 70 est dorénavant centrée sur la culture irriguée.

Dans tous les cas, la mise en correspondance de deux séquences pluriannuelles permet de se prémunir de grossières erreurs, mais elle ne suffit pas à qualifier totalement le changement. Il serait périlleux de considérer implicitement que les transformations constatées résultent toutes de processus d'évolution linéaire (progressive). Si des tendances lourdes existent bien, des ruptures peuvent survenir, se traduisant par de nouvelles configurations et de nouveaux états du système. Ces ruptures peuvent résulter d'un changement de conditions locales ou de l'intervention extérieure.

La reconstitution d'une chronique, possible pour nombre de paramètres, chaque fois qu'ils ont fait l'objet d'enregistrements suivis (cas des données climatiques) ou qu'ils restent vivaces dans la mémoire des acteurs, conduit logiquement à rendre compte de l'interdépendance entre les faits et donc à s'engager sur la voie de l'interprétation du changement.

Rendre compte du changement des systèmes productifs suppose aussi de procéder à certains regroupements, afin de limiter le poids des singularités individuelles. La construction de typologies d'exploitations et la catégorisation par types d'actifs-exploitants ont ainsi permis de caractériser des dynamiques et des comportements différenciés.

Les fondements de l'économie familiale

Les enquêtes économiques se sont attachées à reconstituer l'utilisation des ressources agricoles et des autres revenus sur un échantillon d'unités de production familiales. Elles montrent que les migrations et les relations à distance interfèrent fortement avec les dynamiques locales. La recherche s'est particulièrement intéressée à la circulation de la force de travail, au contenu social et économique de cette mobilité.

Les liens entre la population émigrée et l'espace rural de référence sont importants. Dans le cas du fleuve, les ressources locales s'accroissent du fait du développement de la culture irriguée, mais elles sont souvent hypothéquées par les charges et l'endettement liés à la mise en œuvre de nouveaux systèmes de culture. Dans le Sine, les ressources des familles proviennent maintenant pour une part beaucoup plus grande des parents installés ailleurs, notamment sur les Terres Neuves. Des flux divers se sont établis entre ces deux espaces d'activité économiquement et socialement liés.

L'intensité des relations entre migrants et société d'origine impose de considérer les différents espaces concernés comme interdépendants. L'extension de l'aire géographique des relations sociales et des échanges économiques, sous l'effet du développement des réseaux migratoires, ne se traduit pas par des ruptures, mais plutôt par un élargissement des stratégies paysannes. La mobilité et les relations à distance interfèrent fortement avec les dynamiques locales.

CONCLUSION

Les recherches sur le changement des systèmes de production en zone sahélienne se fondent trop souvent sur des apparences immédiates et des diagnostics impressionnistes. Là comme ailleurs, les hypothèses doivent être éprouvées par des investigations systématiques, diversifiées et concertées. Les méthodes de suivi continu ne permettent généralement d'appréhender que les évolutions très récentes, alors qu'il est nécessaire d'apprécier les dynamiques sur des durées plus longues. Le choix de situations analysées avec rigueur par le passé prend alors toute sa valeur. Mais il ne peut s'agir pour autant d'une simple actualisation de données anciennes. Entre les séquences observées et en deçà, il faut établir des chroniques à l'aide des séries de données disponibles et d'indicateurs fiables et accessibles par enquêtes rétrospectives. Ces reconstitutions sont indispensables pour montrer les rythmes de progression et de régression, et surtout pour mettre en évidence les ruptures dans ces évolutions

La méthode décrite ici ne peut être mise en œuvre que pour des situations où des études anciennes préexistent. On peut imaginer un emploi plus systématique de cette méthodologie visant l'analyse du changement par la mise en place d'observatoires où l'enquête serait reproduite et renouvelée, par exemple tous les dix ans, à la manière des recensements démographiques. Ces études locales portant sur des situations repérées par choix raisonné (situations typiques, extrêmes, de crise, etc.) gagneraient à être raccordées au recensement général. Les problèmes de généralisation dans le temps et dans l'espace seraient ainsi plus aisément résolus.

Il apparaîtrait alors plus clairement que la transformation au cours du temps des réalités étudiées induit celle, plus ou moins profonde, de l'objet scientifique lui-même ;

ce que les séries statistiques nous masquent. Autrement dit, la recherche sur le changement ne peut qu'inviter aussi à un changement de la recherche.

RÉFÉRENCES BIBLIOGRAPHIQUES

CHAMBARD J.-L, 1980 – *Piparsod, Madhia-Pradesh. Atlas d'un village indien.* Paris, Mouton, Coll. Mondes d'Outre-mer, Passé Présent, 186 p.

COUTY P., PONTIÉ G., et ROBINEAU C., 1981 – *Communautés rurales, groupes ethniques et dynamismes sociaux. Un thème de recherches de l'ORSTOM Afrique : 1964-1972).* Paris, Note AMIRA, n° 31, 79 p.

CRISTOFINI B., DEFFONTAINES J.P., HOUDARD Y., MOISAN H., PETIT M., ROUX M., 1982 – Rambervilliers 10 ans après. Intérêt et limites d'une typologie pour appréhender l'évolution des exploitations agricoles. INRA-SAD, Versailles-Dijon, multigr., 64 p.

LERICOLLAIS A., 1972 – *Sob, étude géographique d'un terroir sérèr (Sénégal).* Paris, ORSTOM, coll. Atlas des structures agraires au sud du Sahara, 7, 110 p.

LERICOLLAIS A., WANIEZ P., 1992 – Les terroirs africains, approche renouvelée par l'emploi d'un système d'information géographique. *Mappemonde :* 31-36, 10 cartes.

LEWIS O., 1951 – *Life in a mexican village : Tepoztlan restudied.* Urbana, University of Illinois Press, 512 p.

MILLEVILLE P., 1989 – Activités agropastorales et aléa climatique en région sahélienne. In *Le risque en agriculture.* Eldin M., Milleville P., éds, Paris, ORSTOM, coll. À travers champs : 179-186.

MILLEVILLE P., DUBOIS J. P., 1979 – Réponses paysannes à une opération de mise en valeur de terres neuves. In *Maîtrise de l'espace agraire et développement en Afrique Tropicale.* Paris, ORSTOM, mémoire n° 89 : 513-518.

PÉLISSIER P., SAUTTER G., 1970 – Bilan et perspectives d'une recherche sur les terroirs africains et malgaches, *Études rurales,* 37-38-39 : 7-45.

REDFIELD R., 1946 – *Tepoztlan, a mexican village.* The University of Chicago Press, 4th edit. 1946, 247 p.

Films
ROUQUIER G., *Farrebique,* 1947
ROUQUIER G., *Biquefarre,* 1984

LES TEMPS DE L'ACTIVITÉ AGRICOLE

André Lericollais, Pierre Milleville

Le temps, au même titre que l'espace, représente une dimension essentielle de l'activité agricole. Il confère à la technique la dimension du travail. Pour le paysan il est une ressource rare. Le déroulement des travaux est caractérisé par l'urgence, l'enchaînement et la répétitivité, selon des rythmes saisonniers, des cycles annuels et pluriannuels. Les rythmes et les durées qui permettent de cadrer les variations et les évolutions diffèrent suivant les facteurs en cause, mais *a priori*, le pas de temps pluri-décennal semble adapté à la mise en évidence de changements, qu'ils soient écologiques, démographiques, techniques ou économiques.

Caractériser, dans la durée, les dynamiques des systèmes de production agricole et en situer les résultats, relève rarement d'une méthodologie qui, précisément, se fonde sur la gestion paysanne du temps et sur une périodisation rigoureuse. La recherche s'appuie habituellement sur des analyses de cas qui constituent un échantillon, ou se focalise sur des mailles d'un territoire. On entend généraliser les résultats obtenus au-delà des cas observés, dans l'espace de référence, en testant la représentativité de l'échantillon ou en opérant des changements d'échelles. Les mutations et les évolutions des systèmes de production s'apprécient, ou doivent être resituées, à une échelle régionale, notamment en exploitant les statistiques et en interprétant les transformations du paysage rural. Pour apprécier l'ampleur et l'enchaînement des changements en cours, les études s'efforcent de retracer les évolutions récentes, afin de comprendre les situations présentes et de les mettre en perspective. En principe, la modélisation est le moyen d'intégrer les composantes de systèmes complexes, d'en représenter et d'en restituer le fonctionnement dans le temps.

La dynamique des activités agricoles sera discutée principalement en référence à l'agriculture sahélienne où, à bien des égards, la situation est extrême en termes de fluctuations et de changements. Nous insisterons sur la nécessaire prise en compte des rythmes, des ruptures et des durées. L'analyse se limitera à certains aspects significatifs. La question du temps perçu ne sera pas abordée dans l'absolu mais en se référant au temps chronométré et enregistré. Nous ne traiterons pas des interférences entre les temps de travaux agricoles et la gestion des tâches domestiques et du temps social. Le niveau de l'agriculteur, confronté à l'urgence, et qui se détermine dans l'incertitude en fonction de son expérience, alterne avec un point de vue plus global et distancié, qui s'efforce de tirer parti de l'information disponible. Les thèmes et les exemples retenus, qui sont en relation avec notre propre expérience de recherche, ne sauraient faire le tour des vastes questions abordées.

Nous allons d'abord nous intéresser au fait climatique, au temps qu'il fait. Le climat est un facteur de variabilité et de changement, particulièrement au Sahel. C'est le domaine par excellence de la perception paysanne, mais aussi celui des longues séries enregistrées et des courtes prévisions. La recherche en agroclimatologie s'efforce, par

Thème et variations, nouvelles recherches rurales au sud. Dynamique des systèmes agraires,
ORSTOM, Colloques et séminaires, Paris, 1997 : 125-141

ailleurs, de mieux cerner les liaisons entre les faits climatiques et le développement des plantes cultivées.

En région sahélienne le temps des travaux agricoles est soumis à de fortes contraintes. Il est concentré sur de brèves périodes et toujours marqué par l'urgence. La notion de « goulet d'étranglement », qui qualifie les périodes où l'effort à fournir est particulièrement intense, se conjugue fréquemment avec la mobilité saisonnière de la force de travail. Pour ces systèmes agro-pastoraux, marqués par une grande incertitude et de fortes fluctuations dans le temps et dans l'espace, les paysans et les éleveurs s'appuient sur l'expérience, sur la mémoire des campagnes passées. Ils préservent leur capacité de réponse à l'événement, ce qui se traduit par une grande flexibilité au niveau des pratiques de culture et d'élevage.

La question des méthodes à mettre en œuvre pour restituer l'évolution récente des systèmes de production agro-pastoraux et de l'espace rural sera discutée. L'exploitation des séries statistiques incertaines et les enquêtes rétrospectives improvisées sont le fondement d'une reconstitution trop souvent approximative et allusive. La prévision à partir de ces mises en scène sectorielles ou normatives est sans doute plus aventurée qu'ailleurs.

LE TEMPS QU'IL FAIT

Les aléas du climat et ses variations sont une préoccupation permanente des paysans. Les variables climatiques apparaissent déterminantes, dès qu'il s'agit d'agriculture sahélienne, en raison de sa dépendance vis-à-vis des déficits et des variations climatiques. L'extrême variabilité de la pluie dans l'espace se conjugue avec l'irrégularité dans le temps.

Les recherches historiques sur les systèmes agricoles s'efforcent de mettre en courbes ces variations et d'y repérer des cycles. On peut évoquer les travaux d'E. Le Roy Ladurie. Son exploitation de séries multi-séculaires se donne pour objectif de mettre en relation les fluctuations du climat et la vie des hommes, et pas seulement l'agriculture. La rigueur méthodologique s'oppose aux pratiques habituelles de l'histoire anecdotique fondée sur l'exploitation hasardeuse de toutes sortes d'informations glanées à diverses sources. Les sources sont systématiquement exploitées, par exemple celles faisant état des rigueurs de l'hiver sont traitées avec le concours de météorologues. Il y a recours à des savoirs spécialisés tels que la dendro-climatologie et la phénologie. Ces séries sont traitées avec toute la rigueur statistique en terme d'analyse fréquentielle et de recherche de régularités. Cette approche a fait école. À l'évidence les données sont plus nombreuses et plus sûres pour les restitutions des variations climatiques à l'époque contemporaine, et donnent lieu à des traitements plus élaborés.

Pour mesurer les conséquences des variations du climat sur les systèmes de production agricoles, l'exploitation des statistiques météorologiques se doit de considérer les exigences des plantes cultivées ou exploitées, du semis à la récolte. Le perfectionnement de l'analyse agroclimatique, notamment la meilleure connaissance de la liaison entre la dynamique de l'eau dans le profil cultural et le développement des plantes, conduit à exploiter les séries pluviométriques avec plus de pertinence et de précision. Les agro-climatologues se sont attachés, en particulier, à l'analyse des risques encourus pour la production agricole, en évaluant « la probabilité d'occurrence de facteurs climatiques défavorables susceptibles d'entraîner la perte partielle ou totale d'une récolte » (ELDIN, 1985).

La relation entre les variables climatiques et les performances du système agricole apparaît très circonstancielle et complexe. Deux exemples serviront à la mettre en lumière.

Le premier exemple est la caractérisation des années vinicoles en France au cours des trente dernières années. Les bilans sont dressés en terme de qualité des vins. L'année est jugée petite, moyenne, bonne, grande ou exceptionnelle en fonction d'une conjonction complexe de facteurs qui relèvent pour l'essentiel du climat, où interviennent les froidures du printemps, les pluies et l'ensoleillement au cours de l'été et de l'automne, en des périodes très sensibles du cycle de la vigne, en fonction des sols, de l'orientation et des cépages du vignoble. Les meilleures années – 1961, 1978, 1983, 1988, 1989, 1993 – ne le sont pas pour tous les vignobles et ne se repèrent pas au niveau des moyennes des pluies et des températures, mêmes mensuelles. Le fait que l'appréciation porte davantage sur les qualités du vin que sur la quantité produite complique la recherche des causalités.

Autre exemple, la caractérisation des hivernages dans la zone sahélo-soudanienne, par rapport à des systèmes agricoles intégrant la culture du mil, de l'arachide et l'élevage. L'évolution des systèmes de culture est liée à la dégradation des conditions climatiques. La sécheresse, qui a marqué la période 1968-1985, est à l'origine de transformations importantes et durables des systèmes de culture, de leur adaptation à des conditions nettement plus arides.

Le cumul de la pluviométrie par périodes décadaires permet de cerner précisément la durée et la configuration de l'hivernage de la station de Fatick au Sénégal, et de repérer les accidents survenus au cours de la saison des pluies.

Les totaux annuels font clairement apparaître la rupture que représente l'année 1968, première année marquée par un déficit pluviométrique sévère. Pour les années suivantes, jusqu'en 1987, nous avons cinq années de sécheresse catastrophique, sept années déficitaires et seulement cinq années favorables ou correctes.

Le classement des hivernages figurant sur la dernière colonne, qui prend en compte non seulement le total mais aussi cette répartition de la pluie par périodes décadaires, notamment en début de cycle, donne un bilan sensiblement différent et directement en rapport avec les résultats des campagnes agricoles. En comptant l'année 1968, nous avons huit années catastrophiques et trois années très déficitaires. Depuis cette date il n'y a eu que cinq années favorables et deux années correctes pour les cultures. Il faut souligner l'existence de séries de mauvaises années, d'abord 1972-73-74, et puis beaucoup plus grave la série de six années de 1979 à 1985, pour évaluer l'ampleur de l'effondrement de l'activité agricole imputable à la sécheresse.

À noter que certaines années, d'autres calamités sont venues s'ajouter à la sécheresse, telles que les invasions de criquets qui ont ravagé les cultures avant la récolte ; ces calamités étant en partie induites par la sécheresse. Par contre la ressource fourragère, moins dépendante de la répartition des pluies, se reconstitue certaines années alors que les récoltes sont mauvaises. L'année est jugée catastrophique quand toutes les productions et toutes les ressources locales sont au plus bas. Au-delà des bilans, il apparaît très important en la matière, d'améliorer et d'élargir la prévision. Par l'exploitation des données satellitaires on y parvient incontestablement. Les travaux publiés dans la revue « La veille climatique » par l'équipe de Lannion, constituée de chercheurs de la Météorologie Nationale et de l'ORSTOM, y contribuent, notamment à l'échelle de la zone sahélienne où la question est si sensible.

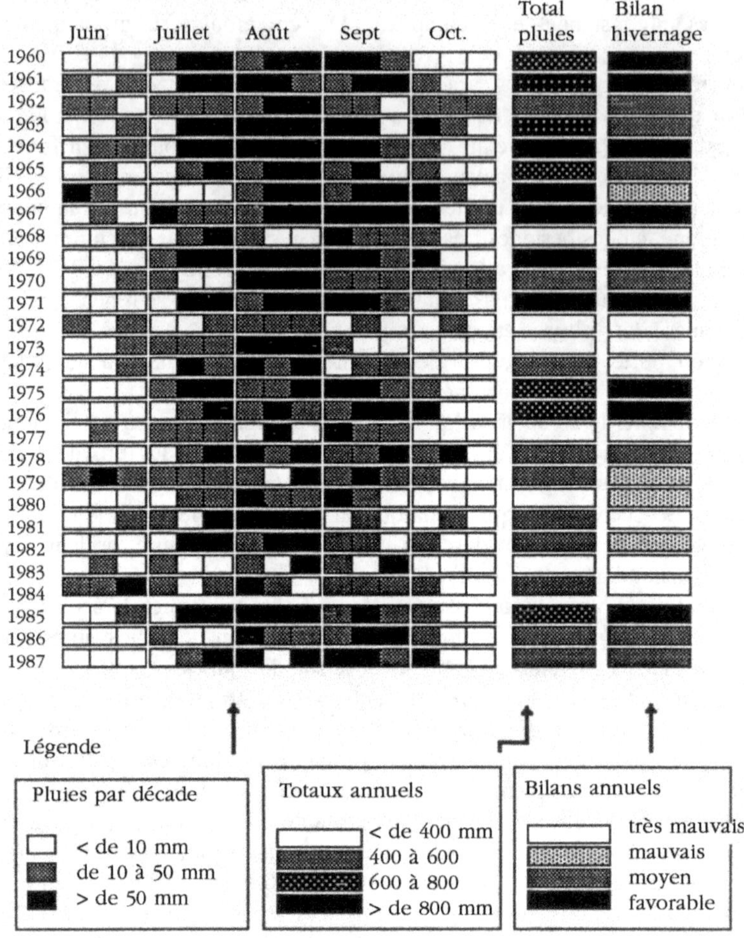

Source : Garin P., Guigou B., Lericollais A., 1995

Les hivernages à Fatick (Sénégal) de 1960 à 1987

Mais, compte tenu de la relative imprécision temporelle et spatiale de telles prévisions, et de la sphère restreinte de scientifiques et de cadres ruraux qui en prennent connaissance dans les délais opportuns, on est loin d'être opérationnel, par rapport à la perception et aux pratiques paysannes.

LE TEMPS, RESSOURCE RARE ?

Tout agriculteur exerce son activité dans un univers finalisé, organisé et dimensionné. La mise en œuvre des techniques culturales suppose la mobilisation de moyens techniques et de travail, les besoins en travail étant, bien entendu, fonction des moyens techniques disponibles. Il convient donc, lorsque l'on veut débattre du choix des techniques et de la combinaison des moyens et facteurs de production par les agriculteurs, de compléter la notion d'élaboration du rendement par celle de l'élaboration de la production elle-même. En matière de temps, il faut donc se référer à des durées, liées à la réalisation d'opérations sur des surfaces, et non plus seulement à des dates et à des intervalles, à la manière dont on a coutume de présenter le déroulement d'un itinéraire technique. Les notions de chantier et de calendrier cultural concrétisent ce dimensionnement des faits techniques, et intègrent celle de travail qui lui est directement liée.

En agriculture sahélienne, le temps est une ressource rare. Les périodes utiles sont fugaces, et il est impératif de tirer au mieux parti de la brièveté de la saison des pluies. Tout paysan connaît l'intérêt de semer précocement ses cultures, et d'en assurer un entretien lui aussi précoce. Un retard au semis peut avoir un effet désastreux sur le résultat final. Ce que l'on qualifie généralement de logique « extensive » traduit précisément le choix de techniques d'exécution rapide, aptes à valoriser le peu de temps disponible à l'occasion des premières averses afin de procéder à l'implantation des cultures. Paradoxalement, elles constituent le gage d'une espérance de rendement élevé, alors que des thèmes techniques considérés comme « intensifs » par essence, tels que le labour ou l'apport de fortes doses d'engrais, soit requièrent des besoins en travail trop élevés pour pouvoir assurer une mise en place précoce de la culture, soit accroissent la sensibilité de la culture à d'éventuels déficits hydriques. L'obtention de niveaux de rendement appréciables, sur des superficies conséquentes, et en limitant les risques d'échec, repose avant tout sur la maîtrise du déroulement de l'itinéraire technique, sur la rapidité de réponse à l'événement, sur l'adaptation à un contexte climatique imprévisible et fluctuant, conduisant à une faible artificialisation du milieu cultivé.

En ce sens, on ne peut interpréter simplement, comme on l'a fait souvent, l'adoption de la culture attelée légère dans le bassin arachidier sénégalais, comme la préférence accordée par les agriculteurs pour un système extensif leur donnant la possibilité d'étendre leurs surfaces cultivées au détriment des niveaux de rendement. La généralisation du semoir et de la houe attelée a aussi permis de maîtriser les itinéraires techniques dans le sens d'une plus fine adaptation aux conditions climatiques. En desserrant les contraintes en travail, l'adoption de la culture attelée a non seulement accru significativement les surfaces cultivées et la productivité du travail, elle a aussi amélioré la maîtrise des processus de production. Les phénomènes de changement technique, on le voit, peuvent se révéler ambivalents et mal s'accommoder d'une stricte dichotomie intensif/extensif (MILLEVILLE et SERPANTIÉ, 1994).

Plus au sud, dans les savanes soudaniennes, les disponibilités en eau sont plus élevées, la saison des pluies est plus longue, la répartition des pluies plus régulière. Il devient possible, dans une certaine mesure, d'étaler les semis dans le temps, et le travail du sol préalable constitue une pratique courante. Une contrainte pèse par contre de plus en plus lourd : l'enherbement qui, en absence de lutte chimique, ne peut être efficacement contrôlé qu'à travers la préparation du sol avant semis ou/et l'étalement des sarclages. Le recours à des techniques « intensives », faisant appel à une artificialisation plus poussée du milieu, non seulement devient possible, mais s'impose. La dépendance vis-à-vis de l'événement climatique y est moins stricte qu'en région sahélienne, et il devient dès lors possible de mieux répartir l'effort dans le temps. En revanche, les besoins en travail à l'unité de surface s'en trouvent généralement accrus, parfois dans des proportions considérables.

À ces deux grands types de logique, correspondent des systèmes techniques contrastés, comme l'attestent notamment les types d'outillage manuel caractéristiques des milieux sahéliens (outils à manche long, maniés en position debout) d'une part, et des milieux soudaniens (outils à manche court, utilisés en position courbée ou accroupie) d'autre part (RAULIN, 1967 ; ORSTOM, 1984). En culture attelée, le semoir et la houe légère tractés par le cheval ou l'âne sont la règle en milieu sahélien, tandis qu'en savanes soudaniennes s'imposent la charrue et la traction attelée bovine.

Les distinctions réelles sont évidemment moins rigoureuses que ne pourrait le suggérer cette présentation trop partielle. Elles ne doivent être considérées que comme de grandes tendances. C'est ainsi que dans des situations intermédiaires telles que les Terres Neuves du Sénégal, c'est le profil particulier de la saison des pluies, tout au moins de son début, qui explique que les agriculteurs adoptent suivant les années un type de comportement plutôt qu'un autre : priorité à la mise en place rapide des cultures sans préparation de sol préalable lorsque les premières pluies utiles sont tardives, travail du sol assez systématique et étalement des semis dans le cas contraire.

MÉMOIRES DE CAMPAGNES

L'activité agricole en régions tropicales, singulièrement au Sahel, est affectée de phénomènes d'irrégularité interannuelle sans aucun doute plus marqués qu'en régions tempérées, conséquence des niveaux de maîtrise technique du milieu autant que des conditions de milieu proprement dites. Dans de tels contextes, le chercheur se doit de prendre la mesure de cette variabilité, d'abord parce qu'elle représente une caractéristique forte d'un type donné d'agriculture, ensuite pour la « neutraliser », s'il souhaite porter un diagnostic sur le système considéré. Il serait en effet périlleux de se prononcer sur l'état et les performances d'une agriculture à partir d'observations relatives à une année particulière, en tirant de ces observations des conclusions plus ou moins généralisantes. La prise en compte d'une chronique s'impose donc.

Lorsque ces précautions sont prises, et que l'on dispose d'un suivi à l'échelle de plusieurs cycles annuels, apparaît avec plus ou moins d'évidence une autre caractéristique forte : la non-indépendance des campagnes agricoles successives. Ce qui est observable une année donnée résulte pour partie de ce qui s'est passé au cours de l'année (et des années) précédente(s). Un tel phénomène est bien connu des agronomes dans le domaine du fonctionnement et de la conduite des systèmes de culture, tout particulièrement pour ce qui concerne les successions culturales sur la parcelle : les notions d' « effet précédent » et de « sensibilité du suivant » en rendent bien compte (SEBILLOTTE, 1990). Il est, par contre, souvent négligé lorsqu'il s'agit de comprendre les décisions de l'agriculteur au niveau de son exploitation. Entre campagnes agricoles successives se manifestent des effets induits, cumulatifs et cycliques, dans lesquels interfèrent des faits relevant de diverses catégories (biologique, technique, économique...).

Le déroulement et les résultats d'une campagne peuvent créer de nouvelles conditions techniques et économiques qui influeront sur la campagne suivante. L'agriculteur est en effet conduit à prendre ses décisions en tenant compte de possibilités et de contraintes circonstancielles. La configuration de son système de production n'est pas fixée une fois pour toutes et dépendra, dans certaines limites, des résultats de la campagne précédente. Certains facteurs de production, suivant les années, se trouveront de ce fait affectés d'une plus ou moins grande rareté, conduisant l'agriculteur à des ajustements nécessaires. La force de travail disponible dans l'exploitation, en particulier, peut fortement fluctuer d'une campagne à l'autre. C'est ainsi que sur les Terres Neuves du Sénégal, la capacité qu'a une exploitation d'accueillir des travailleurs saisonniers (navétanes) au cours d'une campagne dépend de ses disponibilités en terres (puisqu'il faudra attribuer une parcelle à chaque navétane),

en équipement (animaux de trait et outils de culture attelée), en semences d'arachide (achetées au comptant ou à crédit, ou prélevées sur la récolte de l'année précédente), en céréales (puisque le chef d'exploitation se doit d'héberger et de nourrir le navétane durant la saison de culture). Si certaines exploitations de grande taille ont régulièrement la possibilité d'accueillir et de capter la force de travail extérieure, il en va différemment pour la plupart des autres. À l'issue d'une campagne agricole mauvaise ou médiocre, se traduisant par de faibles ressources monétaires et/ou vivrières, les possibilités d'accueil de travailleurs saisonniers sont faibles ou nulles. L'exploitation agricole ne dispose alors que de sa propre main-d'œuvre familiale, la surface totale cultivée s'en trouve réduite, la part de l'arachide dans l'assolement diminue, les perspectives de revenus du chef d'exploitation deviennent limitées. Les résultats d'une campagne agricole, compte tenu des règles d'organisation et de fonctionnement de l'exploitation, peuvent donc se répercuter fortement sur les choix opérés lors de la campagne suivante, et amplifier ainsi considérablement les phénomènes de variabilité interannuelle qui affectent les processus de production.

Les effets induits des phénomènes biotechniques d'une campagne sur l'autre sont souvent évoqués. On n'insistera pas ici sur cette dimension fondamentale du système de culture, liée à sa reproduction puisqu'elle concerne l'entretien de la fertilité, sauf pour relever que les règles qui président au choix des successions culturales sont intégrées par l'agriculteur dans la programmation de l'affectation des parcelles de l'exploitation aux différentes cultures et dans le choix de leurs principes de conduite. Il est clair que la répartition des cultures sur les terres de l'exploitation dépend directement de ce qu'elle était l'année précédente. À cet égard peuvent être reconnus des rythmes correspondant aux périodes plus ou moins régulières des successions pratiquées.

Certains effets induits s'expriment sur des durées plus longues que celle de la stricte campagne annuelle. Dans le contexte du pastoralisme sahélien, la pluviométrie de l'année, compte tenu de son impact sur les disponibilités fourragères de la saison sèche suivante, retentira ainsi sur les taux de fécondité du cheptel bovin au cours de l'année postérieure. Dans le domaine des systèmes de culture, l'effet de la fertilisation (phosphatée notamment) peut s'exprimer au delà du cycle annuel : c'est précisément la fonction des « engrais de fond », et les agriculteurs de la région soudanienne reconnaissent l'existence d'un « arrière-effet » de l'engrais apporté à la culture cotonnière sur la céréale qui la suit. C'est encore plus manifeste pour les pratiques d'amélioration foncière, destinées à modifier durablement dans un sens jugé favorable les aptitudes culturales des terres.

Le comportement technique de l'agriculteur, tel que l'on peut en témoigner au vu d'une campagne, traduit une « expérience » qui résulte des expériences particulières cumulées au cours des années précédentes. Dans un contexte dominé par le phénomène d'irrégularité climatique, une telle mémoire intègre nécessairement l'aléa. Une question est de savoir quelle est la chronique de référence(s) de l'agriculteur. L'acteur garde plus longtemps souvenir des événements exceptionnels, et a probablement tendance à mobiliser une période de référence d'autant plus longue qu'elle est affectée de fortes irrégularités interannuelles. Pour ce qui est des événements à venir, l'agriculteur a tendance à ajuster son comportement sur les conditions qui prévalaient au cours de la campagne précédente. C'est particulièrement vrai dans le domaine du climat : l'agriculteur donne l'impression de spéculer sur un certain prolongement de nouvelles conditions créées, de tendances amorcées, tout se passant comme s'il intégrait une notion de cycle dans sa représentation fréquentielle des paramètres climatiques.

La situation à un moment donné d'un agriculteur, d'une exploitation agricole, s'inscrit par ailleurs dans des cycles plus ou moins directement liés aux processus de reproduction sociale. La segmentation du groupe domestique s'accompagne souvent d'une redistribution de l'appareil de production (terres, cheptel, équipement, et bien sûr main-d'œuvre). Une exploitation familiale passe par des stades successifs en rapport avec l'évolution de la composition du groupe domestique, de l'âge de son chef, des projets individuels et collectifs, des facteurs de production disponibles. Le terme de « trajectoire d'exploitation », familier des agronomes, traduit en fait le résultat observable d'interactions complexes entre des tendances évolutives (souvent en liaison avec une transformation de l'environnement) et des phénomènes cycliques. Dans l'un et l'autre cas se manifestent au moins autant l'effet de ruptures que celui de transformations progressives et linéaires.

LE CHANGEMENT S'INSCRIT DANS LA DURÉE

L'approche rétrospective

Comme toute approche historique l'analyse des changements devrait, d'une part, se fonder, sur l'exploitation des séries afin de dégager les évolutions – référence à l'histoire sérielle, avec ses permanences, ses cycles, ses ten-　　dances – ; d'autre part se référer à des événements importants, source d'accidents et de ruptures. Quand il y a l'opportunité, relativement rare, d'utiliser des études anciennes, déjà centrées sur l'analyse des systèmes de production, l'évolution est retracée en s'appuyant sur deux phases d'observation séparées par une période pluridécennale. La méthode se situe donc entre l'approche rétrospective et le suivi continu.

Rappelons que les systèmes de production agricole sont des objets complexes, constitués de multiples composants en interdépendance, et entretenant des relations avec un environnement lui aussi changeant. Le champ scientifique est large. Au-delà des techniques et des processus de production, l'activité agricole s'inscrit dans une écologie variable. Elle s'appuie sur une force de travail dont les effectifs évoluent et dont les objectifs sont continuellement réévalués. L'environnement économique est tout aussi fluctuant.

Les situations sahéliennes présentent plusieurs particularités. Le changement climatique de grande ampleur et persistant oblige à des adaptations à la sécheresse. Contrairement à des idées reçues, il n'y a pas stagnation des systèmes agricoles. Il suffit de rappeler qu'au cours de la période récente la culture attelée a été adoptée à l'échelle de régions entières, que l'aménagement de périmètres irrigués a transformé les systèmes de production de toutes les grandes vallées. La population rurale connaît une croissance forte. La force de travail se déploie avec une extraordinaire mobilité, locale et à l'extérieur.

Au plan méthodologique, le suivi des systèmes agricoles des régions sahéliennes se heurte à de fortes contraintes. Il n'existe guère de statistiques fiables concernant l'activité agricole – l'évolution des surfaces, des cheptels, des productions – et les données de base que sont la dynamique de la force de travail et la gestion foncière. Il n'existe ni recensement régulier, ni cadastre, ni mercuriale. L'essentiel de l'analyse doit donc se fonder sur des données d'enquête. Les fluctuations interannuelles sont considérables. Les normes et les moyennes sont d'une signification plus limitée qu'ailleurs. Il est difficile d'apprécier les tendances par delà les fluctuations et les ruptures. Les systèmes agro-pastoraux, souvent complexes, associent diverses activités et mobilités locales. Au cours des dernières décennies les migrations urbaines, inter-africaines et transcontinentales ont contribué à élargir plus encore les fondements des économies domestiques.

La mémoire des acteurs met en jeu leurs perceptions du temps. Là, plus qu'ailleurs, nous devons en passer par les sources orales. La spécificité africaine en la matière est souvent affirmée. Il suffit de citer Amadou Hampaté Ba :

« C'est que la mémoire des gens de ma génération, et plus précisément des peuples de tradition orale qui ne pouvaient s'appuyer sur l'écrit, est d'une fidélité et d'une précision presque prodigieuses. » (A. H. Ba, 1992, p. 13)

« La chronologie n'étant pas le premier souci des narrateurs africains qu'ils soient traditionnels ou familiaux... Dans les récits africains où le passé est revécu comme une expérience présente, hors du temps en quelque sorte, il y a parfois un certain chaos qui gêne les occidentaux mais où nous nous retrouvons parfaitement. » (A. H. Ba, 1992,   p. 14)

« Une autre chose qui gêne parfois les occidentaux dans les récits africains est l'intervention fréquente de rêves prémonitoires, de prédictions et autres phénomènes de ce genre ; mais la vie africaine est tissée de ce genre d'événements qui, pour nous, font partie de la vie courante et ne nous étonnent nullement. » (A. H. Ba, 1992, p. 15)

Peut-être a-t-on tendance à surestimer cette spécificité ?

Flexibilité et changement au Sahel

La succession d'années à pluviométrie déficitaire et à saison des pluies raccourcie en régions sahélo-soudaniennes s'est accompagnée d'un abandon des espèces et variétés à cycle long, de stratégies de semis précoce des cultures (généralisation du semis en sec du mil dans le bassin arachidier, substitution du grattage superficiel au labour ou abandon de tout travail du sol), d'une réduction des apports de fertilisants, de l'extension des surfaces cultivées, de la mise en culture des bas-fonds... On est bien là en présence d'une transformation cohérente des systèmes de culture. Il ne s'agit pas de réponses plus ou moins conjoncturelles à l'événement, mais de changements structurels face à une évolution jugée durable du contexte. L'agriculteur tire des enseignements pratiques des nouvelles conditions de milieu créées, et anticipe en spéculant sur le maintien de telles conditions dans l'avenir (au moins pour la campagne à venir).

Les sécheresses répétées, qui ont affecté les régions sahéliennes depuis 1968, ont des effets durables. Elles ont exacerbé les déséquilibres existants. La baisse de la production de biomasse a été aggravée par la pression sur la ressource végétale exercée par les habitants. La dégradation des sols, liée à leur mise en culture, s'est considérablement étendue durant ces années-là. Pour l'élevage, les sécheresses sont la cause directe de brutales réductions d'effectifs. Les pasteurs ont été contraints de modifier leurs pratiques d'élevage, et la perte du troupeau a obligé de nombreux éleveurs à s'adonner à l'agriculture. La perte des bovins a aussi conduit de nombreux agro-pasteurs à privilégier l'élevage des petits ruminants. Dans la vallée du Sénégal, la baisse quasiment chronique des surfaces cultivées à la décrue, pendant ces années de sécheresse, a favorisé l'adhésion à la culture irriguée. Plus généralement l'effondrement de la production agricole, les années de sécheresse grave, a provoqué une augmentation des flux migratoires et un recours accentué aux revenus de l'émigration.

Pourtant la plupart des changements enregistrés au niveau des systèmes de production n'ont rien de définitifs ou d'irréversibles.

Dès que les conditions climatiques redeviennent satisfaisantes, au cours de plusieurs campagnes successives, le comportement des agriculteurs s'infléchit, traduisant une confiance rétablie dans l'avenir proche. Mais il est là aussi empreint d'une certaine prudence, ne reproduisant pas à l'identique, au moins brutalement, la situation qui prévalait avant la période de sécheresse. C'est ainsi que l'on voit les agriculteurs des Terres Neuves du Sénégal opter pour une variété d'arachide semi-tardive (et non tardive comme c'était auparavant le cas), réintroduire le sorgho et le mil tardif mais sur des surfaces limitées, et ne recourir assez systématiquement à la préparation du sol avant semis de l'arachide que lorsque la saison des pluies s'engage précocement.

Cette flexibilité est aussi manifeste pour les autres activités, et entre les diverses composantes sur lesquelles se fonde l'économie domestique. Au fil des années, certains éleveurs sont parvenus à reconstituer leurs troupeaux, mais pas tous. À l'occasion de la crise, de nouveaux éleveurs sont apparus, la propriété du bétail s'est concentrée tandis que les pratiques d'élevage et les objectifs des éleveurs se modifiaient. La fonction de l'élevage dans les systèmes de production a changé avec la diffusion de la culture attelée, et la pratique de l'embouche, fondée sur la récupération des sous-produits des cultures. La flexibilité n'implique donc pas un retour à la situation initiale.

Le climat ne constitue qu'un facteur de changement parmi d'autres. On pourrait tout aussi bien montrer les évolutions, parfois les ruptures, qui résultent des réformes foncières, d'une nouvelle politique de crédit ou de la dévaluation du franc CFA. C'est ainsi que l'on a pu constater, au cours des années 1980, l'effondrement de la consommation d'engrais minéral, consécutif au relèvement brutal de son prix de vente aux producteurs, en raison de l'arrêt de sa subvention décidée dans le cadre des politiques d'ajustement structurel. Il en a résulté une crise profonde affectant la productivité et la durabilité des systèmes agricoles d'une grande partie de la région.

Mais, là encore, les mesures les plus radicales rencontrent souvent des accommodements, des inflexions, voire même des rejets, dans leurs mises en application. C'est le cas, par exemple, de la réforme foncière au Sénégal et de la vulgarisation de certains « paquets technologiques ». Les législations, les innovations techniques et les mesures imposées de façon autoritaire ont rarement les effets attendus. L'application s'accompagne de différentes adaptations, et souffre de délais plus ou moins longs, à moins que les mesures ne soient reconsidérées ou qu'elles demeurent lettre morte.

La mesure des changements à l'échelle régionale

Pour apprécier l'étendue et l'ampleur des changements, on ne peut limiter l'analyse à des études de cas ou à une approche ponctuelle, par exemple au niveau d'un seul village. L'exploitation des séries statistiques établies à l'échelle régionale, mais aussi l'analyse des photographies aériennes successives, puis de l'imagerie satellitaire, sont des moyens d'opérer ce changement d'échelle, de généraliser, d'infirmer ou de relativiser les processus repérés dans les études de détail.

L'exploitation des recensements successifs permet aux démographes de dresser des bilans en terme d'évolutions d'effectifs, de coefficients naturels et migratoires, généralement à l'échelle d'entités régionales. Les modèles de croissance sont sans cesse améliorés, en tablant sur l'évolution des coefficients naturels, sur la baisse de la mortalité infantile et maintenant sur le prolongement de la vie et sur les variations de la fécondité. L'évolution du peuplement peut être estimée de façon relativement fiable pour les trente prochaines années.

L'évolution des densités rurales demeure un indicateur fondamental pour les géographes, à condition de s'interroger sur la signification de ces densités. Quand la population était très majoritairement paysanne et qu'elle tirait l'essentiel de ses ressources de l'exploitation de son terroir, les variations de la densité, dans l'espace et dans le temps, nous renseignaient efficacement sur les disparités, les évolutions et parfois sur les tensions au sein des espaces agraires. On y lisait la redistribution de l'habitat, l'aggravation des pressions foncières ou la progression des fronts pionniers. Mais la relation entre la population des villages et les superficies des espaces ruraux environnants n'est plus ce qu'elle était. Elle est rarement demeurée aussi constante et aussi vitale, du fait de l'importance prise par les relations entretenues à distance avec les émigrés, notamment au plan économique. Néanmoins l'évolution du peuplement demeure une « entrée » incontournable pour aborder les questions de développement rural.

Évidemment la compréhension des dynamiques rurales nécessite d'autres « entrées », d'autres recherches ; des recherches centrées sur l'organisation des groupes domestiques, sur les maîtrises foncières, sur l'innovation technique, sur les économies familiales, entre autres.

La généralisation, fondée sur l'exploitation de l'imagerie et des statistiques, suppose que l'on ait repéré des indicateurs performants et fiables. L'analyse du paysage livre des informations de toutes natures, notamment des indications sur la maintenance des aménagements agraires, sur la construction d'équipements, sur la réalisation de voies de communication, et surtout sur l'utilisation du sol et les changements de techniques d'exploitation ; mais cette procédure ne saurait suffire. Elle doit dans tous les cas se conjuguer avec des enquêtes légères et cursives focalisées, par exemple sur les conflits fonciers, sur l'acquisition d'équipements agricoles, sur l'adoption de nouvelles techniques, sur l'évolution des échanges.

CONCLUSION

Finalement l'analyse des rythmes de l'activité agricole et la restitution des changements survenus au cours d'une période récente nous donnent-elles la capacité de prévoir ?

La modélisation, qui met en relation et intègre les composantes de systèmes complexes, se propose d'en restituer le fonctionnement dans le temps. Mais la construction d'un modèle ne suppose-t-elle pas que l'on s'affranchisse de la diversité locale et de la variabilité temporelle ? La modélisation, qui déjà rencontre des difficultés à représenter les interférences et l'enchaînement des phénomènes biophysiques, se heurte à des problèmes qui sont d'une autre nature quand elle s'applique aux comportements d'acteurs. L'exercice est d'un intérêt certain quand il se veut exploratoire, mais a-t-il la capacité de rendre compte des dynamiques multiples de systèmes de production agricole, qui sont complexes et ouverts (LEGAY, DEFFONTAINES, 1992) ?

Dans ce cas, le modèle permet-il de passer de l'approche rétrospective à la prévision ? En principe, il prend en compte les évolutions, plus ou moins récentes, et se donne la capacité d'anticiper, mieux, il permet de simuler les effets induits en intégrant les évolutions plausibles et des innovations possibles. Le risque n'est-il pas de minimiser l'importance des variations dans l'espace et des ruptures dans le temps, d'occulter la diversité des exploitations et des finages, avec le parti pris, délibéré, de n'y voir qu'aspérités, que particularités ou que variantes exceptionnelles, sinon mineures ?

Les représentations ainsi construites vont-elles seulement figer, voire pérenniser, l'image de situations particulières et transitoires où véritablement en révéler les fondements permanents ?

En fait, on trouve des modèles de croissance démographique fiables, des modèles de structures agraires illustratifs, ou des graphes bien construits et articulés figurant des rapports sociaux de production, des modèles de fonctionnement de l'exploitation agricole plus ou moins ouverts. Mais l'ambition d'une modélisation capable d'intégrer la complexité multidimensionnelle et interactive inhérente aux questions de développement rural apparaît largement utopique. La difficulté à modéliser à ce niveau proviendrait, aussi, d'articulations insuffisantes dans le montage de recherches pluridisciplinaires (COUTY, 1990).

Dresser un tableau convaincant des sociétés et des espaces ruraux en devenir suppose une approche attentive à la gestion du temps, aux enchaînements dans la durée, aux cycles et aux périodes, aux événements et aux ruptures. Immanquablement, la reconstitution des évolutions récentes montre que les évolutions tendancielles, esquissées et prévisibles, sont contrariées ou brutalement infléchies par des événements intempestifs, qui eux n'étaient guère prévisibles.

Seuls les historiens qui ont ouvert des chantiers de recherche à la dimension de civilisations rurales s'avèrent capables d'en reconstituer les évolutions, en leur donnant un sens. Pour nous convaincre ils ont dû, progressivement, investir un champ scientifique extrêmement vaste, incluant les dimensions géographique, démographique, technologique, économique, sociale et culturelle. Ainsi ils parviennent à dégager les lignes de force de civilisations rurales qui recouvrent de vastes territoires et qui ont duré pendant de longues périodes. Mais pour nous construire ces superbes fresques, ils ont toutes les cartes en main, ils entreprennent d'explorer toute l'information archivée. En somme ils s'attellent à la construction d'une œuvre maîtresse dont ils connaissent les tenants et les aboutissants. Et pour ce faire ils prennent tout leur temps.

La recherche sur les évolutions présentes des sociétés rurales et des agricultures se doit d'être pluridisciplinaire, et de privilégier l'observation des facteurs dynamiques ; l'ambition d'un tel travail étant moins la prévision à longue échéance, quelque peu vaine, que l'analyse rigoureuse des changements en cours, véritable moyen d'être nous-mêmes interactifs.

BIBLIOGRAPHIE

BA A. H., 1992 – *Amkoullel, l'enfant Peul*, Paris, Actes Sud.

COUTY P., 1990 – « Sciences sociales et recherches multidisciplinaires à l'ORSTOM ». Document ORSTOM, 45 p.

ELDIN M., 1985 – « Le risque climatique, élément des risques encourus pour la production agricole », in *À travers champs. Agronomes et Géographes*, Blanc-Pamard C. et Lericollais A. (éds.), ORSTOM, Colloques et séminaires : 231-238.

GARIN P., GUIGOU B., LERICOLLAIS A., 1999 – « Les pratiques paysannes en pays sereer siin », in *Paysans sereer*, Lericollais A. (éd.), Paris, IRD.

LEGAY J.-M. et DEFFONTAINES J.-P., 1992 – « Complexité, observation et expérience », in : *Sciences de la nature. Sciences de la société. Les passeurs de frontière*, Jollivet M. (éd.), CNRS Éditions : 491-507.

LE ROY LADURIE E., 1973 – *Le territoire de l'historien*. Paris, Gallimard, 542 p.

MILLEVILLE P. et SERPANTIÉ G., 1994 – « Dynamiques agraires et problématique de l'intensification de l'agriculture en Afrique soudano-sahélienne », *C. R. Académie d'Agriculture de France* (séance du 19 oct. 1994) 80, n° 8 : 149-161.

ORSTOM, 1984. – « Les instruments aratoires en Afrique tropicale. La fonction et le signe », numéro spécial des *Cahiers ORSTOM, sér. Sci. Hum.*, vol. XX, n° 3-4.

RAULIN H., 1967 – *La dynamique des techniques agraires en Afrique tropicale du Nord*, CNRS, Paris, 202 p.

SANTOIR C., 1983 – *Raison pastorale et développement. Les problèmes des Peul sénégalais face aux aménagements*, Travaux et Documents de l'ORSTOM, n° 166, 185 p.

SEBILLOTTE M., 1990 – « Système de culture, un concept opératoire pour les agronomes », in *Les systèmes de culture*, Combe L., Picard D. (éds.), INRA : 165-196.

DYNAMIQUES AGRAIRES ET PROBLÉMATIQUE DE L'INTENSIFICATION DE L'AGRICULTURE EN AFRIQUE SOUDANO-SAHÉLIENNE

Pierre MILLEVILLE, Georges SERPANTIÉ

Avec l'accroissement continu et rapide de la population en Afrique sub-saharienne, avec la crise climatique sévère qu'a connue cette région au cours des vingt-cinq dernières années, les questions d'intensification de l'agriculture et de durabilité sont au cœur des préoccupations du développement. Les théories économiques qui prennent en compte les paramètres démographiques et fonciers se trouvent en conséquence très sollicitées. On ne peut notamment prétendre débattre de l'évolution des modes de mise en valeur agricole en Afrique sans faire explicitement référence à la thèse de BOSERUP (1970). Cet auteur, prenant en quelque sorte le contre-pied de la théorie malthusienne, estime que la croissance démographique constitue un moteur de l'intensification, en poussant les sociétés agraires à accroître la production agricole alimentaire pour répondre à l'augmentation des besoins. Deux voies complémentaires et liées sont mises à profit : extension des surfaces cultivées, d'une part, changement des méthodes de culture, d'autre part, plus exigeantes en travail à l'unité de surface. En fait, ces deux théories sont le revers l'une de l'autre, la démographie passant du statut de variable à expliquer à celui de variable explicative. Elles pourraient donc parfaitement se compléter pour interpréter certaines évolutions agraires. Ainsi, lorsque la population augmente, la société doit chercher à obtenir plus de ressources d'un même espace, mais rencontre, dans cette phase d'adaptation difficile, des périodes transitoires instables, des blocages et des crises de subsistance qui freinent la croissance démographique, dégradent le milieu ou provoquent l'exode, et multiplient en revanche les tentatives innovantes. Soulignons d'emblée que ces théories générales font référence, explicitement ou non, à des situations agraires relativement coupées du monde extérieur, à des contextes d'autosubsistance, à des stratégies paysannes uniformes et à une grande permanence des états du milieu exploité. Les réalités agraires des régions soudano-sahéliennes en sont à l'évidence bien éloignées.

QUELQUES SPÉCIFICITÉS DES MILIEUX SOUDANO-SAHÉLIENS

Une caractéristique principale de ces milieux réside dans leur faible inertie. La présence d'une longue saison sèche affaiblit la protection biologique du sol, tandis qu'en saison des pluies, l'excès d'eau temporaire et l'érosion sélective conduisent au lessivage des horizons superficiels. La texture grossière des sols en surface ne favorise pas, sous climat très chaud, la conservation des matières organiques. Cette instabilité

C. R. Acad. Agric. Fr., 1994, 80, n° 8 : 149-161

encourage les phénomènes d'érosion éolienne et d'encroûtement des sols lorsqu'ils ne sont plus fixés ou protégés, donc l'érosion liée au ruissellement, tout particulièrement en début de saison humide et dans des facettes paysagiques fragiles. Bien que le potentiel biologique soit théoriquement élevé, il ne s'exprime que lorsque le bilan hydrique est satisfaisant et l'écosystème peu perturbé. Le milieu tend donc à suivre une règle du tout ou rien : subit-il trop de prélèvements en années sèches, et le déséquilibre peut très facilement s'installer, conduisant à la disparition de la végétation et à un encroûtement localisé du sol. Or, un sol encroûté sèche et durcit. La faune le quitte peu à peu, sa perméabilité diminue et le ruissellement s'accentue. Un travail de réhabilitation devient nécessaire, mais est rarement à même de restaurer durablement les propriétés du milieu.

Le climat soudano-sahélien est, par ailleurs, capricieux et fluctuant. Les épisodes de sécheresse des années soixante-dix et quatre-vingt ont largement coïncidé avec un maximum de pression anthropique sur le milieu. On a ainsi assisté au Yatenga (nord-ouest du Burkina Faso) à l'accroissement spectaculaire des surfaces impropres à la culture et même au pâturage, en raison des phénomènes d'érosion et d'encroûtement. On ajoutera que ces fluctuations climatiques s'accompagnent souvent de perturbations biologiques, telles que des pullulations brutales de divers ravageurs. La culture extensive du mil, bien qu'adaptée à l'aléa climatique et au faible niveau de fertilité des sols (SERPANTIÉ et MILLEVILLE, 1993), ne dispose que de peu de défenses vis-à-vis de telles nuisances largement imprévisibles.

Que devient ce milieu après une période de sécheresse et sous une forte pression agro-pastorale ? La dégradation du paysage du Yatenga central a été précisément analysée par MARCHAL (1983). Dans le Yatenga périphérique, pourtant moins marqué par l'emprise humaine, la dégradation du milieu, déjà perceptible en 1952 par des plaques de sol érodé et encroûté, s'est accélérée à un rythme impressionnant au cours des années quatre-vingt. Dans les secteurs fragiles des terroirs, on constate une extension des zones nues, encroûtées ou décapées, dévégétalisées et impropres à la culture. Mais cette dégradation marque aussi, à une autre échelle, les milieux les moins sensibles, sous forme de plaques d'érosion localisées. Le labour répété sur pente, soumis à des ruissellements exogènes, en constitue un facteur déclenchant ou aggravant. On observe, en outre, une forte contraction des formations végétales ligneuses : une végétation buissonnante et fermée envahit les creux topographiques et les formations situées à l'aval des zones dégradées, suralimentées en eau par les reports de ruissellement. Il y a donc dégradation du pâturage, tant en extension qu'en qualité. De tels phénomènes apparaissent largement irréversibles à moyen terme. Le milieu cultivable et pâturable se contractant, l'intensité culturale et la charge pastorale s'accroissent, indépendamment des stratégies paysannes. On assiste alors à l'allongement des périodes culturales ainsi qu'à la mise en culture des milieux les plus fragiles, à l'abandon de champs épuisés et à l'autoaccélération des processus érosifs (SERPANTIÉ *et al.*, 1992).

PRESSION DÉMOGRAPHIQUE ET SATURATION DE L'ESPACE AGRAIRE

En Afrique soudano-sahélienne, il semble bien que la réponse la plus couramment observée à l'accroissement de la population rurale a été l'extension des surfaces cultivées. Pendant longtemps, les espaces non cultivés ont pu constituer des réserves qui étaient progressivement exploitées pour répondre à l'accroissement des besoins et absorber une force de travail en augmentation. La faiblesse relative des densités démographiques rendait possible cette progression homothétique qui permettait (cas de figure d'ailleurs sans doute très simplificateur) une reproduction « à l'identique » du système agricole ancien. Mais la croissance continue et rapide de la population s'est traduite plus ou moins tôt par une saturation de l'espace agricole utile. La terre est alors devenue une ressource rare, tant quantitativement que qualitativement. Lorsque les terres les plus aptes à la mise en culture (compte tenu des modes d'exploitation adoptés) eurent été exploitées, il fallut défricher et mettre en valeur des terres jugées plus marginales en raison de contraintes spécifiques (texture, hydromorphie...) ou de problèmes d'accessibilité.

Dans le même temps, ou à un stade immédiatement postérieur, la progression des surfaces cultivées s'est exercée aux dépens des jachères, considérées de fait comme des espaces à conquérir, alors qu'elles relevaient pleinement de l'espace agricole utilisé. L'intensité culturale (RUTHENBERG, 1980), mesurée par le rapport entre le nombre d'années de culture et la durée totale du cycle d'utilisation du sol, s'est progressivement accrue. D'« itinérante », l'agriculture s'est peu à peu « fixée ». Il convient néanmoins de ne pas adopter une conception uniforme de l'évolution des modes de mise en valeur du milieu en réponse à l'accroissement de la pression démographique. En particulier, il serait simpliste de voir, dans le système de défriche-brûlis à longue révolution, le stade initial de toute agriculture tropicale. Il est avéré que certaines sociétés ont opté d'emblée pour des types d'agriculture relativement intensive alors que l'espace utile disponible était très vaste. Si le schéma d'évolution proposé par Boserup et repris par d'autres auteurs (PINGALI *et al.*, 1987) mérite toute notre attention, c'est bien à titre de modèle explicatif destiné à être soumis à l'épreuve des faits, donc à la réalité des situations locales particulières.

Certains facteurs ont contribué à précipiter cette tendance à la saturation de l'espace agraire. On a évoqué plus haut les effets que pouvait avoir la dégradation du milieu sur la contraction de l'espace productif. La part croissante prise par une culture de rente encouragée par les pouvoirs publics et favorisée par la monétarisation progressive de l'économie domestique, la diffusion de nouveaux moyens techniques (tels que le matériel de culture attelée), qui permettaient de réduire considérablement le temps de travail à l'hectare, ont constitué par ailleurs des éléments déterminants de l'accroissement rapide des surfaces cultivées. L'évolution de l'agriculture du bassin arachidier sénégalais illustre bien les effets cumulatifs résultant de la conjonction de tels phénomènes.

D'autres phénomènes démographiques ont à l'inverse contribué à ralentir cette évolution. Pour le Yatenga, Marchal a montré ainsi comment une régulation éminemment malthusienne y agissait par le passé, à travers l'impact dramatique de famines récurrentes. Il a fallu que se mettent en place des moyens de communication et d'approvisionnement en céréales, des réseaux d'échange de main-d'œuvre et de biens, enfin des possibilités d'émigration vers des zones de terres neuves (à l'intérieur et hors du pays), pour que cessent durablement les disettes.

ÉVOLUTION RÉGRESSIVE OU INTENSIFICATION ?

L'accroissement continu de l'intensité culturale ne peut en soi être assimilé à un processus d'intensification. La réduction du temps de jachère et la mise en culture de zones marginales, si elles ne s'accompagnent pas de changements techniques plus ou moins profonds, ne peuvent en effet qu'induire une désorganisation du système de culture préexistant et une baisse de sa productivité. Dans l'Oudalan, à l'extrême nord du

Burkina Faso, les surfaces cultivées à l'aide de techniques purement manuelles se sont étendues depuis plusieurs décennies au même rythme que celui de l'accroissement de la population. L'erg ancien, qui représentait le lieu privilégié de culture du mil, se trouve à présent presque intégralement exploité. La jachère y a quasiment disparu, et le *Striga* (plante parasite du mil) y prolifère. Les agriculteurs se sont trouvés contraints d'ouvrir de nouveaux champs sur l'erg récent, caractérisé par des sols à texture plus grossière et moins pourvus en éléments minéraux, ainsi que sur les piémonts des massifs rocheux, où le ruissellement et les risques d'érosion hydrique sont accusés. Globalement, les rendements ont régressé, les besoins vivriers ne sont plus qu'exceptionnellement couverts par la seule production céréalière locale et la dégradation des sols cultivés s'accentue (CLAUDE *et al.*, 1991 ; MILLEVILLE, 1989).

Avec la réduction du temps de jachère et l'allongement des phases culturales, le contrôle de l'enherbement devient par ailleurs plus difficile, tout particulièrement en régions soudaniennes. L'interruption temporaire de la mise en culture était en effet souvent justifiée par la nécessité de rompre avec un spectre floristique herbacé défavorable, et notamment de limiter l'envahissement du sol par des types d'adventices difficiles à maîtriser. En l'absence de moyens spécifiques de lutte contre les adventices, tels que l'emploi d'herbicides, il devient nécessaire de consacrer davantage de travail à l'entretien des cultures. Le rôle joué par la jachère dans le contrôle de l'enherbement ainsi que l'exigence en travail de ce poste dans les agricultures tropicales semblent avoir été pendant longtemps largement sous-estimés par les agronomes.

La réduction du temps de jachère porte bien entendu aussi atteinte aux fonctions qu'elle remplit plus directement dans l'entretien de la fertilité du milieu : accroissement du taux de matière organique, redistribution verticale des éléments minéraux, restauration de certaines propriétés physiques telles que la porosité, remontée biologique... La disparition progressive des jachères remet aussi en cause d'autres fonctions qu'elles remplissaient dans le système agraire, et qui pouvaient influer très significativement sur l'entretien de la fertilité. Une attention particulière doit ainsi être accordée au rôle joué par la jachère vis-à-vis de l'élevage en région sahélo-soudanienne. Dans des systèmes agraires qui combinaient agriculture et élevage à l'échelle du terroir villageois, la jachère représentait souvent le lieu privilégié de prélèvement alimentaire et de stabulation des animaux au cours de la saison de culture. Il en résultait un apport de fumure régulier, d'autant plus important que la charge animale était forte. La tendance à la disparition de la jachère, en réduisant localement les ressources fourragères et les lieux de stabulation du bétail en saison des pluies, s'est traduite par une expulsion de plus en plus longue et massive des troupeaux hors du terroir villageois et par une disjonction de plus en plus marquée de l'agriculture et de l'élevage, remettant ainsi en cause un fondement essentiel de ces systèmes agraires. L'agriculture serer du Sine, au cœur du bassin arachidier sénégalais, constitue un exemple particulièrement significatif d'une telle évolution (GARIN *et al.,* 1990 ; LERICOLLAIS, 1972 ; LERICOLLAIS et MILLEVILLE, 1993).

Les exemples de fragilisation des systèmes d'exploitation du milieu, résultant de l'accroissement continu des surfaces cultivées et de la raréfaction des jachères, abondent. Ils traduisent le plus souvent une dynamique qui exprime corrélativement une baisse tendancielle des niveaux de rendement et des perturbations plus ou moins profondes du milieu cultivé. Mais ces évolutions régressives ont, dans bien des cas, pu être tempérées, voire contrariées, et ce par d'autres voies que celles liées à l'accroissement de la quantité de travail à l'unité de surface. Si l'adoption de la culture attelée a ainsi souvent résulté d'un détournement des objectifs que ses promoteurs lui assignaient (en étant perçue par les agriculteurs comme un moyen privilégié d'extension des surfaces cultivées plutôt que d'accroissement des niveaux de rendement), elle a par contre joué un rôle majeur dans la maîtrise des itinéraires techniques. Le semoir et la houe attelée ont permis de tirer un meilleur parti de la fugacité des périodes climatiquement favorables, tout particulièrement durant la phase d'installation des cultures. L'impact qui en résulte sur les niveaux de rendement, dans des milieux dominés par le caractère aléatoire des précipitations, peut être considérable et excéder l'effet de l'application de thèmes techniques par essence intensifs tels que le travail profond du sol ou la fertilisation minérale. En desserrant les contraintes en travail, l'adoption de la culture attelée légère n'a pas seulement accru significativement les surfaces cultivées et la productivité du travail, elle a aussi permis une meilleure maîtrise des processus de production. Les processus de changement technique, on le voit, peuvent se révéler ambivalents et mal s'accommoder d'une stricte dichotomie intensif/extensif.

Avec COUTY (1991), on attribuera ici au terme intensification le sens qu'on lui donne habituellement en économie rurale (est intensif ce « qui utilise beaucoup plus d'autres facteurs de production que la terre »). L'intensification correspond donc, pour une quantité de terre donnée, à un accroissement des quantités de travail et/ou de capital (moyens techniques). Cette notion apparaît finalement inséparable de celles d'innovation et de durabilité : « les innovations qui permettent de produire durablement autant (ou davantage) de produit sur une surface moindre qu'auparavant correspondent très précisément à ce que l'on appelle intensification » (COUTY, 1991). On relèvera par ailleurs que la distinction extensif/intensif recouvre, dans une large mesure, le clivage adaptation/artificialisation. L'intensification se traduit en effet par une manipulation et une transformation croissantes du milieu cultivé. La maîtrise technique qui la sous-tend repose de plus en plus sur des critères d'artificialisation du milieu (particulièrement marqués lorsque l'intensification accompagne la création d'un aménagement), au détriment des principes adaptatifs qui régissaient le fonctionnement et la viabilité des systèmes agricoles extensifs. On peut aussi considérer que les systèmes agricoles intensifs parviennent à une réelle intégration entre secteurs d'activité, en particulier pour les régions soudano-sahéliennes entre agriculture et élevage. Prenons garde néanmoins à ne pas adopter de distinctions tranchées et définitives qui ne présenteraient qu'un intérêt classificatoire un peu illusoire. Les réalités sont nuancées, et les systèmes de production combinent bien souvent, on le verra, des sous-systèmes intensifs et extensifs, plus ou moins spécifiquement répartis dans l'espace exploité.

La réduction des jachères et le passage progressif à la culture continue s'accompagnent de perturbations (physiques, chimiques, biologiques) du milieu cultivé qui ont fait l'objet de nombreuses observations de la part des agronomes et des pédologues (PIERI, 1989). Ces perturbations poussent les agriculteurs, pour maintenir ou relever les niveaux de rendement de leurs cultures, à un plus fort investissement en travail et, à plus ou moins brève échéance, à changer de procédés de culture. De telles innovations techniques peuvent d'ailleurs être destinées à réduire la dépense en travail. C'est le cas de la traction animale, quand la priorité est accordée au semis et à l'entretien des cultures, et de l'emploi des herbicides, de plus en plus répandu en culture cotonnière, qui constitue une technique tout à fait appropriée aux difficultés croissantes que connaissent les agriculteurs pour le contrôle de l'enherbement lorsque les superficies cultivées s'étendent et que la jachère disparaît. Elles peuvent aussi permettre de limiter, au moins temporairement, la baisse de productivité de la terre, notamment à travers des apports plus systématiques et accrus d'engrais minéraux et de fumure organique. Elles peuvent enfin viser, grâce à divers types d'aménagement, à prévenir ou enrayer de graves processus de dégradation qui, telle l'érosion hydrique, menacent le capital foncier lui-même. L'exemple des zones cotonnières montre que, sous certaines conditions, une réelle intensification des systèmes de culture est possible en région soudanienne. Mais cette intensification connaît aussi ses limites. L'arrière-effet sur céréales des engrais appliqués à la culture cotonnière a été prouvé, mais ces apports (d'ailleurs généralement bien inférieurs aux recommandations) ne peuvent suffire à assurer les besoins d'une succession de cultures dans son ensemble. Et l'on connaît la réticence des agriculteurs pour des investissements coûteux sur les céréales, qui restent avant tout des cultures d'autosubsistance. Que ce soit au Sud Mali ou au Nord Togo (FAURE *et al.*, 1993 ; RAYMOND *et al.*, 1991), les analyses montrent que les rendements stagnent ou régressent, que les apports d'éléments fertilisants sont insuffisants et que le temps de sarclage entrave l'augmentation de la productivité du travail.

Dans les situations les plus dégradées, on est parfois conduit à constater que la saturation de l'espace agraire s'accompagne d'une amélioration plus ou moins globale de l'extensif, lorsque les actions des agriculteurs ne visent pas à intensifier, mais plutôt à maintenir les niveaux de rendement sans accroître exagérément les risques encourus ou le travail nécessaire, et en cherchant à freiner les processus de dégradation. Ainsi, la culture continue au Yatenga est rendue possible grâce à des objectifs de rendement limités et à de faibles apports organiques et minéraux répartis sur l'ensemble des champs. Une telle stratégie de dilution spatiale de la fertilité (l'autre option consisterait à concentrer les éléments fertilisants sur les meilleurs champs, proches du village) se comprend à travers les impératifs de gestion du risque climatique (SERPANTIÉ et MILLEVILLE, 1993). Plus économe en eau, un peuplement médiocre de mil court en effet moins de risques de déficit hydrique en année globalement déficitaire que la même culture abondamment fumée. Ces observations rejoignent les interprétations de FOREST, REYNIERS et LIDON (1991) qui constatent pour le mil que « la fluctuation des rendements est d'autant plus dépendante de l'alimentation hydrique, exprimée par le taux de satisfaction des besoins en eau, que le niveau d'intrants augmente »... et que « la plus forte sensibilité au déficit d'alimentation hydrique de cultures à forts intrants peut limiter les chances de leur adoption ». À une réelle intensification de certains systèmes de culture sur des surfaces réduites sont alors préférées une intégration légère de l'élevage, une dilution dans l'espace des ressources et des techniques d'intensification, aboutissant à l'amélioration à la marge de l'ensemble du système agricole.

LA DIVERSITÉ DES SYSTÈMES DE CULTURE ET SES CONSÉQUENCES

Une agriculture locale est souvent composite : à l'échelle d'un terroir villageois, au sein même d'une exploitation agricole, peuvent coexister des formes contrastées de mise en valeur du milieu, correspondant très précisément à différents types de systèmes de culture, au sens que donnent à ce terme les agronomes (SEBILLOTTE, 1990).

En région soudano-sahélienne, la fréquente organisation auréolaire du terroir aboutit à juxtaposer dans l'espace des types de systèmes de culture d'autant plus extensifs que l'on s'éloigne du village : aux champs de case abondamment pourvus en déchets organiques domestiques succèdent une aire de culture céréalière continue bénéficiant, grâce au parcage des troupeaux, d'un apport régulier de fumure animale, puis un vaste espace où les successions combinent la jachère à différentes cultures telles que le mil et le sorgho, l'arachide ou le niébé, enfin (lorsque la saturation foncière n'est pas trop accusée) une zone encore diffuse où coexistent de vieilles jachères arbustives, des portions de brousse non encore défrichées et des champs récemment ouverts. On retrouve des schémas d'organisation similaires en région soudanienne, qui peuvent se complexifier lorsque la présence de sols inondables le long d'un axe alluvial autorise une riziculture irriguée et explique la succession, de bas en haut de la toposéquence, de plusieurs systèmes de culture différant entre eux par la nature des cultures pratiquées, l'ordre de leur succession, la place et la durée de la jachère, les pratiques d'entretien de la fertilité. De tels exemples pourraient être multipliés, car ils correspondent à un modèle dominant.

Deux points méritent d'être soulignés ici : d'une part, l'existence au sein d'un espace réduit, géré par une même communauté d'agriculteurs, d'entités spatiales relativement homogènes quant à leur mode de gestion technique, correspondant à des niveaux d'intensité culturale et à des degrés d'intensification spécifiques et contrastés, et constituant les éléments organisateurs du paysage agraire ; d'autre part, l'interdépendance entre ces entités, compte tenu des flux divers qui les relient (éléments minéraux, biomasse, eau...) et des décisions qui président à la gestion de cet ensemble complexe. Dans le sud du bassin arachidier sénégalais, ANGÉ (1991) a bien montré l'importance à accorder aux unités morphopédologiques, qui « posent des problèmes d'aménagement et de mise en valeur spécifiques ». Il préconise d'identifier et de délimiter des « unités agrotechniques de mise en valeur des paysages », qui sont à la fois différenciées par des caractéristiques naturelles et façonnées par les pratiques agricoles. Si l'on prétend débattre des problèmes d'intensification, c'est bien en reconnaissant la partition de tels espaces et en identifiant localement les dynamiques conjointes des systèmes de culture et du milieu cultivé, mais c'est aussi en se donnant les moyens de reconstruire cet ensemble composite, d'en comprendre les règles d'organisation et de gestion, d'en évaluer les dysfonctionnements et d'en préciser les critères d'optimisation. Il est clair que cette diversité se retrouve généralement aussi au sein de l'exploitation agricole, de par la multiplicité des parcelles qu'elle regroupe et les différentes cultures qu'elle associe. Parcelle, exploitation, portion d'espace spécifique d'un type de système de culture, toposéquence, bassin versant, terroir villageois, constituent autant de niveaux clés de diagnostic et d'exploration des voies d'action possibles. Si l'on admet aujourd'hui volontiers que la parcelle ne constitue pas le seul lieu d'amélioration des performances des systèmes de culture et de gestion des états du milieu cultivé, beaucoup reste à faire pour concevoir des propositions s'appuyant sur une réelle intégration des niveaux et des types d'intervention. À cet égard, les projets qualifiés de « gestion de terroir », qui se multiplient dans les pays du Sahel, représentent des expériences particulièrement intéressantes.

À l'échelle locale, et plus encore régionale, se manifestent de forts contrastes dans les systèmes agricoles et leurs niveaux de productivité. La conjonction de possibilités d'apports complémentaires d'eau par irrigation et d'opportunités économiques quant à la valorisation des produits agricoles constitue, sans aucun doute, la condition la plus favorable à la mise en place de systèmes agricoles réellement intensifs. Les aménagements hydro-agricoles (même modestes comme le sont les petits périmètres maraîchers) permettent d'élargir considérablement le champ des possibilités techniques, d'accroître significativement les niveaux de rendement des cultures et de les sécuriser, même s'ils rencontrent des problèmes de rentabilité économique et butent sur de nouvelles contraintes de mise en valeur, telles que la salinisation des sols. De nouveaux types de systèmes de production apparaissent par ailleurs autour des centres urbains, tirant parti d'une demande croissante en produits agricoles frais (légumes, lait...) et d'un marché de proximité. Ces exemples prouvent bien, s'il en était besoin, que des possibilités réelles d'intensification existent, et que les agriculteurs sont tout à fait capables de saisir les opportunités qui peuvent se présenter. On se reportera avec profit à la récente synthèse réalisée à l'initiative du CIRAD (1992), qui dresse un tableau très complet et documenté des stratégies des paysans sahéliens et des innovations qu'ils sont parvenus à intégrer dans leurs systèmes de production. Et l'on peut considérer avec COUTY (1991) que « l'ère de l'intensification agricole est encore à venir en Afrique... à condition que le marché soit stabilisé, organisé et rémunérateur ».

INTENSIFICATION ET DURABILITÉ : DES RELATIONS AMBIVALENTES

Des conceptions et opinions tranchées se manifestent à ce propos (REARDON *et al.*, 1991). Pour certains, ce sont les systèmes à forte utilisation d'intrants, faisant appel au travail profond du sol et à une artificialisation poussée du milieu qui risquent d'entraîner une dégradation de l'environnement. Pour d'autres, au contraire, ces mêmes systèmes sont susceptibles de rétablir un état satisfaisant de milieux dégradés, et devraient permettre de limiter, grâce à leurs performances, le rythme d'accroissement des surfaces cultivées, tandis que les systèmes extensifs, à faible utilisation d'intrants, seraient plutôt source de dégradation. Chacun dispose sans doute de bons arguments et d'exemples convaincants pour justifier son point de vue. On peut rencontrer des systèmes à faible utilisation d'intrants qui maintiennent pendant longtemps des états satisfaisants du milieu cultivé, et d'autres qui se traduisent par une exploitation minière de ce milieu. Inversement, des systèmes à forte consommation d'intrants se révèlent durablement performants, tandis que d'autres peuvent avoir des conséquences graves en matière d'érosion et de pollution. Il convient à l'évidence d'adopter une attitude réaliste et non doctrinaire, les voies du changement technique demandant à être appréciées en tenant compte à la fois des spécificités des agricultures locales, de leur contexte économique et, faut-il le préciser, des réponses apportées par les paysans eux-mêmes à leurs problèmes.

Le maintien ou le redressement de l'état des ressources productives du milieu, compte tenu de la nature et de la productivité d'un système agricole donné, correspond à ce que nous pouvons convenir d'appeler la durabilité, considérée dans sa dimension écologique. Ce maintien ou ce redressement peuvent résulter de trois grandes catégories de mécanismes et de leurs interactions : les processus naturels (jachère) ; les techniques de conduite des systèmes de culture (successions culturales, fertilisation et apport de matière organique) ; les techniques d'aménagement et d'amélioration foncière, qui visent une action prolongée sur les caractéristiques du milieu (dispositif antiérosif). Localement, ces différentes voies peuvent être, à des degrés divers, mises en œuvre par les agriculteurs et se combiner entre elles. C'est également à l'échelle locale qu'il est possible d'apprécier d'éventuelles contradictions entre les impératifs immédiats et ce qui peut apparaître souhaitable ou nécessaire pour préserver l'avenir, ou celles qui peuvent se manifester dans les logiques des différents acteurs ou entre les intérêts particuliers et l'intérêt collectif. Comprendre de telles contradictions et de tels antagonismes constitue une étape indispensable dans la recherche de leur résolution.

Le rapprochement des deux notions d'intensification et de durabilité débouche sur des questions d'ordre prospectif concernant les stratégies de développement agricole en Afrique soudano-sahélienne :

— doit-on chercher à concentrer les moyens (nouvelles techniques, intrants, travail) sur des lieux privilégiés d'intensification, ou plutôt à les diluer dans l'espace exploité ? Est-il souhaitable de s'inspirer des pratiques de nombreuses sociétés

paysannes d'Afrique de l'Ouest pour encourager la coexistence de systèmes de culture pouvant largement différer entre eux par leurs principes de conduite technique, leurs niveaux de productivité et les conditions de leur reproductibilité ? L'hétérogénéité des conditions de milieu et des modes de mise en valeur au sein d'un espace agraire doit-elle être valorisée, renforcée, ou plutôt contrariée et neutralisée ?

   – s'agissant des régions soudano-sahéliennes, le problème du risque doit être clairement posé. Comment intensifier durablement lorsque les conditions climatiques sont à la fois sévères et aléatoires ? Comment associer les notions de sécurisation et de durabilité ?

   • ne devrait-on pas envisager l'intensification là où les conditions s'y prêtent le plus, et tout particulièrement là où l'on est en mesure d'assurer une sécurité satisfaisante ? C'est vrai pour les disponibilités en eau, ça l'est aussi pour le statut foncier des terres et pour les conditions de commercialisation des produits agricoles ;

   • autrement dit, il convient de considérer la limitation des risques autant comme un préalable à l'intensification que comme une de ses conséquences attendues. On ne peut concevoir d'intensification durable des agricultures soudano-sahéliennes qu'à ce prix ;

   • les perspectives d'évolution des agricultures ne doivent peut-être pas s'apprécier à travers les seules voies de l'intensification. Ou plutôt convient-il d'adopter une vision élargie de celle-ci. Les agronomes ont trop longtemps privilégié, autant par commodité que par souci de rationalité technique, les voies de la simplification et de la standardisation, en rupture avec les stratégies habituelles des producteurs. À l'heure où le terme de biodiversité est au moins autant invoqué que celui de durabilité, peut-être devraient-ils davantage réfléchir à la manière de valoriser la diversité et la diversification (facteurs de sécurité) dans les perspectives de changement ;

   – la durabilité doit être considérée dans ses dimensions écologique, économique, politique. S'il a été fait référence ici plus particulièrement à la première, on ne peut sous-estimer le rôle joué par les conditions de marché, les politiques de crédit, les réglementations foncières et l'environnement institutionnel sur le comportement des agriculteurs et les possibilités concrètes de changement. La stagnation des agricultures, voire leur récession, est au moins autant imputable à des conditions défavorables de ce contexte qu'à la croissance démographique et à la crise climatique. Il en résulte une coresponsabilité aux niveaux les plus divers (de l'agriculteur aux instances internationales) des questions de viabilité (ou de non-viabilité) des agricultures locales ;

   – les problèmes de durabilité ne peuvent enfin être appréciés que dans un contexte d'avenir incertain. Les systèmes agricoles changent, l'environnement de ces systèmes également. On ne peut donc statuer sur les conditions de durabilité au seul vu de l'existant. La durabilité demande en conséquence à être considérée, elle aussi, comme une propriété évolutive. C'est également pour cette raison qu'il est si malaisé d'en proposer une définition satisfaisante. Ne pourrait-on lui assigner comme rôle de préserver, autant que faire se peut, les marges de liberté pour le futur ?

RÉFÉRENCES BIBLIOGRAPHIQUES

ANGÉ A., 1991 – La fertilité des sols et les stratégies paysannes de mise en valeur des ressources naturelles. Le mil dans les systèmes de culture du sud du bassin arachidier sénégalais. *In* « Savanes d'Afrique, terres fertiles ? », Actes des Rencontres internationales, Ministère de la Coopération et du Développement, CIRAD, Montpellier, 10-14 décembre 1990 : 89-121.

BOSC P.M., DOLLE V., GARIN P., YUNG J.M. (éds.), 1992 – *Le développement agricole au Sahel.* CIRAD, coll. Documents systèmes agraires, 4 tomes.

BOSERUP E., 1970 – *Évolution agraire et pression démographique.* Paris, Flammarion, 218 p.

CLAUDE J. GROUZIS M., MILLEVILLE P. (éds.), 1991 – *Un espace sahélien : la mare d'Oursi, Burkina Faso.* ORSTOM, coll. À travers champs, 241 p.

COUTY P., 1991 – L'agriculture africaine en réserve. Réflexions sur l'innovation et l'intensification agricoles en Afrique tropicale. *Cahiers d'Études africaines*, 121-122, XXXI-1 -2 : 65-81.

FAURE G., DJAGNI K., COUSINIÉ P., 1993 – Nouvelles pratiques paysannes, baisse des rendements et productivité du travail en zone cotonnière au Togo, *Les Cah. de la Rech. Dév.*, n° 33 : 70-82.

FOREST F., REYNIERS F.N., LIDON B., 1991 – Prendre en compte le risque agroclimatique et le coût de l'intensification pour analyser la faisabilité de l'innovation, *in* « Savanes d'Afrique, terres fertiles ? », Actes des rencontres internationales, Ministère de la Coopération et du Développement, CIRAD, Montpellier, 10-14 décembre 1990 : 531-541.

GARIN P., FAYE A., LERICOLLAIS A., SISSOKHO M., 1990 – Évolution du rôle du bétail dans la gestion de la fertilité des terroirs sereer au Sénégal, *Les Cah. de la Rech. Dév.*, n° 26 : 65-84.

LERICOLLAIS A., 1972 – *Sob : étude géographique d'un terroir sereer.* Paris, La Haye. Mouton, Atlas des structures agraires au sud du Sahara, n°7, 110 p.

LERICOLLAIS A., MILLEVILLE P., 1993 – La jachère dans les systèmes agro-pastoraux Sereer au Sénégal. In *La jachère en Afrique de l'ouest*, ORSTOM, coll. colloques et séminaires : 133-145.

MARCHAL J.Y., 1983 – *Yatenga, Nord Haute-Volta : la dynamique d'un espace rural soudano-sahélien.* Paris, ORSTOM, coll. Travaux et documents, n°176.

MILLEVILLE P., 1989 – Activités agro-pastorales et aléa climatique en région sahélienne. *In* « Le risque en agriculture », ORSTOM, coll. À travers champs : 233-241.

PIERI C., 1989 – *Fertilité des terres de savanes. Bilan de trente ans de recherche et de développement agricoles au sud du Sahara.* Paris, Ministère de la Coopération et du Développement, CIRAD, 444 p.

PINGALI P., BIGOT Y., BINSWANGER H.P., 1987 – *La mécanisation agricole et l'évolution des systèmes agraires en Afrique subsaharienne.* Banque mondiale, Washington, 204 p.

RAYMOND G., FAURE G., PERSOONS C., 1991 – Pratiques paysannes en zone cotonnière face à l'augmentation de la pression foncière (Nord-Togo et Mali-Sud), *in* « Savanes d'Afrique, terres fertiles ? », Actes des Rencontres internationales, Ministère de la Coopération et du Développement, CIRAD, Montpellier, 10-14 décembre 1990 : 173-194.

REARDON T., ISLAM N., BENOIT-CATTIN M., 1991 – Questions de durabilité pour la recherche agricole en Afrique, *Les Cah. de la Rech. Dév.*, n°30 : 28-45.

RUTHENBERG H., 1980 – *Farming systems in the tropics*. Oxford, Clarendon Press, 424 p.

SEBILLOTTE M., 1990 – Système de culture, un concept opératoire pour les agronomes. *In* « Les systèmes de culture », INRA, Paris : 165-196.

SERPANTIÉ G., MILLEVILLE P., 1993 – Les systèmes de culture paysans à base mil (*Pennisetum glaucum*) et leur adaptation aux conditions sahéliennes. *In* « Le mil en Afrique », ORSTOM, coll. colloques et séminaires : 255-266.

SERPANTIÉ G., TÉZENAS DU MONTCEL L., VALENTIN C., 1992 – La dynamique des états de surface d'un territoire agropastoral soudano-sahélien. Conséquences et propositions. *In* « L'aridité, une contrainte au développement », ORSTOM, coll. Didactiques : 419-447.

TROISIÈME PARTIE
ACTIVITÉ AGRICOLE, MILIEUX ET ENVIRONNEMENT

PRÉSENTATION

La notion de milieu est depuis toujours familière des agronomes, puisque l'agriculture repose précisément sur la possibilité de le manipuler afin de créer des conditions favorables au peuplement cultivé. Celle d'environnement, qui ne s'est imposée à eux que récemment, procède de la reconnaissance des impacts des activités agricoles sur les écosystèmes, avec les conséquences qui en résultent sur le cadre de vie des hommes. Cette prise en compte, à présent bien établie au Nord comme au Sud, est inséparable des concepts d'agriculture et de développement durables.

Toute agriculture s'exerce dans des conditions de milieu locales qui orientent plus ou moins fortement les choix techniques, ainsi que les processus d'élaboration de la production et la durabilité des systèmes de culture et d'élevage. En retour, l'activité agricole modifie le milieu, de façon légère ou intense, passagère ou pérenne, localement ou sur de grands espaces. Les agriculteurs doivent aussi s'adapter à ces changements, dont ils sont pour partie les agents. L'analyse des interrelations entre pratiques paysannes et milieu naturel, qui s'expriment à la fois en termes de conditionnement et d'impact, d'adaptation et d'évolution, concerne donc des échelles d'espace et de temps très diverses.

Les agricultures qualifiées d'extensives, caractérisées par un faible degré d'artificialisation du milieu, n'assurent leur viabilité que grâce à de grandes capacités adaptatives. Mais il serait erroné de leur attribuer de ce fait un bas niveau de maîtrise technique. L'accommodation à des contraintes sévères, telles que les aléas climatiques en milieu aride, suppose en effet des savoirs écologiques élaborés, afin de guider la prise de décision technique. Les techniques retenues permettent d'assumer des niveaux de risque élevés, grâce à des coûts minimes de mise en œuvre. La rapidité d'exécution d'une tâche (telle que le semis sans préparation du sol préalable), et la possibilité de la réitérer en cas d'échec, l'emportent sur l'adoption de techniques susceptibles de transformer profondément le milieu cultivé pour en atténuer les fluctuations et les contraintes. Et la recherche de la sécurité l'emporte sans conteste sur celle de la productivité.

Le pastoralisme représente un archétype de tels modes d'exploitation du milieu. Activité de cueillette, il repose sur l'accès à des ressources alimentaires (fourrage et eau) dispersées dans l'espace et fluctuantes dans le temps, tant en termes qualitatif que quantitatif. La mobilité des troupeaux constitue la clé de cette rencontre. Bien qu'obéissant à des rythmes saisonniers réguliers, la mobilité reste étroitement dépendante de nombreux paramètres singuliers qui en modulent l'expression au cours du temps. Par ailleurs, la possibilité de fréquenter un espace ample et diversifié impose une certaine formalisation des relations sociales au sein des communautés pastorales, ainsi que des règles d'accès à des ressources territorialisées. L'agriculture et l'élevage pastoral entretiennent des relations de complémentarité réciproques, qui mettent souvent en jeu différents acteurs. Les pratiques pastorales témoignent donc de remarquables propriétés d'adaptation au milieu, dans lesquelles la connaissance précise des besoins des animaux, des ressources naturelles et des espaces fréquentés, la circulation de l'information et la capacité de tirer parti d'opportunités fugaces, la spécificité des rapports sociaux de production, constituent des critères essentiels de viabilité.

Si les pratiques extensives se révèlent adaptées à la mise en valeur des milieux difficiles, elles n'en constituent pas moins une source de dégradation, dès lors que certaines conditions de viabilité ne sont plus remplies. Dans le Sahel, l'accroissement de la population et du cheptel, en conjonction avec des épisodes de sécheresse successifs, s'est traduit par une pression excessive sur les écosystèmes, des phénomènes de surpâturage chronique, un fléchissement de la capacité productive des terres, précipitant les déséquilibres entre des besoins en expansion et des ressources de plus en plus rares. Compte tenu du poids des contraintes, la marge de manœuvre des acteurs apparaît le plus souvent trop étroite pour contrarier ces dysfonctionnements par des innovations significatives.

Plusieurs des textes rassemblés dans cette partie concernent l'élevage pastoral et ses rapports avec l'agriculture, dans les régions aride du Burkina Faso et sub-aride du sud-ouest de Madagascar. Ils rendent compte des pratiques et stratégies paysannes adoptées en situation de risque climatique élevé, ainsi que du problème de durabilité de ces systèmes d'exploitation du milieu.

Le dernier article synthétise les acquis du programme de recherche pluridisciplinaire réalisé dans le sud-ouest malgache, qui s'est construit autour d'une question environnementale majeure pour cette région en particulier et le pays dans son ensemble : la déforestation. Lorsque se conjuguent un environnement économique attractif pour une production (le maïs), un contexte de saturation foncière poussant à la conquête de nouveaux espaces, des techniques de culture extensive éprouvées depuis longtemps, une absence de contrôle public effectif sur la protection des ressources naturelles, alors peuvent s'exprimer des dynamiques pionnières de grande ampleur, dans lesquelles la différenciation économique et sociale joue un rôle moteur. La culture sur abattis-brûlis, loin d'être la survivance d'un passé révolu, prouve son indéniable capacité à s'adapter à un contexte d'économie de marché, et le cumul des actions individuelles, qui reposent sur la mobilisation de moyens pourtant dérisoires, entraîne en peu de temps des conséquences environnementales désastreuses et irréversibles.

Les travaux entrepris ont peu à peu permis de décrypter les manifestations, causes et effets de la déforestation. Par-delà la mise en relation directe des pratiques observables et de leurs conséquences sur le milieu, il convenait d'élargir la problématique de recherche, en s'interrogeant sur les motivations des comportements d'acteurs, la périodisation des phénomènes et leur transcription spatiale. D'abord attachés à des questions spécifiques à leurs disciplines (écologie, agronomie, géographie), à différentes échelles d'investigation appropriées, les chercheurs se sont trouvés en situation de complète coopération lorsqu'il s'est agi de recomposer les faits en termes d'organisation territoriale et de réfléchir aux perspectives de changement ultérieures et aux modalités d'action possibles. Les outils d'analyse et de modélisation spatiales ont joué un rôle essentiel, à la fois pour la pratique interdisciplinaire, la mise en forme des connaissances et la possibilité de leur transfert aux communautés locales et aux instances du développement régional.

À PROPOS DES RESSOURCES RENOUVELABLES EN AGRICULTURE : QUELQUES RÉFLEXIONS D'AGRONOME

L'agriculture a en grande partie été écartée du champ de l'action incitative DURR[1]. Une telle option apparaît raisonnable et pertinente, dans la mesure où il était souhaitable de ne pas diluer les questions vives de DURR dans une problématique par trop englobante. Il reste que ceux qui s'intéressent à l'activité agricole comme objet de recherche ne peuvent que se sentir concernés de près par ces questions, et stimulés par l'invitation qui leur est ainsi faite de modifier quelque peu leur grille de lecture de la réalité.

On peut succinctement regrouper quelques réflexions en trois points :

– Préciser la notion de ressource renouvelable en agriculture.

– Poser le problème de l'artificialisation du milieu, qui conduit à reconnaître la diversité des agricultures.

– Élargir le propos au niveau des systèmes de production et à celui de la gestion des espaces ruraux.

LA NOTION DE RESSOURCE RENOUVELABLE EN AGRICULTURE

Par définition, l'agriculture se caractérise par une emprise de l'homme sur le milieu qui dépasse l'action de prélèvement. Par rapport à la cueillette, l'agriculture consiste à maîtriser les processus de renouvellement (reproduction) du matériel végétal et à transformer ses caractéristiques (domestication). Mais elle a aussi pour fonction de concentrer sur des espaces limités ce qui était naturellement dispersé. Les notions de surface et de peuplement végétal sont de ce fait centrales pour l'agronome.

Le concept de ressource est inséparable de l'idée d'utilité, et l'on est donc conduit à se demander en quoi et pour qui une ressource est utile. Si l'on parle de ressource renouvelable, on ne peut en outre pas échapper à la question de savoir quels sont les mécanismes de son renouvellement. Partant de ces remarques, il est possible de distinguer plusieurs catégories de ressources en agriculture :

– Les ressources qui interviennent dans les processus biologiques d'élaboration de la production végétale. On distingue souvent (d'après MEYERSON) *facteurs* et *conditions*. Les facteurs *stricto sensu* sont définis comme les éléments susceptibles de modifier un phénomène et qui rentrent dans la constitution de ses effets, tandis que les conditions sont les éléments susceptibles de modifier l'influence des facteurs s.s. Ainsi,

---

[1] En grande partie seulement puisque le thème de la jachère, qui est d'abord et avant tout une pratique agricole, semble pleinement reconnu comme un objet scientifique relevant de l'action incitative.

Séminaire DURR (Dynamique et Usage des Ressources Renouvelables), ORSTOM, Montpellier, 1993, 5 p.

les éléments nutritifs (C, N, P, K...) rentrent dans la catégorie des facteurs, la matière organique et la structure du sol dans celle des conditions, alors que l'eau a le double statut.

Ces éléments sont renouvelés, soit naturellement, soit par apport exogène, le processus de renouvellement étant d'ailleurs souvent mixte.

Les agronomes définissent l'*état du milieu* comme la configuration, à un instant donné, du système combinant l'ensemble de ces éléments. Le milieu change d'état sous l'impact de phénomènes naturels (tels que le climat) et des techniques de l'agriculteur.

– Les ressources que l'économiste a coutume d'appeler des *facteurs de production*[2] terre, travail, capital, moyens techniques. C'est à l'échelle du système de production que ces ressources prennent un sens et que l'on peut y discuter de leur plus ou moins grande rareté, de leur accessibilité et des voies et modalités de leur renouvellement.

– À un niveau intermédiaire, on trouve des éléments qui, résultant de la production elle-même, ou prélevés tels quels dans le milieu, sont réincorporés dans le processus productif : les semences s.l. (graine, bouture, fragment de tubercule...), l'animal en tant qu'agent de reproduction, la production fourragère (ressource pour la production animale), la matière organique (fumure animale, résidus de culture...) restituée au sol.

– Le (ou les) produit(s) récolté(s) enfin, dont la valorisation participera au renouvellement des facteurs de production.

On le voit, la notion de ressources en agriculture se réfère à des niveaux multiples et recouvre des éléments variés en interrelations.

S'agissant des ressources renouvelables en agriculture, on ne peut pas ne pas évoquer la question de la *fertilité*. Notion particulièrement valorisée sur les plans idéologique et culturel (SEBILLOTTE), la fertilité est inséparable de l'idée de repos, de reconstitution de forces. On en parle souvent comme d'un capital, d'un réservoir qui se vide progressivement au fur et à mesure de l'exploitation du milieu, et dont il faut périodiquement rétablir le niveau grâce à des apports exogènes ou à des périodes de repos (jachère), en laissant alors jouer les processus de reconstitution naturels.

L'appréciation de la fertilité consiste en une représentation d'un état global des ressources naturelles. Elle traduit, pour l'activité agricole, la *capacité à produire d'un milieu*, formulation qu'il est sans doute préférable de lui substituer. Trois remarques s'imposent à propos de cette notion :

— elle inclut l'existence d'éléments exerçant une influence négative sur les processus d'élaboration de la production : toxicité d'éléments minéraux ou de substances organiques en trop forte concentration dans le sol, pression parasitaire, compétition exercée par les adventices sur les plantes cultivées... Autrement dit, « restaurer la fertilité » consiste autant à supprimer ou limiter des nuisances qu'à combler des manques. Le rôle joué par la jachère dans le contrôle de l'enherbement en constitue un bon exemple.

– on ne peut en parler dans l'absolu. Un « niveau de fertilité » n'a de sens qu'indexé à des finalités et à des objectifs de production ainsi qu'à des moyens techniques disponibles et à des niveaux de productivité des différents facteurs de production. C'est dans cet esprit que les agronomes ont introduit et précisé les notions de *potentialité* et d'*aptitude culturale* (BOIFFIN et SEBILLOTTE).

---

[2] Le système de production étant avant tout défini comme une combinaison de facteurs de production ou une « combinaison de ressources pour produire » (FILLONNEAU).

– la fertilité d'un milieu cultivé est en partie construite par l'activité agricole elle-même. Elle ne doit pas être considérée comme une caractéristique intrinsèque du milieu, ni dans ce qu'elle est à un moment donné, ni dans ce qui préside à son renouvellement.

AGRICULTURE ET ARTIFICIALISATION DES MILIEUX

Toute forme d'activité agricole conduit à une artificialisation plus ou moins poussée du milieu. Mais il est bien évident que l'on ne peut parler de l'agriculture en général. Il faut se référer à des agricultures ou, mieux, à des systèmes de culture, c'est-à-dire à des modalités particulières de mise en valeur du milieu. En terme de manipulation de l'écosystème, il y a un continuum allant de la cueillette à la culture hors sol et la culture sous serre, qui consiste, progressivement, à se rendre maître (et de plus en plus fortement) d'un nombre croissant de paramètres du milieu. Cette maîtrise de plus en plus poussée, qui conduit notamment à réduire l'impact des fluctuations imprévisibles de l'environnement, s'inscrit généralement dans un processus d'intensification, entraînant l'obtention de niveaux de rendements à la fois plus élevés et plus stables.

Deux extrêmes s'opposent fortement :

– d'un côté, des modes de mise en valeur agricole qui reposent sur une forte *adaptation* aux conditions du milieu, très dépendants de leurs fluctuations. Ils supposent un *savoir écologique* approfondi (connaissance des possibilités et des contraintes du milieu), ne requièrent pas de lourds moyens techniques, et leur variabilité résulte du faible coût de mise en œuvre des techniques (peu de travail à l'unité de surface, quantités limités d'intrants...). Ils sont le plus souvent qualifiés d'*extensifs* et reposent sur l'accès à un espace peu limitant.

– de l'autre côté, des systèmes privilégiant l'*artificialisation*, fondés sur un savoir technologique élaboré, exigeant en moyens techniques et/ou en travail. Le risque existe toujours, mais il s'est largement déplacé (en ce qui concerne la source du risque) du domaine écologique au domaine économique, en raison des coûts élevés qui affectent le processus de production. De tels systèmes sont généralement qualifiés d'*intensifs*.

Si la distinction entre ces extrêmes apparaît clairement, il faut s'empresser d'ajouter qu'il serait délicat et simpliste de prétendre classer l'ensemble des systèmes agricoles sur un tel gradient. Tout système combine bien entendu des critères d'adaptation et d'artificialisation. On voit de plus des modes de mise en valeur très extensifs faire appel à des moyens techniques sophistiqués. Inversement, une transformation profonde de l'écosystème peut résulter de manipulations essentiellement biologiques et créer une diversité de même ordre que celle du milieu non aménagé. C'est le cas de certains types d'agro-forêts indonésiennes (MICHON). La distinction entre cueillette et agriculture n'est d'ailleurs pas toujours tranchée : exemples de cueillette sur vieilles plantations, plus ou moins abandonnées, ou du saignage de l'hévéa, complanté avec le riz pluvial sur défriche-brûlis en Indonésie, une dizaine d'années après la plantation (LEVANG). Enfin certains systèmes agro-forestiers, tels que la culture sous parc en Afrique de l'Ouest, combinent agriculture et cueillette sur le même espace.

Une question majeure est évidemment de savoir pourquoi et comment des agricultures évoluent dans un sens d'artificialisation croissante. Ph. COUTY estime que la théorie de BOSERUP permet d'éclairer ce problème, à condition de la rapprocher de la théorie de l'innovation. Il n'est pas question de discuter ici de cette thèse. Constatons simplement que dans certains milieux, où le poids des contraintes est sévère, les systèmes agricoles « adaptatifs » semblent avoir la plus grande difficulté à évoluer vers des formes significativement plus productives, et ce d'une façon durable. La région sahélienne en constitue un bon exemple, hors des portions d'espace où les possibilités d'irrigation permettent cette intensification.

Pour en rester aux systèmes peu artificialisants, largement répandus dans les zones tropicales, on peut très schématiquement représenter différents cas de figure, en situant l'intervention de l'homme (l'action technique) et en précisant l'intensité de celle-ci.

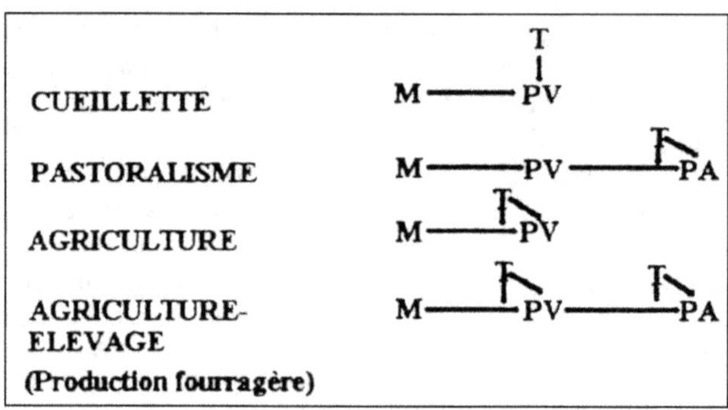

M : paramètres du milieu biophysique
PV : production végétale
PA : production animale
T : actions techniques
———— : processus d'élaboration de la production

L'intensité de l'action de l'homme peut s'apprécier à travers telle ou telle intervention technique, ou par le degré de complexité des itinéraires techniques pratiqués :

— ainsi, en matière de niveau de domestication de la plante et de maîtrise du renouvellement de la ressource génétique, il y a un saut qualitatif évident entre le mil et le maïs hybride.

— pour quelques cultures pluviales, on peut identifier des itinéraires techniques plus ou moins complexes, tels qu'ils sont habituellement pratiqués :

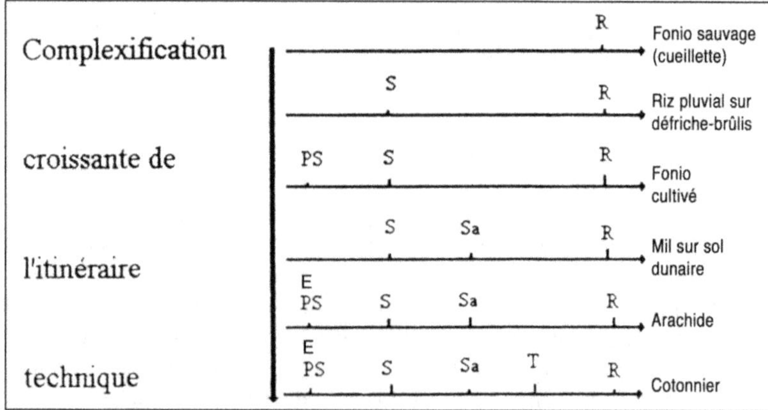

(PS : préparation du sol, E : apport d'engrais, S : semis, Sa : sarclage
T : traitement phytosanitaire, R : récolte)

Systèmes de production, gestion des espaces ruraux et ressources renouvelables

Les facteurs de production (terre, travail, capital, moyens techniques) sont combinés au niveau de l'unité de production (ou exploitation agricole). Leur disponibilité, les conditions et les règles qui président à leur accessibilité et à leur mobilisation, les modalités de leur renouvellement, orientent fortement les choix d'un agriculteur. Il s'agit bien de ressources, au plein sens du terme. Parmi celles-ci, seule la terre peut en première analyse être assimilée à une ressource « naturelle ». Mais son utilité et sa valeur sociales dépassent largement le cadre du processus de production agricole. Le problème foncier est au cœur des recherches sur les systèmes de production et les systèmes agraires.

Un système de production donné peut combiner des modes d'exploitation du milieu différenciés. Ainsi, au Sahel, peuvent coexister une agriculture céréalière extensive, une agriculture intensive de bas-fond ou de périmètre irrigué, des activités de cueillette plus ou moins régulières, un élevage pastoral, un élevage d'embouche en stabulation... Si l'on s'intéresse au comportement des acteurs, il faut bien admettre que la cohérence ne peut être que globale, et se donner les moyens de rendre compte de ces différents modes d'exploitation du milieu, ainsi que de leur intégration au sein du système de production.

Le problème est de même nature à l'échelle plus large d'une communauté rurale et de l'espace qu'elle utilise. Des portions d'espace sont affectées préférentiellement à telle ou telle activité, mais ces facettes paysagiques sont rarement autonomes. Des flux les relient, et leur délimitation n'est pas toujours stable. C'est ainsi qu'en région sahélienne le domaine cultivé « bascule » dans l'espace pastoral (assorti couramment d'un droit de vaine pâture) dès la récolte des épis, et qu'il bénéficie, grâce aux animaux, d'une concentration d'éléments prélevés sur l'espace pastoral. La recherche est invitée à comprendre de tels systèmes dans leur complexité. D'autant que le monde du développement affiche des objectifs d'action de plus en plus intégrés, tout particulièrement en termes de gestion des espaces ruraux et de durabilité.

Nous sommes donc confrontés à une double exigence :

– celle de mieux prendre en compte que par le passé, dans nos recherches en milieu rural, les modes d'utilisation des ressources renouvelables, dans le sens où nous y invite l'action incitative DURR.

– celle de ne pas les dissocier d'autres modes d'exploitation du milieu, avec lesquels ils coexistent bien souvent, et avec lesquels ils forment alors systèmes.

ACTIVITÉS AGRO-PASTORALES ET ALÉA CLIMATIQUE EN RÉGION SAHÉLIENNE

L'Oudalan, région la plus septentrionale du Burkina Faso, appartient à la zone sud-sahélienne. Si les caractères d'aridité y sont très marqués, la pluviométrie est néanmoins suffisante pour qu'une agriculture pluviale extensive coexiste avec un élevage semi-nomadisant. Par la nature du substrat édaphique et des formations végétales qui y sont implantées, par l'histoire récente de son peuplement, l'Oudalan témoigne en outre d'une forte diversité au sein d'un espace relativement réduit où se trouvent de fait rassemblés de nombreux types de paysages et de modes d'exploitation du milieu caractéristiques du Sahel dans son ensemble (BARRAL 1977).

Les conditions climatiques d'une telle zone sont bien connues. Une saison des pluies de trois à quatre mois, centrée sur juillet et août, succède à une longue saison sèche et plus particulièrement à une période où les températures maximales quotidiennes dépassent régulièrement 40°C. Les premières averses sont essentiellement orageuses, sporadiques, souvent fragmentées dans le temps, et correspondent à l'avancée fluctuante vers le nord du front intertropical. Même lorsque l' « hivernage » est réellement installé, des périodes prolongées d'interruption des pluies ne sont pas rares, et l'arrêt des précipitations intervient au cours des mois de septembre ou d'octobre lors du retrait du front vers le sud. L'ETP (évapotranspiration potentielle), même au cours de la saison pluvieuse, excède largement la pluviométrie.

La pluviométrie annuelle, de l'ordre de 350 à 400 mm en moyenne, est affectée d'une forte variabilité interannuelle. Celle-ci concerne encore beaucoup plus les caractéristiques du déroulement de l'hivernage : dates de début et d'arrêt des pluies, nombre de jours de pluies, situation et durée des périodes déficitaires, intensité des précipitations... S'y ajoute une forte hétérogénéité spatiale de l'eau disponible pour la végétation, liée d'une part à la variabilité de la répartition des pluies dans l'espace, et d'autre part et surtout à celle du ruissellement, compte tenu de la grande diversité des états de surface des sols de cette région (CHEVALLIER *et al.* 1985).

Or le déterminisme des disponibilités en eau sur la production végétale est fort, qu'il s'agisse des cultures céréalières (réussite de l'installation du peuplement végétal, calage du cycle, satisfaction des besoins en eau à des stades critiques du développement de la plante) ou des pâturages naturels à base d'espèces annuelles qui constituent l'essentiel des ressources fourragères locales. Pour ceux-ci une relation linéaire a été établie entre la « pluie efficace » (fraction infiltrée de la pluviométrie) et la phytomasse herbacée (SICOT et GROUZIS 1981 ; GROUZIS 1987).

L'agriculture et l'élevage s'exercent donc habituellement dans un contexte de grande incertitude climatique. La longue succession d'années déficitaires que vient de connaître l'ensemble de la région sahélienne n'a pas épargné l'Oudalan, révélant avec force les comportements adoptés face aux aléas et aux situations de pénurie, mais également le poids des contraintes et les limites imposées par un écosystème en crise.

PRATIQUES ET STRATÉGIES ADAPTATIVES

Si les aléas et les insuffisances pluviométriques font subir des risques évidents aux activités agricoles et pastorales, les pratiques mises en œuvre témoignent de la perception de ces conditions de milieu et tentent, par diverses voies, d'atténuer l'impact défavorable des perturbations de l'environnement.

Bien qu'exclusivement manuelles, les techniques culturales apparaissent adaptées à la mise en valeur agricole de grands espaces dans un contexte d'aléas climatiques élevés. La culture du mil (*Pennisetum typhoides*) occupe préférentiellement les sols sableux profonds de l' « erg ancien » et du pourtour de certains massifs rocheux. Dans ces sols très filtrants à faible capacité de rétention, le temps disponible pour le semis après une pluie d'une vingtaine de millimètres est réduit, d'autant qu'en tout début d'hivernage le pouvoir évaporant de l'air reste intense. L'agriculteur ne dispose généralement que de un ou deux jours pour réaliser cette opération. Or assurer une implantation précoce de la culture constitue le plus souvent en milieu sahélien une condition impérative d'obtention d'un niveau de rendement appréciable. Il importe donc de tirer au mieux parti des premières pluies utiles, par ailleurs fréquemment fragmentées dans le temps et inégalement distribuées dans l'espace. Autrement dit, un semis précoce se trouve *a priori* affecté d'une espérance de rendement élevé, mais en contrepartie d'une forte incertitude quant à la réussite d'implantation du peuplement végétal. La technique de semis doit donc être d'exécution rapide et de coût limité, de manière à minimiser les conséquences d'un échec d'autant plus probable que le semis est plus précoce. Conditions parfaitement remplies puisque cette opération, réalisée sans travail du sol préalable, ne requiert qu'une très faible quantité de semences (3 à 4 kg/ha) et de travail (8 à 9 heures/ha). La technique se déroule en deux temps : creusement des trous de semis à l'aide d'une houe-pioche légère abaissée latéralement tous les deux pas au rythme de la marche (soit 5 à 6 000 poquets par ha), puis semis proprement dit consistant, en position debout, à laisser tomber une pincée de grains dans chaque trou, comblé et tassé ensuite rapidement à l'aide du pied. Tout le potentiel de main-d'œuvre familiale, jeunes enfants compris, est mis à contribution si nécessaire à cet effet, pendant un bref laps de temps. Quatre personnes travaillant ensemble peuvent ainsi, après une pluie, semer une parcelle de 2,5 ha (taille moyenne d'une parcelle de mil) dans la journée.

On comprend que l'agriculteur, dans ces conditions, se hasarde à semer dans des situations très incertaines et marginales. C'est ainsi que l'on a pu assister, en 1978, au semis généralisé du mil à l'occasion d'une première pluie exceptionnellement précoce, le 26 avril (12 à 35 mm suivant les sites). Pari perdu, puisqu'il a fallu attendre le 6 juin, soit 41 jours, pour enregistrer une seconde pluie supérieure à 5 mm, et que toutes les plantules avaient dépéri entre temps. D'une manière générale, des semis et resemis successifs sont effectués en début de saison à l'occasion des différents épisodes pluvieux, et ceci jusqu'à des dates parfois très avancées, avec alors l'espoir que le mil parviendra à maturité grâce à une fin tardive de la saison des pluies.

Le grand nombre de grains semés par poquet (70 en moyenne), leur étagement dans les dix premiers centimètres du sol, contribuent en outre à accroître les chances de levée puis de survie de quelques plantules au moins dans des conditions non prévisibles d'évolution ultérieure de l'état hydrique des horizons superficiels. L'agriculteur module enfin sa technique en fonction des caractères du milieu, préférant par exemple attendre l'installation régulière des pluies pour semer les plages de sol battu, les parcelles en position ruisselante de piémont, ainsi que les zones de concentration de la fumure animale.

Réalisé à l'aide d'un outil manuel à grand rendement, l'iler, manié en position debout et parfaitement adapté au travail des sols sableux, le sarclage est d'exécution relativement rapide, surtout si on le compare au travail à la houe des régions plus méridionales. Deux passages sont généralement effectués, à raison de 75 heures de travail effectif par passage et par hectare en moyenne.

Au total, on le voit, des itinéraires techniques extrêmement simples, ne faisant pas appel aux intrants, peu exigeants en travail, et artificialisant très peu le milieu, permettent la mise en culture de surfaces étendues : 2 ha environ par actif, 0,73 ha par habitant.

L'adaptation des pratiques aux conditions de milieu s'impose de façon encore plus marquante dans le domaine de l'élevage, tout particulièrement à propos des modes de conduite adoptés pour assurer l'alimentation et l'abreuvement du bétail (BARRAL 1977; BENOIT 1984 ; MILLEVILLE *et al.* 1982).

Activité de cueillette par animal interposé, l'élevage sahélien demeure en effet totalement tributaire de la localisation des pâturages et de celle des points d'eau qui en conditionne l'accès. Or les ressources fourragères, quantitativement et qualitativement, sont extrêmement dispersées dans l'espace et fluctuantes dans le temps. La recherche conjointe du fourrage et de l'eau met en œuvre des pratiques pastorales diversifiées, fondées sur une mobilité de plus ou moins grande amplitude et sur une adaptation des rythmes quotidiens et saisonniers à la distribution des disponibilités alimentaires.

La strate herbacée, qui représente l'essentiel des ressources fourragères du cheptel bovin, est constituée presque exclusivement d'espèces annuelles à cycle court. Dès le mois de septembre, le stock fourrager de saison sèche est en place et décroît ensuite progressivement, de manière centrifuge à partir des points d'eau disponibles, et d'autant plus rapidement que la charge en bétail est élevée. Au fur et à mesure de l'avancée de la saison sèche, les troupeaux bovins doivent ainsi s'éloigner de plus en plus des points d'eau pour accéder au pâturage encore disponible. Après un début de saison sèche où le pâturage existe à proximité immédiate des points d'eau et est accessible grâce à des déplacements quotidiens limités, se succèdent des rythmes fondés sur un allongement progressif de l'intervalle de temps séparant deux abreuvements consécutifs : un, deux, voire trois jours lors de fins de saison sèche particulièrement critiques comme en 1980. Ces rythmes de plus en plus contraignants pour le bétail sont adoptés d'autant plus tôt que le stock fourrager initial est réduit, c'est-à-dire que les conditions pluviométriques de l'hivernage précédent étaient défavorables. Les années de sécheresse très sévères verront quant à elles se déclencher plus ou moins tôt des mouvements de fuite exceptionnels de grande amplitude vers des zones moins défavorisées, ou se généraliser la vente des animaux les plus affaiblis. Si l'incidence des conditions climatiques est stricte, l'état et la répartition spatiale des ressources fourragères de saison sèche peuvent être appréciés dès avant l'arrêt des pluies et les éleveurs ont donc la faculté d'envisager précocement les mesures à prendre pour limiter les risques d'éventuelle pénurie.

Les premières pluies, généralement très sporadiques, surviennent à une période où les disponibilités fourragères sont au plus bas. Une réponse immédiate à ces nouvelles conditions de milieu s'impose, et des mouvements de transhumance permettent alors de gagner des pâturages éloignés que l'absence de points d'eau rendait jusque là inaccessibles. Grâce à ces mouvements, par nature très conjoncturels et opportunistes, souvent de courte durée, et qui précèdent les transhumances d'hivernage proprement dites, les troupeaux retrouvent en extrême fin de saison sèche, c'est-à-dire à l'époque la plus critique de l'année, des conditions d'alimentation favorables et rompent avec les rythmes quotidiens épuisants qui leur étaient jusqu'alors imposés.

Les moyens mis en œuvre pour limiter l'effet, direct ou indirect, des aléas et des insuffisances de la pluviosité, ne relèvent pas que des caractéristiques et du fonctionnement des systèmes de culture et d'élevage, ni du seul domaine technique. En particulier, la coexistence de différentes activités au sein des systèmes de production joue un rôle de régulation essentiel. La plupart des unités de production combinent, à des degrés divers, l'agriculture et l'élevage, qui concourent à la satisfaction des besoins alimentaires et monétaires. Une mauvaise campagne céréalière ne correspond pas forcément à une mauvaise année fourragère, et la complémentarité entre ces deux activités de production contribue à atténuer les risques de pénurie : consommation préférentielle de produits lactés durant l'hivernage et le début de saison sèche, commercialisation du bétail pour permettre l'achat de mil et d'autres biens de consommation, ou inversement vente d'éventuels surplus céréaliers pour rééquilibrer la structure ou accroître la taille des troupeaux (bovins et petits ruminants). La fonction d'épargne, de capital sur pied, qu'assument ceux-ci s'avère en effet décisive et recherchée par tous à des fins sécuritaires, même si le cheptel contrôlé par les différents groupes sociaux varie de fait dans des proportions très larges, rendant cette fonction plus ou moins bien assurée. La cueillette de végétaux spontanés (grains de *Panicum laetum*, de *Cenchrus biflorus*, bulbes de *Nymphaea lotus*...), pratique habituelle ou plus ou moins exceptionnelle, permet de diversifier les rations alimentaires, aide à franchir les périodes critiques de soudure alimentaire ou limite la ponction dans les greniers. Quant à la migration de saison sèche (migration de travail à Abidjan notamment), dont l'ampleur varie largement en fonction des conditions de l'année, elle permet l'acquisition de revenus monétaires hors de l'Oudalan tout en réduisant la pression exercée sur les ressources locales. La coexistence, au sein des unités familiales, de plusieurs activités de production, représente à l'évidence un facteur d'autonomie et de régulation de systèmes de production inscrits dans un environnement instable et soumis à des fluctuations climatiques fortes et imprévisibles.

À l'échelle de l'ensemble régional, la diversité des unités de production semble enfin jouer dans le même sens, celui de la cohérence d'un système agraire complexe qui, associant des systèmes de production à orientations préférentielles contrastées, introduit des règles de fonctionnement global et des pratiques de complémentarité et de réciprocité susceptibles de limiter les risques. On peut citer à ce propos les relations économiques et techniques qui s'établissent entre cellules de production à dominante agricole ou pastorale à l'occasion de « contrats » de fumure des champs ou de confiage du bétail. Cela dit, il serait aussi caricatural d'opérer une distinction tranchée entre des « agriculteurs » et des « éleveurs » que de faire référence à un système de production sahélien stéréotypé. La réalité, plus nuancée, témoigne d'une large palette de situations individuelles en interrelation plus ou moins forte.

Au vu de ce rapide examen, les voies empruntées pour atténuer les risques apparaissent donc multiples et le plus souvent d'ailleurs non exclusives les unes des autres. Un premier ensemble de réponses repose sur une complémentarité liée à la diversité. Diversité du milieu biophysique en premier lieu, dont tirent parti les activités agricoles et pastorales, témoignant sur ce plan d'une extrême adaptabilité : exploitation modulée de facettes de paysages à aptitudes et contraintes différenciées, mobilité permettant d'accéder à des ressources très dispersées dans l'espace. Diversité constitutive, produit de l'activité elle-même d'autre part, et opérante à différents niveaux spatiaux ou organisationnels. Un autre ensemble de réponses réside dans le caractère extensif des systèmes d'exploitation du milieu : la rusticité du « matériel » végétal et animal, la faiblesse des coûts de mise en œuvre des techniques, la rapidité de réponse à l'événement dans un contexte dominé par l'incertitude et la fugacité des phénomènes, confèrent à ces systèmes une grande flexibilité et une capacité indéniable à s'accommoder des aléas et des contraintes climatiques. Comportements qui se traduisent par contre par une maîtrise dérisoire du milieu et par de médiocres performances en terme de productivité.

CRISE ET VULNÉRABILITÉ

L'efficacité des pratiques et des stratégies précédentes suppose que deux conditions principales soient remplies.

La première concerne les droits et les règles d'accès à l'espace. Ces droits doivent favoriser la mobilité des hommes et du bétail, permettant ainsi de tirer parti de la dispersion des ressources disponibles. Si l'espace agricole, nécessairement fixé, fait l'objet de droits d'usage individualisés, l'espace pastoral (qui englobe d'ailleurs le précédent durant la saison sèche) est ouvert, d'accès libre, et l'éleveur ne se trouve, en première analyse tout au moins, limité dans ses possibilités de déplacement et de fréquentation des parcours que par les contraintes qu'il accepte de supporter. En fait cette liberté n'est pas totale, car certains groupes sociaux bénéficient plus ou moins tacitement de droits préférentiels sur des portions d'espace et l'utilisation des puits et des puisards (qui conditionne directement l'accès à certains pâturages en saison sèche) est directement dépendante du bon vouloir de ceux qui les contrôlent.

La seconde condition est relative à la pression exercée par l'homme sur le milieu. Compte tenu de la faiblesse des ressources disponibles, de leur variabilité, et de l'extensivité des systèmes d'exploitation, cette pression doit être nécessairement légère. D'abord pour que le niveau des prélèvements ne mette pas en péril le renouvellement de ces ressources, ensuite pour que les besoins essentiels devant être couverts localement puissent l'être même dans des conditions pluviométriques défavorables, c'est-à-dire de relative pénurie céréalière et/ou fourragère. Autrement dit, la viabilité des systèmes agropastoraux sahéliens repose sur une sous-exploitation des ressources du milieu.

Or ces conditions sont loin d'être actuellement remplies, et un constat de crise affectant l'écosystème dans son ensemble s'impose. L'accroissement continu de la population (environ 2 % par an, les densités démographiques actuelles étant de l'ordre de 7 à 10 habitants au km^2) aboutit en effet, compte tenu de l'impact des récentes années de sécheresse et de la nature des pratiques de mise en valeur du milieu, à une dégradation de celui-ci qui, dans certains cas, peut être considérée comme irréversible.

Les surfaces cultivées se sont étendues au même rythme que celui du croît démographique, notamment aux dépens de sols à aptitude agricole souvent marginale (erg récent, à texture plus grossière que l'erg ancien ; situations de piémonts sensibles au ruissellement et à l'érosion) ou de bas-fonds boisés qui constituent traditionnellement le pâturage de choix en saison des pluies. Dans la plupart des anciennes zones de culture sur sol dunaire, la jachère tend à disparaître totalement, et l'espace cultivable est en voie de saturation complète. Globalement les systèmes de culture perdent de leur efficacité, les rendements décroissent, les sols de piémont se dégradent (décapage du revêtement sableux, accentuation du ruissellement). Même lorsque les conditions pluviométriques s'avèrent satisfaisantes, l'autosuffisance céréalière n'est plus assurée et l'Oudalan fait chroniquement appel à l'importation de mil ou de sorgho en provenance de régions à dominante plus agricole, ou bénéficie plus ou moins massivement des aides alimentaires extérieures.

Le cheptel s'accroît également, même si les sécheresses prononcées jouent un rôle certain de régulation des effectifs. L'espace pastoral se trouve saturé et la dégradation des parcours s'amplifie, atteignant dans certaines situations sensibles un point de non retour. Comme pour les sols cultivés des piémonts, la disparition progressive de la végétation ligneuse et herbacée sur les glacis s'accompagne de celle du voile sableux et d'un accroissement du ruissellement qui ne peut qu'accentuer les effets d'un déficit pluviométrique éventuel. La réduction des disponibilités fourragères aggrave évidemment le déséquilibre entre la charge et les ressources, et la dégradation du milieu s'accélère. Les pratiques pastorales tendent elles aussi à se détériorer. Hors circonstances exceptionnelles, la mobilité du bétail diminue. La taille réduite de nombreux troupeaux ne justifie plus le recours à des transhumances longues et lointaines et durant la saison sèche le bétail se trouve, excepté dans l'extrême ouest de l'Oudalan, bloqué dans des portions d'espace limitées autour des points d'eau, rendant sans objet l'adoption de rythmes de conduite contraignants mais efficaces. Dans certains groupes, l'absence du gardiennage se généralise.

La dégradation conjointe du milieu et des pratiques explique que l'efficacité des systèmes agro-pastoraux se réduit en même temps que s'accroît leur vulnérabilité à toute agression de l'environnement. Les besoins alimentaires sont de plus en plus mal couverts par les deux activités de production principales, et le recours à des palliatifs de survie s'impose tandis que s'amplifie le mouvement de migration lointaine, véritable hémorragie qui, dans certains groupes ethniques, élimine de l'Oudalan près de huit mois par an la quasi totalité de la force de travail masculine.

La sécheresse joue bien entendu dans un tel contexte un rôle d'amplificateur, agissant en synergie avec les autres phénomènes et révélant, parfois dramatiquement, la situation de crise larvée préexistante. Des seuils de rupture sont atteints, affectant à la fois l'environnement et les systèmes de production les plus fragilisés. L'impact de l'aléa, de l'accident, se révèle tout à fait dépendant de l'état d'ensemble de l'écosystème qu'ils affectent. L'accentuation de certains contraintes déplace les seuils de vulnérabilité et réduit les capacités de réponse, rendant inefficaces certaines pratiques sécuritaires qui jusque là avaient pourtant fait leurs preuves.

Le constat de crise qui peut être dressé à l'échelle de la région tend à masquer la grande diversité des situations, témoignant de la coexistence de systèmes plus ou moins vulnérables et ne subissant pas les mêmes contraintes aux mêmes degrés. Certaines portions d'espace sont plus saturées que d'autres et le stade de dégradation des différents milieux est plus ou moins avancé. Les divers types de systèmes de production ont quant à eux subi de façon très contrastée les épisodes de sécheresse de ces quinze dernières années, qui semblent bien avoir accru la diversité et la disparité dans l'ensemble régional. Dans un espace de plus en plus saturé, en voie de dégradation rapide, les relations de concurrence et d'antagonisme tendent par ailleurs à prendre le pas sur les liens de solidarité et de complémentarité (entre cellules de production et entre secteurs d'activité).

Cette évolution régressive globale contredit, dans le cas évoqué, la thèse de BOSERUP selon laquelle l'accroissement démographique constituerait un moteur de l'innovation et de l'intensification. Loin de se transformer dans un sens de productivité accrue, les pratiques se détériorent, accélérant ainsi les processus de dégradation du milieu. Les stratégies individuelles, bien que rationnelles, s'avèrent en outre de plus en plus contradictoires avec ce qui apparaît souhaitable, sinon prioritaire, à l'échelle régionale. L'accroissement du cheptel l'illustre bien, l'exploitation d'un troupeau de fort effectif représentant pour l'éleveur un gage de satisfaction des besoins et de limitation des risques, mais induisant au niveau de l'espace des phénomènes de surcharge et de dégradation du milieu. Les conditions changeant, la stratégie sécuritaire devient contrainte et source de nouveaux risques.

CONCLUSION

L'histoire ne se répète pas, et le retour même prolongé de conditions climatiques satisfaisantes ne suffira pas à régler les problèmes de cette région. Tout au plus les masquera-t-il à nouveau quelque temps. Les capacités d'accueil et de production du milieu se sont considérablement réduites. Les pratiques elles-mêmes se sont détériorées, les systèmes d'exploitation du milieu ont perdu de leur efficacité. Le champ du possible s'est contracté pour tous les habitants, pour toutes les unités de production. Les réponses apportées à la crise relèvent dans une large mesure de tactiques très conjoncturelles et de comportements de fuite. La nécessité se fait en effet de plus en plus sentir de rechercher ailleurs ce que l'on ne peut plus trouver en quantités suffisantes dans la région elle-même. D'autant que la monétarisation de l'économie familiale s'accroît, que de nouveaux besoins apparaissent. Les pratiques et les stratégies qui avaient par le passé fait la preuve de leur efficacité ne peuvent plus être le fait que d'une minorité ; car pour la plupart les situations individuelles et les conditions de l'environnement rendent ces anciens comportements adaptatifs impossibles ou sans objet.

Si l'on écarte l'idée d'un délestage massif de cette zone, les voies à emprunter pour juguler la crise ne peuvent être que multiples et complémentaires. Restaurer une certaine aptitude à faire face à l'aléa suppose, dans l'état actuel des choses, que l'on relève également les niveaux de production pour les rendre plus en accord avec ceux des besoins exprimés. Tempérer les effets des variations interannuelles du climat et assurer la viabilité dans l'avenir des systèmes d'exploitation exige par ailleurs de restaurer puis de stabiliser certaines conditions du milieu. Il s'agit donc à la fois de faire évoluer les techniques de production, notamment dans un sens d'une économie et d'une meilleure valorisation des ressources rares (l'eau en particulier), et en outre d'agir sur le milieu pour enrayer des processus de dégradation et accroître des capacités productives. Ceci implique que les droits et les règles relatifs à l'utilisation des ressources et donc de l'espace soient reconsidérés à la lumière des conditions présentes et des nouvelles exigences que l'on se fixe.

Localement, les travaux de recherche réalisés dans le cadre du projet « Mare d'Oursi » et surtout les expérimentations et les actions de développement entreprises par le C.I.D.R. (Centre International de Développement et de Recherche, cf. PÉTILLON 1978 ; LE MASSON 1980 ; RONDOT 1987) montrent sans ambiguïté que des possibilités d'intensification existent. Les populations locales de mil manifestent, lorsque certaines améliorations techniques (telle la fertilisation minérale) sont adoptées, des capacités de rendement élevées. L'apport de compléments alimentaires peut permettre de limiter les risques de pénurie fourragère et d'améliorer significativement les taux de fécondité du bétail. Des aménagements légers et des techniques particulières de travail du sol peuvent limiter ou contrôler le ruissellement sur les versants et améliorer ainsi l'alimentation hydrique des plantes (cultivées ou spontanées). Des méthodes de régénération de milieux en voie de dégradation ont été testées avec succès (réinstallation sur les sols dégradés d'un peuplement végétal herbacé, implantation de ligneux). Par ailleurs, des expériences concluantes menées dans diverses situations du Sahel, par exemple dans la région de Gao au Mali (MARTY 1985) ont prouvé que de nouveaux modes de gestion de l'espace, de contrôle du milieu, pouvaient être imaginés et pris en charge par les sociétés agro-pastorales elles-mêmes.

Un tel ensemble d'innovations, on le voit, conduit d'une certaine manière à substituer aux solutions adaptatives anciennes des pratiques fondées sur la recherche d'une maîtrise et d'une artificialisation plus poussées du milieu. Il reste que l'ampleur des contraintes sahéliennes ne peut laisser espérer que des actions techniques locales suffiront à régler les problèmes qui se posent localement. D'autres mesures s'avèrent tout aussi nécessaires, en vue notamment de mieux tirer parti des complémentarités entre zones agro-écologiques différentes, à l'échelle de l'État et/ou d'un ensemble régional plus vaste.

BIBLIOGRAPHIE

BARRAL (H.), 1977 – *Les populations nomades de l'Oudalan et leur espace pastoral*. Trav. et Doc. ORSTOM, n° 77, 119 p.

BENOIT (M.), 1984 – *Le Seno-Mango ne doit pas mourir : pastoralisme, vie sauvage et protection au Sahel*. Mém. ORSTOM, n° 103, 143 p.

BERNUS (E.), 1967 – Cueillette et exploitation des ressources spontanées du Sahel nigérien par les Kel Tamasheq, *Cah. ORSTOM, sér. Sci. Hum.*, vol. IV, n° I : 31-52.

BOSERUP (E.), 1970 – *Évolution agraire et pression démographique*. Flammarion Éd., Paris, 218 p.

CHEVALLIER (P.), CLAUDE (J.), POUYAUD (B.), BERNARD (A.), 1985 – *Pluies et crues au Sahel : Hydrologie de la Mare d'Oursi (Burkina Faso 1976-1981)*. Trav. et Doc. ORSTOM, n° 190, 251 p.

GALLAIS (J.), 1975 – *Pasteurs et paysans du Gourma. La condition sahélienne*. Mém. du CEGET, CNRS, Paris, 239 p.

GROUZIS (M.), 1987 – Structure, productivité et dynamique des systèmes écologiques sahéliens (mare d'Oursi, Burkina Faso). Thèse d'État, Sciences naturelles, Université Paris Sud, 318 p. + ann.

LANGLOIS (M.), 1983 – Les sociétés agro-pastorales de la région de la mare d'Oursi. ACC Lutte contre l'aridité dans l'Oudalan, DGRST-ORSTOM, Ouagadougou, *multigr.*, 101 p.

LE MASSON (A.), 1980 – Situation de l'élevage dans la sous-préfecture de l'Oudalan (Gorom-Gorom). Rapport d'activité 1977-1979. CIDR, n° 228., *multigr.*, 177 p.

MARTY (A.), 1985 – Crise rurale en milieu nord-sahélien et recherche coopérative. L'expérience des régions de Gao et Tombouctou, Mali, 1975-1982. Thèse d'État, Université de Tours, 2 t., 927 p.

MILLEVILLE (P.), 1980 – Étude d'un système agro-pastoral sahélien de Haute-Volta. 1ère partie : le système de culture. ACC lutte contre l'aridité dans l'Oudalan, DGRST-ORSTOM, *multigr.*, 64 p.

MILLEVILLE (P.), COMBES (J.), MARCHAL (J.), 1982 – Systèmes d'élevage sahéliens de l'Oudalan. Étude de cas. ORSTOM Ouagadougou, *multigr.*, 127 p. + ann.

PÉTILLON (Y.), 1978 – Quatre années d'expérimentation, de prévulgarisation et de vulgarisation agricole dans le Sahel voltaïque. CIDR, *multigr.* 82 p.

RONDOT (P.), 1987 – Évolution des systèmes productifs agricoles au Sahel Burkinabe. Évaluation de dix années de travail avec les populations de l'Oudalan. Thèse de 3e cycle, Économie rurale et agro-alimentaire, Université de Montpellier I, 338 p. + ann.

SICOT (M.), GROUZIS (M.), 1981 – Pluviométrie et production des pâturages naturels sahéliens. Étude méthodologique et application à l'estimation de la production fréquentielle du bassin versant de la mare d'Oursi, Haute-Volta. ORSTOM Ouagadougou, *multigr.* 33 p.

RÉSIDUS DE CULTURE ET FUMURE ANIMALE : UN ASPECT DES RELATIONS AGRICULTURE-ÉLEVAGE DANS LE NORD DE LA HAUTE-VOLTA

J.-P QUILFEN et P. MILLEVILLE

Dans toute la frange sud-sahélienne, et dans le nord de la Haute-Volta en particulier, la plupart des systèmes de production associent une agriculture à tendance extensive à un élevage plus ou moins nomadisant. Cette bi-polarité se traduit, suivant que l'on s'adresse à la région, au terroir, à l'unité de production familiale, par des rapports complexes de concurrence et de complémentarité entre ces deux activités. Au plan du fonctionnement des systèmes de culture et d'élevage, éléments constitutifs du système de production, se manifestent deux types de flux énergétiques réciproques : la consommation par le bétail des résidus de culture, d'une part, l'apport sur les champs de la fumure animale, d'autre part.

Ce rapport, qui complète une étude plus générale du système de culture (MILLEVILLE, 1980), se propose :

– de montrer quelle est l'importance des résidus de culture en tant que ressources fourragères, et d'évaluer l'évolution de ce disponible au cours de la saison sèche.

– de quantifier sur quelques exemples les apports de fumure animale dont bénéficient les terres cultivées.

Les observations qui suivent ont été réalisées en 1979-80 autour de la mare d'Oursi, située au centre de l'Oudalan, circonscription administrative la plus septentrionale de la Haute-Volta. La pluviométrie moyenne y est de l'ordre de 400 mm. Les cultures (mil essentiellement) sont localisées sur les sols dunaires ou sur les manteaux sableux recouvrant les piémonts des massifs cristallins. La culture du sorgho s'étend également d'année en année dans les bas-fonds. On peut estimer que les surfaces mises en culture représentent environ 12 % de la superficie totale de cette zone. La diversité des types de sol, en interaction avec l'eau disponible, induit une forte hétérogénéité des pâturages, tant par la nature des associations végétales (qui comprennent une strate herbacée à base d'espèces annuelles à cycle très court et une strate arbustive plus ou moins lâche d'espèces à prédominance épineuse) que par la production fourragère, qui varie en outre fortement d'une année à l'autre.

Globalement, on peut schématiser ainsi le rythme d'exploitation du milieu : durant la saison des pluies, l'activité se concentre sur les terres cultivées alors que le bétail, soit utilise les pâturages de bas-fonds et de glacis, soit part en transhumance vers le nord. Les champs sont ouverts aux troupeaux après la récolte, et les animaux y consomment pendant quelques mois les résidus de culture laissés sur pied conjointement au pâturage des sols sableux, qui constitue le principal stock fourrager de saison sèche. Une grande partie de l'habitat est mobile. Souvent installées sur les parcelles ou à proximité immédiate pendant la saison sèche, les cases se déplacent à l'écart des périmètres cultivés dès que les pieds de mil atteignent une dizaine de centimètres. L'implantation sur les champs au cours de la saison sèche permet de favoriser l'apport de fumure animale, particulièrement lorsque le bétail y stabule (points de traite). Même si ceci n'est pas général, en particulier sur les terroirs des villages sédentaires, la fumure animale est recherchée et il est souvent fait appel à des troupeaux extérieurs lorsque celui de l'unité familiale est de taille trop réduite, qu'il est absent ou intégré dans un troupeau collectif.

RÉSIDUS DE CULTURE ET DISPONIBILITÉS FOURRAGÈRES

À la récolte, l'agriculteur sectionne les épis de mil à leur base en laissant les résidus sur pied. Très rapidement, les feuilles et les tiges se dessèchent, tandis que plusieurs phénomènes interfèrent pour réduire la quantité globale de ces résidus et en modifier la localisation :
– la consommation du bétail,
– le piétinement des animaux,
– l'entraînement par le vent,
– le prélèvement des tiges à des fins technologiques (construction de cases, palissades...),
– la consommation de la faune du sol (termites, fourmis, etc.).

Bien que la part respective de ces différents facteurs soit difficilement évaluable, il est certain que la consommation des résidus par les animaux domestiques représente la cause majeure de leur disparition. Les mesures suivantes traduisent l'influence globale des facteurs de dégradation. Elles ont pour but, non d'estimer la consommation réelle du bétail, mais de quantifier un « disponible fourrager » à différentes périodes.

Méthode utilisée

Les mesures ont été effectuées sur des « stations » faisant l'objet d'une étude de rendement et localisées sur quelques parcelles de deux terroirs : celui du village *songhaï* d'Oursi, étendu sur sol dunaire de texture sableuse, et celui de Lugga Kolel (population d'*Iklan Iderfane*), implanté en piémont de massif rocheux sur un sol de texture sableuse en surface, s'enrichissant en argile en profondeur. La station représente la surface où sont mesurées les différentes composantes du rendement. Le nombre de stations suivies pour l'estimation de l'évolution des résidus a été de vingt-cinq à Oursi et de huit à Lugga Kolel (ces dernières n'ayant d'ailleurs pas fait l'objet de mesures à la récolte) à raison de une à trois stations par parcelle.

Pour quantifier cette évolution, des pesées ont été réalisées à quatre périodes : au moment de la récolte des épis (6 au 19 octobre), puis du 17 au 22 novembre, du 15 au 20 janvier, enfin du 16 au 20 mars, alors que les agriculteurs avaient commencé à nettoyer les champs pour la campagne suivante en abattant les poquets laissés jusque-là sur pied.

Chaque station est représentée par une surface circulaire de 100 m^2, choisie initialement au moment du semis et présentant en général une homogénéité assez bonne du peuplement végétal. Les mesures étant destructrices, il a été nécessaire de les effectuer aux trois périodes suivantes sur des stations différentes, implantées à une dizaine de mètres de la station initiale.

Sur cette surface de 100 m^2, les opérations suivantes ont été réalisées :
– comptage du nombre de poquets sur pied,

– élimination des quelques résidus de l'année précédente épars sur le sol,

– effeuillage des cinq poquets centraux, pesées séparées des tiges et des feuilles et prélèvements pour évaluation du taux de matière sèche,

– pesée totale des résidus sur pied,

– tamisage des premiers centimètres du sol sur les 20 m² centraux pour estimation du poids de résidus au sol (fragments de tiges et de feuilles).

En janvier et en mars, la quantité de résidus sur pied ayant considérablement diminué, l'effeuillage a été fait sur tous les poquets des 20 m² centraux.

Résultats

Le tableau I et la figure 1 retracent l'évolution de la quantité de matière sèche au cours des cinq mois suivant la récolte, sur les vingt-cinq stations du terroir d'Oursi.

À la récolte, le poids total de résidus est en moyenne de 2 120 kg/ha, réparti entre les feuilles et les tiges à raison respectivement de 54 et 46 %. Globalement, la vitesse de dégradation diminue avec le temps. La réduction du poids de feuilles est à la fois plus rapide et plus accusée que celle des tiges : en mars, il ne reste que 8 % du poids initial des feuilles, contre 47 % pour les tiges. La dégradation des feuilles tend donc vers une disparition quasi totale. Celle des tiges est par contre très réduite à partir de janvier.

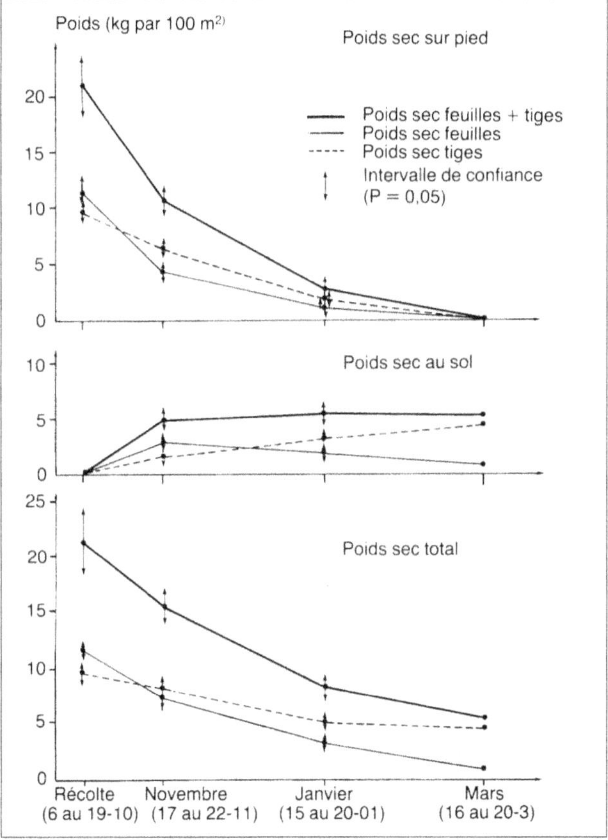

Fig. 1 – Évolution du poids des résidus de culture au cours de la saison sèche sur le terroir d'Oursi

L'évolution des résidus se traduit en outre par un passage progressif de l'état résidus sur pied à l'état résidus au sol. Dès le mois de janvier, les deux tiers des poids de feuilles et de tiges sont représentés par des fragments au sol. En mars, tout se trouve au sol, les agriculteurs ayant abattu les poquets. Il ne reste alors que 550 kg/ha de résidus (soit 26 % du poids de départ), constitués de 83 % de tiges et de 17 % de débris foliaires.

TABLEAU I

ÉVOLUTION DES POIDS MOYENS DE RÉSIDUS DE CULTURE SUR LE TERROIR D'OURSI
(EXPRIMÉS EN KG MS/HA)

Résidus	Octobre (récolte)		17-22 novembre		15-20 janvier		16-20 mars**	
	Poids	% *	Poids	% *	Poids	% *	Poids	% *
Tiges sur pied	970	46	640	30	190	9	–	–
Feuilles sur pied	1 150	54	420	20	110	5	–	–
Tiges + feuilles s/pied	2 120	100	1 060	50	300	14	–	–
Tiges au sol	–	–	190	9	340	16	460	22
Feuilles au sol	–	–	300	14	220	10	90	4
Tiges + feuilles au sol	–	–	490	23	560	26	550	26
Tiges total	970	46	830	39	510	24	460	22
Feuilles total	1 150	54	720	34	320	15	90	4
Tiges + feuilles total	2 120	100	1 550	73	830	39	550	26

*   Pourcentage du disponible global à la récolte
** Poquets abattus par les agriculteurs

À Lugga Kolel (tabl. II, fig. 2) les rendements sont plus élevés, puisqu'en novembre restent encore 2 180 kg/ha de résidus[1]. Ceci est en grande partie dû à la présence de sorgho associé au mil, et plus productif que ce dernier. À cette période, les tiges représentent en poids près de deux fois les feuilles. La dégradation est rapide et aboutit à une disparition totale des feuilles. Il ne reste en mars que 830 kg/ha de tiges, soit 38 % de la biomasse totale de novembre (chiffre tout à fait comparable à celui d'Oursi, où le poids des résidus en mars représente 35 % de celui de novembre).

TABLEAU II

ÉVOLUTION DES POIDS MOYENS DE RÉSIDUS DE CULTURE
SUR LE TERROIR DE LUGGA KOLEL (EXPRIMÉS EN KG MS/HA)

Résidus	17-22 novembre	15-20 janvier	16-20 mars *
Tiges sur pied	880	160	–
Feuilles sur pied	270	40	–
Tiges + feuilles sur pied	1 150	200	–
Tiges au sol	530	1 010	830
Feuilles au sol	500	260	tr
Tiges + feuilles au sol	1 030	1 270	830
Tiges total	1 410	1 170	830
Feuilles total	770	300	tr
Tiges + feuilles total	2 180	1 470	830

* Poquets abattus par les agriculteurs

[1] À Oursi comme à Lugga Kolel, la densité moyenne à la récolte était de l'ordre de 5 000 poquets à l'hectare.

De novembre à janvier, les résidus sur pied subissent une très forte dégradation (83 %) et 86 % de la biomasse se trouve au sol en janvier. En mars, les quelques débris de tiges encore ancrés au sol sont arrachés par les agriculteurs.

Compte tenu du faible rapport feuilles/tiges en novembre (55 % contre 87 % à Oursi), on peut supposer que la consommation du bétail y a été plus accusée en début de saison sèche. Ceci est confirmé par les différences de mode d'exploitation des résidus de culture sur les deux terroirs. Sur celui d'Oursi, en effet, sauf cas particulier, les troupeaux traversent les champs pour s'abreuver à la mare puis regagner les pâturages dunaires et la consommation des résidus s'y effectue au cours de ces trajets sans que les troupeaux ne stationnent dans les champs. À Lugga Kolel par contre, l'habitat est dispersé et implanté sur les parcelles elles-mêmes pendant la saison sèche. Les troupeaux sont donc maintenus dans l'espace cultivé plusieurs heures par jour, en particulier lorsqu'ils rentrent aux campements le soir et le matin pour la traite. La dégradation par piétinement et la consommation proprement dite y sont donc plus intenses qu'à Oursi. Les feuilles sont, bien entendu, plus appétées que les tiges, dont toutes les parties les plus grosses sont dédaignées par les animaux et jonchent le sol lors des semis de la campagne suivante.

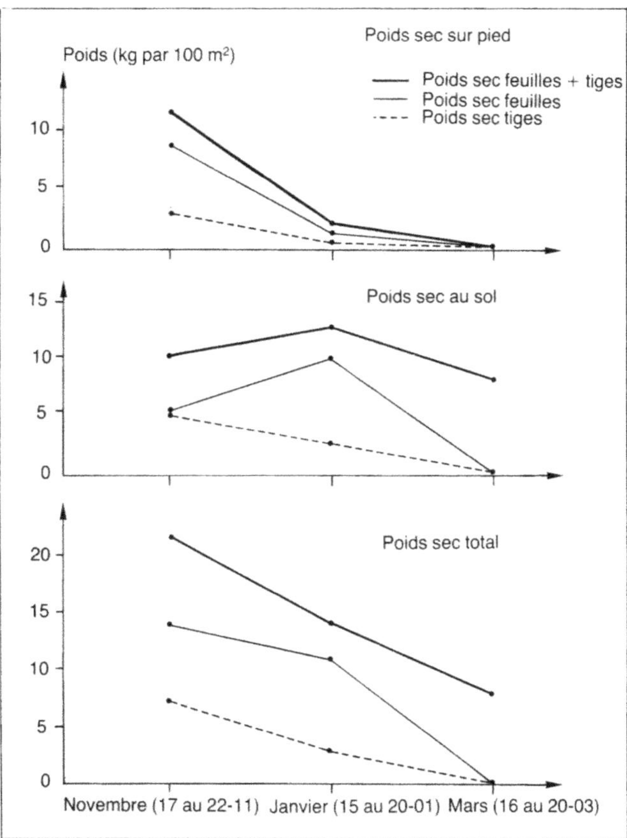

Fig. 2 - Évolution du poids des résidus de culture au cours de la saison sèche sur le terroir de Lugga Kolel

Interprétation

Il faut d'abord souligner que les chiffres précédents ont été établis sur des stations relativement homogènes, et qu'ils sont supérieurs à ceux que l'on obtiendrait à l'échelle des parcelles. Celles-ci sont de grande taille (en moyenne 2,15 ha) et comportent souvent des zones caractérisées par une faible densité de peuplement, d'ailleurs parfois abandonnées par l'agriculteur au premier sarclage, ou des parties semées tardivement et présentant un rendement très médiocre. On peut en outre considérer la campagne agricole 1979 comme bonne localement, les rendements de mil y ayant sans aucun doute été supérieurs à ceux des années précédentes[2].

Il est donc probable que nos mesures surestiment les disponibilités fourragères provenant des résidus de culture, bien que n'aient pas été prises en compte les cultures de sorgho de bas-fond, plus productives que le mil.

En terme de rendement, les estimations de biomasse conduites à l'échelle du bassin versant de la mare d'Oursi de 1976 à 1980[3] permettent de comparer les ressources fourragères des pâturages naturels à celles fournies par les résidus de culture. Ces mesures étaient faites au moment du standing-crop de la végétation. Les résultats de 1979 proviennent d'une évaluation plus ponctuelle. Au cours de ces cinq années, les biomasses des formations herbacées de piémonts variaient entre 800 et 1 400 kg/ha (1260 kg/ha en 1979), celles des pâturages dunaires entre 830 et 2 000 kg/ha (1080 kg/ha en 1979). Les disponibilités fourragères en résidus de culture, même si cette enquête ne pouvait prétendre à la représentativité, apparaissent donc du même ordre de grandeur que celles des pâturages naturels établis dans les mêmes milieux, même en admettant que le reliquat mesuré en mars est constitué de gros fragments de tiges non appétés qui ne seront pas consommés par la suite.

En terme de valeur fourragère, TOUTAIN (1977), fournit les données citées dans le tableau III.

TABLEAU III

VALEURS BROMATOLOGIQUES DE QUELQUES RÉSIDUS DE RÉCOLTE

Fourrage	Époque	MS (%)	UF/kg	MAD/kg
Feuilles vertes de mil	à la récolte	40	0,70	40
Feuilles sèches de mil	après la récolte	80	0,45	tr
Tiges de mil	à la récolte	30	0,45	10
Feuilles vertes de sorgho	à la récolte	30	0,75	45
Feuilles sèches de sorgho	avril	95	0,40	tr
Tiges de sorgho	à la récolte	25	0,75	tr
Tiges sèches de sorgho	avril	95	0,35	tr

MS : Matière Sèche   UF : Unité Fourragère   MAD : Matières Azotées Digestibles

La valeur fourragère des résidus décroît très rapidement après la récolte et les matières azotées digestibles deviennent inexistantes. Le taux moyen de matière sèche des feuilles de mil était de 72 % à la récolte, et stabilisé à 96 % dès le mois de

---

[2] Bien que n'ayant pas été établis sur le même échantillon, les rendements des années 1977, 78 et 79, mesurés sur stations, se différencient nettement : respectivement 260, 400 et 520 kg/ha pour le rendement moyen en grain, et 1 320, 1 600 et 2 120 kg/ha en moyenne pour le rendement en résidus de culture (tiges + feuilles). Soit, en matière sèche totale, respectivement plus de 1 600, 2 000 et 2 600 kg/ha.

[3] SICOT (1976), LEVANG (1978), LEVANG et GROUZIS (1980).

novembre. Celui des tiges, de 39 % à la récolte, passait à 80 % en novembre puis à 96 % en janvier. L'accès des champs aux animaux n'étant possible qu'après la fin des récoltes (soit fin octobre, voire novembre s'il existe du sorgho associé au mil et semé tardivement), la consommation des résidus s'effectue essentiellement à une période où leur valeur fourragère est faible (0,40 à 0,45 UF/kg et MAD quasi nulles). Mais ceci est général pour la plupart des pâturages herbacés de saison sèche, et notamment pour ceux des sols sableux, où dominent des graminées telles que *Cenchrus biflorus* sur dunes, et *Schoenefeldia gracilis* sur piémonts. Leur valeur fourragère diminue rapidement après l'arrêt des pluies pour atteindre des taux d'UF et MAD tout à fait comparables à ceux des résidus de culture.

Il apparaît en outre, à partir d'observations du comportement des bovins au pâturage, que les résidus de culture (en particulier les feuilles) présentent une appétence au moins aussi bonne que celle de *Schoenefeldia gracilis*, et que, d'autre part, l'utilisation des débris végétaux au sol est intense. Loin d'être dédaignés des animaux, ils sont souvent préférés aux nombreuses feuilles qui restent encore en place à la base des poquets. La fragmentation du matériel végétal ne semble pas être un obstacle à sa consommation, bien au contraire.

On peut donc conclure que les résidus de culture constituent une réserve fourragère appréciable, et nuancer fortement l'opinion habituelle selon laquelle l'agriculture concurrence directement l'élevage. D'autant que dans cette région la récolte marque le passage des terres de culture de l'espace individualisé à l'espace collectif : les résidus de culture, au même titre que les pâturages naturels, peuvent être consommés par tout troupeau de passage[4].

La substitution d'une culture de mil à un pâturage naturel n'a donc que peu de conséquence sur l'utilisation des parcours de saison sèche. Il en va différemment pour le sorgho de bas-fond, puisque cette culture prend progressivement la place des meilleures prairies à *Panicum laetum*, pâturage de choix durant la saison des pluies. La mise en culture handicape dans ce cas doublement l'activité pastorale : d'abord en rendant dans certains cas plus difficile la conduite des troupeaux pendant la saison agricole ; ensuite en substituant un fourrage de saison sèche pauvre en azote à un fourrage beaucoup plus riche de saison des pluies. Mais il est vrai que, pour le moment, ce dernier ne peut pas être considéré comme limitant, les besoins alimentaires des animaux étant largement satisfaits pendant l'hivernage.

LA FUMURE DES PARCELLES DE CULTURE

Méthode d'étude

La même distinction que dans le chapitre précédent sera faite entre :
– des parcelles de type A où des troupeaux stabulent régulièrement pendant une partie de la saison sèche, lorsqu'un campement est implanté sur le champ lui-même. Le bétail bovin y demeure alors plusieurs heures par jour, en particulier en début de nuit et le matin, lorsqu'il est regroupé au point de traite ;
– des parcelles de type B traversées par les troupeaux qui n'y restent que le temps d'un passage plus ou moins rapide (marche et consommation des résidus de culture).

---

4 Ceci semble moins être le cas autour d'agglomérations telles que Gorom-Gorom et dans les terroirs du Liptako.

Le terroir de Lugga Kolel a été choisi à titre d'exemple, ces deux types de parcelles y étant représentés. Trois parcelles de chaque type ont été retenues, et des estimations de quantités de fumure y ont été faites en janvier et en mars.

Le plan de chaque parcelle a d'abord été dressé, et en janvier comme en mars ont été délimitées (puis cartographiées) des zones grossièrement homogènes vis-à-vis de la dose de fumure. Trois types de zones ont été distingués :

– F = fumure forte, zones correspondant aux aires de stabulation des troupeaux, qui peuvent changer d'emplacement plusieurs fois sur la même parcelle au cours de la saison sèche ;

– m = fumure moyenne, zones habituellement situées à la périphérie des précédentes ;

– f = fumure faible, ou nulle.

La quantité de fumure à l'unité de surface a été évaluée par une série de quinze prélèvements par zone, alignés le long de transects, à des distances telles que toute la surface de la zone soit prospectée. Si une parcelle ne comportait qu'une seule zone (de type m ou f), trente prélèvements y étaient effectués.

La surface élémentaire du prélèvement a été choisie en raison inverse de la dose de fumure : respectivement 1, 2 et 4 m^2 pour les zones de types F, m et f. Toutes les déjections animales (essentiellement bovines) de cette surface ont été recueillies et pesées. Les mesures n'ayant pas été poursuivies après le mois de mars, il est probable que l'on sous-estime les quantités globales de fumure présentes sur les parcelles au moment des semis, habituellement réalisés en juin.

TABLEAU IV

MOYENNES (M), ÉCARTS-TYPES (S) ET COEFFICIENTS DE VARIATION (CV) DES DOSES DE FUMURE

Parcelle	Date	Zone F			Zone m			Zone f		
		m (t/ha)	s (t/ha)	CV %	m (t/ha)	s (t/ha)	CV %	m (t/ha)	s (t/ha)	CV %
A1	janvier	10,7	4,2	39	5,7	4,2	74	1,2	1,2	100
	mars	8,1	3,4	42	4,7	3,4	72	1,3	1,1	85
A2	janvier	7,9	3,9	49	2,0	2,6	130	0,6	0,9	150
	mars	8,5	3,6	42	2,8	2,7	96	0,9	1,0	110
A3	janvier	9,3	3,4	37	3,2	2,5	78	2,3	2,4	104
B1	janvier	–	–	–	–	–	–	1,0	0,8	80
	mars	–	–	–	–	–	–	1,6	1,4	88
B2	janvier	–	–	–	2,2	2,5	114	0,7	0,6	82
	mars	–	–	–	1,8	1,8	100	–	–	–
B3	janvier	–	–	–	–	–	–	0,6	0,6	100
	mars	–	–	–	–	–	–	1,2	1,3	108

F = fumure forte, prélèvements   1 m^2
m = fumure moyenne, prélèvements   2 m^2
f = fumure faible, prélèvements   4 m^2

Résultats et interprétation

Le tableau IV indique les doses moyennes obtenues en janvier et en mars sur chaque parcelle pour chaque type de zone, ainsi que les écarts-types et les coefficients de variation de ces estimations. Le tableau V, à partir des doses et des surfaces, donne les valeurs des quantités globales et de la dose moyenne au niveau de chaque parcelle. Les résultats sont exprimés en tonnes de matière sèche par hectare.

À noter que la parcelle A3 n'a pas fait l'objet d'estimation en mars, le troupeau qui y était installé l'ayant quittée le lendemain de la mesure de janvier. Sur la parcelle A1, le troupeau est également parti peu de temps après l'estimation de janvier.

Sur les parcelles de type A, où le bétail a stabulé, la quantité de déjections épandues sur le sol peut atteindre des valeurs considérables, de l'ordre de dix tonnes par hectare, sur des surfaces non négligeables (près d'un demi-hectare). Plus on s'éloigne de ces zones à fumure forte (points de traite et aires de repos) et plus la dose de fumure diminue, en même temps que sa répartition spatiale devient plus hétérogène. Globalement, la quantité de déjections est de l'ordre de 2,5 à 4,5 tonnes de MS à l'hectare après quelques mois de fréquentation des parcelles par les animaux[5]. Sur les parcelles de type B, les quantités épandues sont nettement plus faibles (1,2 à 1,8 t/ha). La diminution réduite de la quantité de fumure sur la parcelle A1 entre janvier et mars est difficile à interpréter. Il est possible que le piétinement par les animaux ait divisé et incorporé dans les premiers centimètres du sol une partie de la fumure qui a ainsi échappé aux prélèvements.

TABLEAU V

ESTIMATION DE LA QUANTITÉ DE FUMURE ANIMALE SUR SIX PARCELLES CULTIVÉES

Parcelle	Date	Zone F			Zone m			Zone f			Total parcelle		
		D	S	Q	D	S	Q	D	S	Q	S	Q	D
A1	janvier	10,7	0,40	4,3	5,7	1,64	9,4	1,2	1,32	1,6	3,36	15,3	4,5
	mars	8,1	0,55	4,5	4,7	1,90	8,9	1,3	0,91	1,2	3,36	14,6	4,3
A2	janvier	7,9	0,40	3,2	2,0	1,76	3,5	0,6	1,69	1,0	3,85	7,7	2,0
	mars	8,5	0,40	3,4	2,8	1,76	4,9	0,9	1,69	1,5	3,85	9,8	2,6
A3	janvier	9,3	0,43	4,0	3,2	0,37	1,2	2,3	0,72	1,7	1,52	6,9	4,5
B1	janvier	–	–	–	–	–	–	1,0	1,90	1,9	1,90	1,9	1,0
	mars	–	–	–	–	–	–	1,6	1,90	3,0	1,90	3,0	1,6
B2	janvier	–	–	–	2,2	0,20	0,4	0,7	0,55	0,4	0,75	0,8	1,1
	mars	–	–	–	1,8	0,75	1,3	–	–	–	0,75	1,3	1,7
B3	janvier	–	–	–	–	–	–	0,6	0,40	0,2	0,40	0,2	0,5
	mars	–	–	–	–	–	–	1,2	0,40	0,5	0,40	0,5	1,2

D = dose de fumure en tonnes MS par hectare   F = fumure forte
S = surface en hectares   m = fumure moyenne
Q = quantité de fumure en tonnes MS   f = fumure faible

[5] Il n'a pas été possible dans cette enquête, qui serait à reprendre, d'avoir des données précises concernant les nombres d'animaux et les durées exactes de leur présence sur les parcelles.

Des analyses de fèces (prélevées à l'état sec sur le sol) donnent les résultats suivants :

	N (%)	P_2O_5 (%)	K_2O (%)
Fèces de bovins	1,28	0,25	0,56
Fèces de petits ruminants	2,20	0,27	0,88

En appliquant les teneurs en N, P et K des fèces de bovins (qui représentent de loin la plus grande part de la fumure) aux doses moyennes précédemment calculées, on peut estimer ce que représente cette fumure en terme d'apport d'éléments fertilisants (tabl. VI).

Si les apports de phosphore sont très faibles, ceux d'azote et de potasse sont loin d'être négligeables. À titre de comparaison, signalons que les doses d'engrais chimique vulgarisées par la CIDR en 1976 étaient pour le mil de 100 kg/ha de monophosphate (11-50) au semis et de 50 kg/ha d'urée à la montaison, soit un apport à l'hectare de 34 unités d'azote et de 50 unités de phosphore.

TABLEAU VI
ESTIMATION DE L'APPORT D'ÉLÉMENTS FERTILISANTS PAR LES FÈCES DE BOVINS

Parcelle	Dose fumure (t/ha)	N (un./ha)	P_2O_5 (un./ha)	K_2O (un./ha)
A1	4,5	58	11	25
A2	2,6	33	6,5	15
A3	4,5	58	11	25
B1	1,6	20	4	9
B2	1,7	22	4	10
B3	1,2	15	3	7
Zones F	9	115	22,5	50
Zones m	3	38	7,5	17
Zones f	1,5	19	4	8,5

Il serait important de préciser l'influence de la fumure animale, en étudiant notamment la vitesse de libération des éléments minéraux au cours de la saison des pluies. Les chiffres qui précèdent représentent les quantités potentielles de ces éléments, et ne doivent donc pas être interprétés en tant que quantités disponibles pour la plante cultivée. Il serait également nécessaire d'apprécier l'effet de ce type de fumure sur le taux de matière organique du sol.

L'équation de LAMBOURNE et REARDON (1963) permet d'estimer, à partir du taux d'azote contenu dans la matière organique des fèces, la digestibilité de la matière organique du fourrage[6]. Elle est, compte tenu du taux d'azote de 1,28 %, de 51 %,

---

[6] Index fécal azoté Y. MO = 2,04 - 0,24 X n + 0,186 X^2_n, avec Xn = % d'azote contenu dans la matière organique des fèces. Digestibilité en % de la matière organique du fourrage :

$$D.MO = \frac{Y.MO-1}{Y.MO} \times 100$$

valeur comparable à celles obtenues à Niono (Mali) par l'équipe du CIPEA (DICKO et SANGARE, 1981).

En admettant qu'un tiers seulement de la biomasse d'un pâturage naturel sahélien est réellement ingéré par les animaux (BOUDET, 1975) et que cette biomasse est en moyenne, pour un pâturage dunaire, de l'ordre de 1 200 kg/ha, on en arrive à la conclusion que 1 et 4 tonnes de fèces par hectare (moyennes approximatives pour les deux types de parcelles) correspondent respectivement à la consommation de 5 et 20 hectares de pâturage.

Même s'il faut considérer ces chiffres avec beaucoup de prudence et si les quelques parcelles considérées ont été choisies sans souci de représentativité et sur un terroir particulier, on peut néanmoins en déduire que le mode d'exploitation de l'espace par les troupeaux contribue à concentrer sur les terres cultivées une quantité de matière prélevée en grande partie dans le domaine pastoral.

CONCLUSION

En milieu sahélien, l'agriculture et l'élevage entretiennent des rapports complexes, que l'on peut interpréter en terme de concurrence ou de complémentarité suivant l'échelle ou l'aspect considéré. La parcelle de culture représente un niveau, parmi d'autres, auquel ces relations peuvent être envisagées et où des bilans peuvent être établis.

Dans les conditions actuelles, qui sont celles d'une agriculture manuelle extensive, les résidus des cultures céréalières constituent un disponible fourrager qui, en quantité comme en qualité, s'avère, à l'unité de surface, tout à fait comparable à celui d'un pâturage établi sur les mêmes types de sol. Toute action qui aura pour effet d'accroître le rendement en grain, objectif évidemment prioritaire, permettra également d'augmenter ce disponible fourrager et l'élevage pourrait donc bénéficier directement des efforts de vulgarisation agricole. Il serait sans doute possible d'améliorer la valeur fourragère de ces résidus et de réduire les pertes par dégradation en coupant les tiges dès la récolte du grain et en les stockant. Mais cette technique, déjà mise en œuvre autour des petits centres urbains et dans d'autres régions de la moitié nord de Haute-Volta, aurait d'autres conséquences, en particulier une modification du mode d'utilisation de l'espace pastoral. En effet, les terres de culture font actuellement, pendant la saison sèche, partie intégrante des zones de parcours, c'est-à-dire d'un espace ouvert à tous. La fauche et le stockage des résidus reviendraient à individualiser une fraction non négligeable des ressources fourragères.

La parcelle cultivée bénéficie quant à elle de restitutions sous forme de déjections épandues par les animaux à la surface du sol. Il semble bien que ces apports résultent d'un drainage important d'éléments fertilisants des pâturages vers les terres cultivées. Il faut rappeler que, dans de nombreux terroirs, les jachères représentent une très faible part des surfaces exploitées, et que la fumure animale constitue donc un facteur essentiel de restitution d'éléments exportés par la culture.

Même si d'autres éléments rentrent en jeu sur la parcelle (tels que le piétinement du sol par le bétail et l'élimination par l'agriculteur du pâturage arbustif), de fortes liaisons de complémentarité entre l'agriculture et l'élevage se révèlent à ce niveau.

RÉFÉRENCES BIBLIOGRAPHIQUES

BOUDET G., 1975 – *Manuel sur les pâturages tropicaux et les cultures fourragères.* Ministère de la coopération, IEMVT, 254 p.

CIDR, 1977 – Rapport d'activité 1976 du programme d'expérimentation-vulgarisation agricole dans la sous-préfecture de Gorom-Gorom. ORD du Sahel, CIDR, rapport multigraphié, 123 p.

DICKO MS., 1981 – Les mesures de la production secondaire des pâturages : une nouvelle méthodologie d'étude. CIPEA, rapport multigraphié, 7 p.

DICKO MS., SANGARE M., 1981 – Les vitesses de déplacement sur pâturage et les bouchées/mn : une voie possible de la détermination de l'ingestion d'un troupeau. CIPEA, rapport multigraphié.

GROUZIS M., 1979 – Structure, composition floristique et dynamique de la production de matière sèche de formations végétales sahéliennes (mare d'Oursi, Haute-Volta). Ouagadougou, ORSTOM, rapport multigraphié, 56 p.

LAMBOURNE L.J., REARDON IF., 1963 – The use of chromic oxide and feacal nitrogen concentration to estimate the pasture intake of Merino wethers. *Austr. J. Agric. Res.,* 14 : 251.

LEVANG P., 1978 – Biomasse herbacée de formations sahéliennes. Étude méthodologique et application au bassin versant de la mare d'Oursi. Ouagadougou, ORSTOM, rapport multigraphié, 29 p. et annexes.

LEVANG P., GROUZIS M., 1980 – Méthodes d'étude de la biomasse herbacée de formations sahéliennes : application à la mare d'Oursi, Haute-Volta. *Acta Œcologica,* Œcol. Plant., 1 (15) 3 : 231-244.

MILLEVILLE P., 1980 – Étude d'un système de production agro-pastoral sahélien de Haute-Volta. 1ère partie : le système de culture. Ouagadougou, ORSTOM, rapport multigraphié, 66 p.

SICOT M., 1976 – Évaluation de la production fourragère herbacée en 1976. Ouagadougou, ORSTOM, rapport multigraphié, 45 p. et annexe.

TOUTAIN B., de WISPELAERE G., 1977 – Pâturages de l'ORD du Sahel et de la zone de délestage au nord-est de Fada-N'Gourma. Tome I : Les pâturages naturels et leur mise en valeur. IEMVT, rapport multigraphié, 134 p. et annexes.

CONDITIONS SAHÉLIENNES ET DÉPLACEMENTS DES TROUPEAUX BOVINS

(OUDALAN, BURKINA FASO)

INTRODUCTION

Circonscription administrative la plus septentrionale du Burkina Faso, l'Oudalan est caractéristique de la zone sud-sahélienne. Ses conditions climatiques et édaphiques lui confèrent d'indéniables marques d'aridité, mais la pluviométrie (de l'ordre de 350 à 400 mm en moyenne annuelle) est néanmoins suffisante pour qu'une agriculture pluviale extensive y coexiste avec un élevage semi-nomadisant.

En région sahélienne, l'élevage peut être considéré comme une activité de cueillette par animal interposé. La satisfaction des besoins alimentaires du bétail dépend directement, et presque exclusivement, de l'existence de pâturages accessibles aux troupeaux. Une tâche essentielle de l'éleveur, du pasteur, est de rendre possible et de faciliter cet accès, et ceci durant toute l'année, grâce à des modes de conduite appropriés.

Les conditions climatiques sahéliennes imposent un déterminisme strict à la production fourragère, qui subit de considérables variations (saisonnières, interannuelles, spatiales) tant quantitatives que qualitatives. Au cours des trois à quatre mois de la saison des pluies s'élabore la production des formations végétales herbacées, constituées pour l'essentiel d'espèces annuelles, principalement graminéennes. Dès la fin du cycle végétatif de ces plantes (soit souvent avant l'arrêt des pluies), la strate herbacée se dessèche et perd rapidement une grande partie de sa valeur nutritive. Le stock fourrager de la longue saison sèche est alors constitué ; il décroît ensuite progressivement jusqu'au retour des pluies de l'année suivante, sous les actions conjuguées du prélèvement par le bétail et des autres facteurs de dégradation, sans aucun doute amplifiés par le piétinement des animaux. On estime que 40 à 50 % du disponible fourrager herbacé total pourra être ainsi effectivement consommé par le bétail.

La distribution spatiale des ressources fourragères se trouve affectée d'une très forte hétérogénéité. Les précipitations, et plus particulièrement les averses à caractère orageux qui prédominent en début de saison des pluies, sont souvent localisées dans l'espace. Le substrat édaphique, très diversifié, induit de considérables variations dans la répartition de la lame d'eau infiltrée (c'est-à-dire celle qui participe à la production végétale), compte tenu de la variété des états de surface du sol qui conditionnent directement le ruissellement. Ces deux phénomènes sont responsables d'une extrême hétérogénéité de répartition de la biomasse disponible en fin de saison des pluies. Par la

L'aridité, une contrainte au développement, ORSTOM, coll. *Didactiques*, Paris, 1992 : 539-553

suite, les prélèvements différentiels opérés par les animaux dans l'espace parcouru contribueront à atténuer, ou au contraire à accroître, l'hétérogénéité initiale.

Quant à la variabilité interannuelle des disponibilités fourragères, elle résulte étroitement de celle de la pluviosité : une relation linéaire a ainsi été établie, qui relie, à l'échelle d'un bassin versant, la biomasse herbacée produite à la pluviométrie moyenne annuelle (SICOT et GROUZIS, 1981 ; GROUZIS, 1987).

Une autre caractéristique essentielle des ressources fourragères, liée d'ailleurs à ces phénomènes de variabilité et de dispersion, réside dans leur non-appropriation. L'espace pastoral est ouvert et en principe accessible à tous, même si des règles plus ou moins tacites tendaient par le passé (et tendent parfois encore) à attribuer à certains groupes d'éleveurs des droits d'accès préférentiels sur telle ou telle portion de territoire. Cette liberté d'accès et de fréquentation de l'espace constitue un fondement du pastoralisme, compte tenu des pratiques adaptatives et contre-aléatoires qu'elle permet (GALLAIS, 1975 ; BARRAL, 1977 ; BENOIT, 1984).

Enfin, si l'espace pastoral est hétérogène et d'accès libre, il est aussi polarisé. En effet, l'existence de points d'abreuvement représente une condition nécessaire de l'utilisation des pâturages. Durant une première période (la saison des pluies), l'eau, qui se trouve disponible dans les axes alluviaux, les zones dépressionnaires et les flaques, « ouvre » l'espace exploitable ; durant la période suivante (une longue saison sèche), les points d'eau temporaires tarissent les uns après les autres ; cela entraîne une concentration de plus en plus forte du bétail autour des points d'eau résiduels ainsi qu'une adaptation progressive en matière de choix des pâturages, de rythme et de mode d'abreuvement. Cela dit, l'Oudalan est suffisamment bien pourvu en points d'eau pour que les pâturages, dans leur quasi-totalité (exceptés ceux du nord-ouest), demeurent accessibles durant tout ou partie de la saison sèche. Il reste que l'utilisation aux différentes périodes de l'année des parcours disponibles dépend directement de celle des points d'eau existants. À ce propos, il convient de distinguer, d'une part les rythmes quotidiens de déplacement du bétail à partir d'un lieu d'abreuvement et d'un campement, compte tenu de la localisation des ressources fourragères environnantes et, d'autre part, des mouvements de rupture qui aboutissent à l'utilisation d'autres points d'eau et d'autres zones de parcours, selon un rythme saisonnier plus ou moins régulier.

LA SPÉCIFICITÉ DES DÉPLACEMENTS SAISONNIERS

La mobilité constitue une caractéristique essentielle de l'élevage en milieu sahélien. On réserve habituellement le terme « transhumance » à des déplacements affectés d'un rythme saisonnier plus ou moins régulier, et le terme «nomadisation» à des mouvements de nature plus conjoncturelle, quelle qu'en soit l'ampleur. Dans la réalité, cette distinction est souvent difficile à établir et, dans l'Oudalan, ces mouvements du bétail se révèlent très diversifiés quant à leur amplitude, leur durée et leur périodicité. En outre, avant d'examiner les principaux types de déplacements au cours de l'année, il convient de préciser que les causes de ces mouvements sont généralement multiples et que l'éleveur en attend alors des bénéfices variés. La recherche de pâturages plus intéressants sur le plan de la productivité ou de la diversité des formations végétales représente bien entendu la cause majeure des déplacements ; cependant d'autres raisons peuvent jouer : nécessité d'écarter le cheptel des terres de culture en hivernage, fréquentation d'un lieu de cure salée, utilisation d'une nappe d'eau libre, qui permet de supprimer le travail d'exhaure de l'eau des puisards, réduction de l'exploitation laitière du troupeau par éloignement du groupe familial, association à la conduite du bétail d'activités de cueillette (fonio sauvage, bulbes de nénuphar), limitation du déplacement quotidien des animaux, etc. Ces divers aspects interviennent différemment suivant les conditions de milieu (possibilités et contraintes), responsables d'une certaine spécificité saisonnière de la mobilité (BARRAL, 1977).

Préhivernage

Les premières pluies, souvent précoces (mai, parfois même avril), sont très localisées dans l'espace de par leur caractère orageux. En outre, il n'est pas rare qu'un mois ou plus les sépare des suivantes, qui marqueront la véritable installation de l'hivernage. L'eau se trouve alors brusquement présente dans les bas-fonds, sous forme de flaques dispersées sur tous les sols argileux ; cela permet l'accès à des pâturages non exploitables en saison sèche, ou exploitables au prix d'une marche forcée et d'un rythme d'abreuvement épuisant pour le bétail. Cette première pluie, si elle est de hauteur suffisante, s'accompagne peu après de la feuillaison de certaines espèces ligneuses et de la levée de plantes herbacées.

Dès lors, il devient possible de rompre le rythme adopté en fin de saison sèche et de gagner des zones éloignées où les animaux peuvent profiter à la fois de l'eau présente, de la réserve fourragère en partie préservée de l'année précédente et d'un appoint en fourrage vert de bonne valeur nutritive. Ces déplacements supposent qu'il reste alors un certain stock fourrager sur pied, ce qui n'est pas le cas de la majeure partie de l'Oudalan à cette période, et encore moins plus au sud. Ils concernent donc généralement les grandes « brousses tigrées » du nord-ouest et la rive gauche du Béli, et les troupeaux gagnent vers le nord et le nord-ouest des pâturages encore utilisables. L'ampleur et la durée de ce mouvement sont variables, puisqu'il est étroitement tributaire de la localisation géographique et de la hauteur des pluies qui l'ont déclenché.

Le bétail bovin, à cette période de l'année, se trouve souvent en état d'amaigrissement prononcé et soumis à un rythme épuisant ; il retrouve alors des conditions plus favorables puisque la nomadisation limite considérablement ses déplacements quotidiens, améliore son alimentation et permet son abreuvement quotidien à proximité des pâturages fréquentés. Ces effets sont d'autant plus favorables que cette nomadisation intervient en début ou en pleine période des vélages ; les conditions d'alimentation des femelles en fin de gestation sont meilleures et la production laitière plus abondante en début de lactation.

Cette nomadisation de préhivernage est loin d'être générale et la plupart des éleveurs ne la pratiquent qu'en cas de conditions de fin de saison sèche très sévères.

Si les petites mares temporaires s'assèchent, les troupeaux se replient sur les points d'eau permanents de saison sèche. En revanche, si de nouveaux épisodes pluvieux surviennent, le bétail peut poursuivre sa pérégrination et entamer une transhumance proprement dite de saison des pluies, tandis que les vaches qui ont mis bas et leurs veaux regagnent le campement où elles assurent les besoins en lait de la famille jusqu'à la récolte du mil.

Saison des pluies

Avec l'installation des pluies, le domaine pâturable s'ouvre encore davantage, les points d'eau sont dispersés dans l'espace et le bétail dispose de nouveaux pâturages de bonne valeur nutritive. Les formations végétales les plus utilisées à cette période sont celles des bas-fonds (prairies à *Panicum laetum*), des glacis et des brousses tigrées. Le domaine sableux en est à peu près exclu, et ceci pour deux raisons : la croissance des espèces herbacées y est moins précoce d'une part, et il devient impératif d'écarter les troupeaux des terres de culture d'autre part. Trois cas peuvent alors se présenter :

– le bétail poursuit son déplacement amorcé à l'occasion des premières pluies pour ne revenir sur les terres de culture qu'après les récoltes ou plus avant dans la saison sèche ;

– les troupeaux, rentrés de cette première nomadisation, repartent avec des bergers pour un nouveau déplacement de plus longue durée. Le troupeau est alors souvent scindé et une partie au moins des laitières demeure au campement avec leurs veaux pour que la famille puisse bénéficier de lait pendant la période de soudure céréalière. Pour certains groupes cette transhumance d'hivernage est de grande amplitude et permet de gagner les pâturages et les cures salées du sud du Gourma malien ;

– le groupe familial quitte les terres de culture et s'installe avec son bétail à l'écart, à une distance des champs qui va de quelques centaines de mètres à plusieurs kilomètres. Les bovins et les petits ruminants pâturent alors dans les bas-fonds et sur les glacis environnants, souvent sans être gardés, et ils s'écartent peu du campement où il sont présents matin et soir. C'est de loin le cas le plus fréquent. Les bovins, pendant cette période, sont éventuellement conduits une ou plusieurs fois dans l'une des cures salées de l'Oudalan.

La transhumance d'hivernage suppose qu'une partie de la main-d'œuvre quitte les terres de culture pendant la période des travaux agricoles. On comprend donc que ceux qui y ont systématiquement recours soient préférentiellement des possesseurs de grands troupeaux, pour lesquels l'élevage représente une priorité. En revanche, la plupart de ceux qui mettent en culture de grandes surfaces et disposent d'un nombre réduit de têtes de bétail préfèrent concentrer toute leur force de travail sur les travaux culturaux et garder avec eux la totalité de leur cheptel.

Saison sèche

Les récoltes de mil marquent un mouvement de repli assez général du bétail sur les champs où les résidus de culture pourront durant deux mois environ participer à l'alimentation du bétail. Le fourrage sur pied est alors présent non loin des points d'eau, et de nombreuses mares subsistent. Les pâturages dunaires constitueront, jusqu'au retour des pluies de l'année suivante, les lieux de parcours privilégiés.

Certains troupeaux effectuent alors une transhumance de saison fraîche qui leur permet d'accéder à des pâturages non exploitables par la suite, lorsque certains points d'eau seront taris.

Au fur et à mesure de l'avancée de la saison sèche, le nombre de points d'abreuvement diminue progressivement, et l'on assiste à une concentration de plus en plus forte du cheptel autour des points d'eau permanents. Les troupeaux s'y maintiennent jusqu'aux premières pluies en adoptant (lorsque cela est possible) des rythmes de plus en plus contraignants pour atteindre les pâturages disponibles. En année très déficitaire, des solutions de fuite peuvent être adoptées plus ou moins tardivement. Ce fut le cas en 1973, où le seul recours était un départ général vers le sud, en région soudanienne, et dans une certaine mesure en 1980. Comme les pâturages étaient épuisés dans la majeure partie de l'Oudalan cette année-là, de nombreux éleveurs partirent en pleine saison sèche, avec les bovins et les petits ruminants, pour gagner, au Mali ou au Niger, des zones que, pour certains, ils n'avaient jamais fréquentées jusque-là.

L'importance et la fréquence des déplacements des troupeaux au cours de l'année sont extrêmement variables. Si, à la diversité des groupes sociaux de l'Oudalan, correspond celle de « genres de vie » liés à une mobilité plus ou moins forte, la taille du troupeau apparaît aussi jouer un rôle déterminant. De nombreux éleveurs, qui, par le passé, pratiquaient de manière systématique une transhumance de saison des pluies, l'ont à présent abandonnée ; ils jugent qu'un troupeau de faible importance peut sans grand dommage rester non loin des terres cultivées et qu'il est plus utile de consacrer toute la force de travail disponible aux travaux agricoles. Sur ce plan, les années sèches des deux dernières décennies ont sans aucun doute eu un impact direct (et différentiel suivant les groupes et les éleveurs) sur les pratiques pastorales, qu'il est difficile de ne pas interpréter comme une fragilisation accrue d'une grande partie des systèmes d'élevage actuels.

LA MOBILITÉ AU QUOTIDIEN

Suivant la nature du point d'eau, la localisation du campement, la distribution spatiale des ressources fourragères, l'état du cheptel, les besoins et les disponibilités en main-d'œuvre du groupe familial, peuvent se distinguer des types bien différenciés de rythmes quotidiens, plus ou moins spécifiques d'ailleurs des différentes saisons. La figure 1 (qui adopte une représentation schématique proche de celle proposée par LE MASSON, 1980) rassemble les principaux types observés au cours d'un suivi de quelques situations d'élevage de cette région, réalisé durant les années 1980 et 1981. Une enquête plus extensive effectuée en 1982 (COMBES, 1984) a permis de confirmer la validité de cette typologie et de vérifier qu'elle rassemblait l'essentiel des cas rencontrés.

Type A

Le campement est, soit situé à proximité immédiate du point d'eau, soit présent sur le périple quotidien sans être distant de plus de quelques kilomètres du campement. L'abreuvement a lieu quotidiennement, le troupeau pâture durant la journée, rentre au campement le soir et, après un long repos, pâture à nouveau quelques heures pendant la nuit pour revenir au campement le matin. Les veaux, maintenus au campement, sont allaités matin et soir et la traite a lieu deux fois par jour[1]. C'est le schéma général de saison des pluies (le bétail trouve alors l'eau disponible en certains points du parcours quotidien) qui se caractérise par de faibles distances parcourues et un excellent rapport temps de pâture/distance parcourue.

C'est également le cas le plus fréquent en début de saison sèche, lorsque l'herbe est encore abondante non loin du point d'eau. Le périple diurne s'allonge progressivement au fur et à mesure que les disponibilités fourragères régressent à proximité du point d'eau ; la distance maximale atteinte à partir de celui-ci peut être d'environ 10 km. Ce type de rythme est favorable à la fois à l'alimentation des animaux du troupeau et à celle des veaux car elle correspond généralement à la période de forte production laitière. Elle n'implique ni le gardiennage, car le bétail divague souvent à de faibles distances du campement, ni une quelconque scission du troupeau (seuls les veaux sont maintenus à part).

---

[1] Les veaux, qui restent à proximité du campement durant la journée, sont rassemblés le soir dans un enclos de branchages avant l'arrivée du troupeau. C'est la condition nécessaire pour que la traite ait lieu. Ils en sont sortis au moment de la traite (suivi de l'allaitement) et y restent en général parqués pendant la nuit.

Type B

Le campement est situé à plusieurs kilomètres du point d'eau, généralement sur ses terres de culture. Le rythme adopté et ses caractéristiques sont les mêmes que dans le cas précédent, mais durant la nuit le bétail peut aller pâturer dans la direction opposée au point d'eau. Le périple diurne est par ailleurs beaucoup plus polarisé et il permet d'autant moins de choisir les pâturages fréquentés que le campement est situé plus loin du point d'eau. La localisation du campement impose en outre le transport de l'eau à usage domestique ainsi que le déplacement des veaux (en général gardés) jusqu'au point d'abreuvement ou, si possible, sur un point d'abreuvement périphérique pour qu'ils ne puissent pas rencontrer le troupeau au cours de leur parcours et en profiter pour téter les mères.

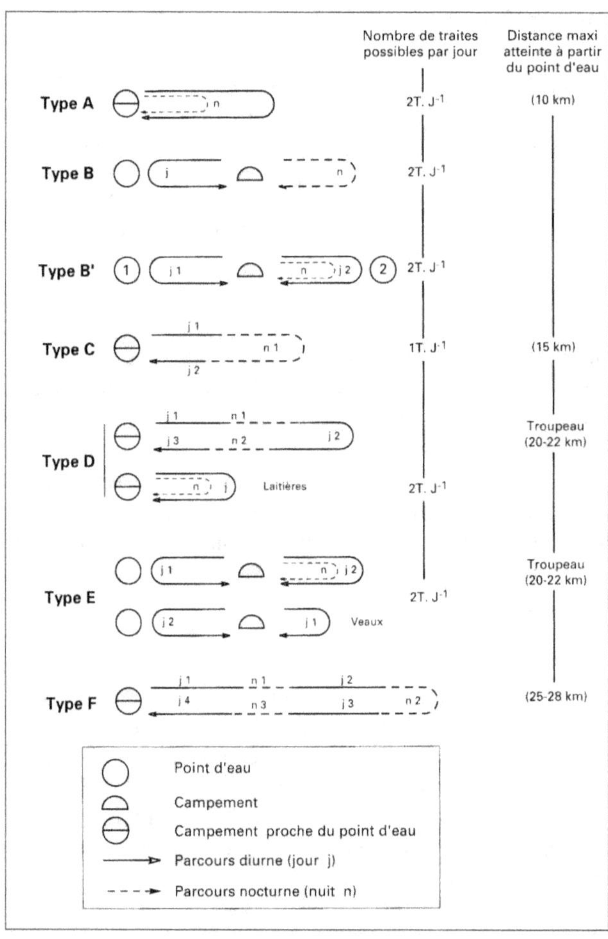

Fig. 1 – Typologie des rythmes quotidiens de déplacements du troupeau bovin

Type B'

Il s'agit d'une variante du type précédent, où la situation du campement permet une utilisation successive de deux points d'eau différents, ce qui accroît évidemment l'espace utilisable tout en permettant éventuellement de bénéficier de types de pâturages plus diversifiés. Comme dans le premier cas, les types B et B' n'imposent pas de gardiennage du troupeau au pâturage, dans la mesure où l'abreuvement est direct (nappe d'eau libre). Si l'abreuvement nécessite l'exhaure de l'eau de puisards, le gardiennage sera au moins partiel (accompagnement du troupeau le matin du campement au point d'eau).

Type C

Plus avant dans la saison sèche, les ressources fourragères régressent et sont d'autant plus faibles que l'on se situe près du point d'eau. Il devient nécessaire de fréquenter des pâturages plus éloignés ; le rythme adopté change, bien que l'abreuvement soit toujours quotidien ; le troupeau part du point d'eau en début d'après-midi, gagne par marche rapide des pâturages qu'il atteint à la tombée de la nuit, et revient au campement le lendemain matin.

La priorité est donnée au pâturage nocturne, et une seule traite-allaitement a lieu, le matin. Le gardiennage du troupeau est nécessaire (mais dans certains cas non réalisé) et ce rythme permet d'accéder à des pâturages distants au plus de 15 km du point d'eau. Le rapport temps de pâture/distance parcourue est plus faible que dans les cas précédents, et l'est d'autant plus que le troupeau gagne des pâturages plus éloignés.

Type D

Ce rythme correspond à une réduction croissante des ressources fourragères et à la nécessité de porter plus loin le front de pâture. Bien que pouvant débuter dès la saison fraîche, certaines années très déficitaires, il se situe généralement pendant la deuxième partie de la saison sèche ; il englobe les mois où les températures sont les plus élevées et dépassent régulièrement 40 °C sous abri aux heures les plus chaudes de la journée. Le troupeau ne s'abreuve plus qu'un jour sur deux, car il doit parcourir une longue distance avant d'accéder aux pâturages utilisables. Partant du point d'abreuvement l'après-midi du jour j1, il passe deux nuits consécutives en brousse, en pâturant activement la nuit et pendant les heures les moins chaudes de la journée j2, pour revenir au campement le matin du jour j3. L'abreuvement est suivi de la traite et, en général, un complément d'abreuvement a lieu avant le départ de l'après-midi. Ce rythme ne permet donc qu'une traite-allaitement tous les deux jours, ce qui est insuffisant pour les veaux nés tardivement. Les veaux âgés sont alors souvent intégrés au troupeau, tandis que les vaches qui ont des veaux en bas âge restent à proximité du campement ainsi que les animaux malades ou affaiblis. Il en résulte donc souvent une scission partielle du troupeau, et les animaux demeurés au campement, rarement gardés, pratiquent alors un rythme de type A, mais dans des conditions de pénurie fourragère prononcée.

Le type D permet d'accéder à des pâturages éloignés de 20 km du point d'eau ; il impose la présence continue d'un berger qui se déplace avec le troupeau, se nourrit du lait de quelques vaches et transporte son eau de boisson dans une outre passée au cou d'une des bêtes les plus dociles.

Le passage du type C au type D se traduit par une amélioration du rapport temps de pâture/distance parcourue ; il se réduit ensuite progressivement au fur et à mesure du recul du front de pâture. En période chaude, le fait que le bétail ne s'abreuve qu'un jour sur deux doit par ailleurs limiter significativement la quantité de matière sèche ingérée, tandis que les besoins d'entretien sont élevés compte tenu de la longueur du parcours (45 à 50 km entre deux abreuvements successifs). On assiste alors à une perte de poids progressive chez la plupart des animaux du troupeau.

Type E

Le campement est installé à une dizaine de kilomètres du point d'eau. Le troupeau s'y rend le jour j1 pour s'abreuver, et gagne le jour j2 des pâturages situés dans la direction opposée. Le périple nocturne est réalisé à partir du campement, ou plus ou moins intégré à celui de j1 et de j2. Ce type de rythme, par rapport au précédent, permet le retour du troupeau au campement matin et soir, et donc 2 allaitements quotidiens des veaux. La priorité est donnée au pâturage le jour j2 (celui où le bétail ne s'abreuve pas) et pendant la nuit. C'est un système particulièrement adapté aux conditions de saison fraîche ; d'une part les animaux se contentent alors volontiers d'un abreuvement tous les deux jours et, d'autre part, il reste généralement à cette période suffisamment d'herbe entre le campement et le point d'abreuvement pour que le bétail puisse s'alimenter pendant le jour j1. Il n'en va pas de même en saison chaude, lorsque toute herbe a quasiment disparu sur ce trajet ; le type E est alors affecté des mêmes contraintes de pénurie fourragère que le type D, tout en présentant des avantages incontestables (allaitement des veaux, possibilité de ne pas isoler les laitières du troupeau principal).

En revanche, il est plus exigeant en main-d'œuvre et plus contraignant pour les bergers. Le campement ainsi situé est souvent temporaire et les bergers y sont donc éloignés de leur groupe familial. De plus, il est nécessaire d'abreuver les veaux au point d'eau le jour j2 si possible (pour qu'ils ne rencontrent pas leurs mères sur le parcours), ce qui implique alors un dédoublement de la main-d'œuvre, avec un berger qui garde le troupeau proprement dit et un autre, les veaux.

Type F

Ce rythme est rarissime (il a été pratiqué par certains éleveurs en 1973 ainsi qu'en fin de saison sèche 1980) ; il correspond à l'extrême limite des possibilités physiques du bétail dans des conditions de grave pénurie fourragère. Le troupeau part du point d'eau le soir du jour j1 pour n'y revenir que le matin du jour j4 après avoir donc passé trois nuits et deux jours entiers sans boire. Solution exceptionnelle qui permet d'accéder à des pâturages situés à 25 km environ du point d'eau, elle semble n'avoir été adoptée que par quelques éleveurs *peul djelgobe* du nord-ouest de l'Oudalan. Les animaux affaiblis ou malades, les jeunes veaux et leurs mères, ne peuvent évidemment pas suivre le troupeau, qui adopte un rythme particulièrement épuisant.

Cette typologie ne doit pas laisser penser à une causalité stricte de la distribution spatiale des ressources fourragères (compte tenu de la localisation des points d'eau) sur le rythme réellement adopté. Le passage du type A aux types C, D, voire F, suppose un espace ouvert, où les seules limitations sont celles imposées par la charge en bétail du point d'eau concerné, et donc par la réduction progressive des ressources fourragères à partir de ce point d'eau.

Cette situation est caractéristique de l'Ouest de l'Oudalan, où les points d'eau de saison sèche ouvrent au nord et à l'ouest sur un espace non borné par les utilisateurs d'autres points d'abreuvement, puisque ceux-ci n'existent pas. L'avancée progressive du front de pâture permet donc de gagner de proche en proche des pâturages jusque-là préservés. Il n'en va pas de même pour la plupart des autres zones de l'Oudalan, où les points d'abreuvement sont suffisamment proches les uns des autres pour que les fronts de pâture à partir de deux points d'eau se rencontrent plus ou moins tôt en cours de saison sèche, ou que les troupeaux puissent s'abreuver à plusieurs points d'eau différents à partir du même lieu de campement. Dans ce cas, les solutions de type D ou E ne peuvent être adoptées le plus souvent, puisque sans objet, et les éleveurs disposent donc d'une gamme plus réduite de choix possibles. Les troupeaux sont alors soumis à des conditions de pénurie fourragère à la fois plus précoce et plus sévère, qui peuvent constituer une raison impérieuse pour gagner d'autres zones de parcours et utiliser d'autres points d'eau.

Par ailleurs, certains types de rythme imposent plus que d'autres des contraintes aux bergers et au groupe familial, qui sont ou non acceptées compte tenu des disponibilités en main-d'œuvre, des besoins en lait de la famille, de la taille du troupeau, etc. Certains éleveurs, alors que le niveau des ressources fourragères est encore satisfaisant non loin du point d'eau, peuvent opter pour des rythmes plus contraignants qui leur permettent d'accéder les premiers à des pâturages productifs éloignés.

Les comportements adoptés traduisent donc à la fois l'impact des conditions climatiques, celui de la distribution des ressources fourragères dans l'espace, ainsi que l'influence d'autres facteurs moins liés au milieu qu'à la structure et au fonctionnement du système de production.

DES MODES DE CONDUITE CONTRASTÉS

L'exemple de deux cas suivis au cours des années 1980 et 1981 permet de rendre compte de la succession des pratiques de conduite adoptées par les éleveurs et d'illustrer les raisons et les conséquences de la disparité des comportements observés.

Le premier exemple concerne une famille *peul djelgobe* de 25 personnes environ, qui gère un troupeau bovin de plus de 200 têtes. Son campement et ses terres de cultures sont situés à Saba Kolangal, dans la partie ouest de l'Oudalan, face à un vaste domaine de parcours dépourvu de tout point d'eau en saison sèche.

Sur les graphiques de la figure 2 sont schématisés les déplacements saisonniers du troupeau durant les années 1980 et 1981, ainsi que les rythmes adoptés en saison sèche à partir des puisards de Saba. Le centre du cercle symbolise le lieu de campement de saison sèche, et les chiffres entre parenthèses qui suivent dans le texte renvoient à ceux des secteurs de ces graphiques ainsi qu'aux cartes des déplacements saisonniers correspondants.

Après les récoltes de 1979, les conditions fourragères sont très mauvaises. Le troupeau bovin est dissocié en deux fractions : l'une reste quelque temps sur le champ d'un agriculteur de Saba (« contrat » de fumure), pâture à proximité en rentrant matin et soir au point de parcage (rythme A). L'autre adopte le rythme C, bientôt remplacé par le rythme D (abreuvement tous les deux jours) et tout le bétail est finalement regroupé fin janvier. Devant la pénurie fourragère de plus en plus prononcée, les bergers décident en pleine saison chaude d'adopter le rythme F (exceptionnel) qu'ils maintiennent pendant près d'un mois, en accédant alors à des pâturages situés au-delà du forage Christine. Trois bergers se remplacent par roulement (un seul berger conduit le troupeau). À la fin du mois de mai, avec le début des mises bas, ils décident de revenir au rythme D, qu'ils pratiquent jusqu'aux premières pluies de l'hivernage (6 et 9 juin 1980). Le troupeau avait été divisé auparavant et les animaux âgés, faibles ainsi que les vaches ayant mis bas étaient conduits séparément. Cette scission va se prolonger durant la saison des pluies.

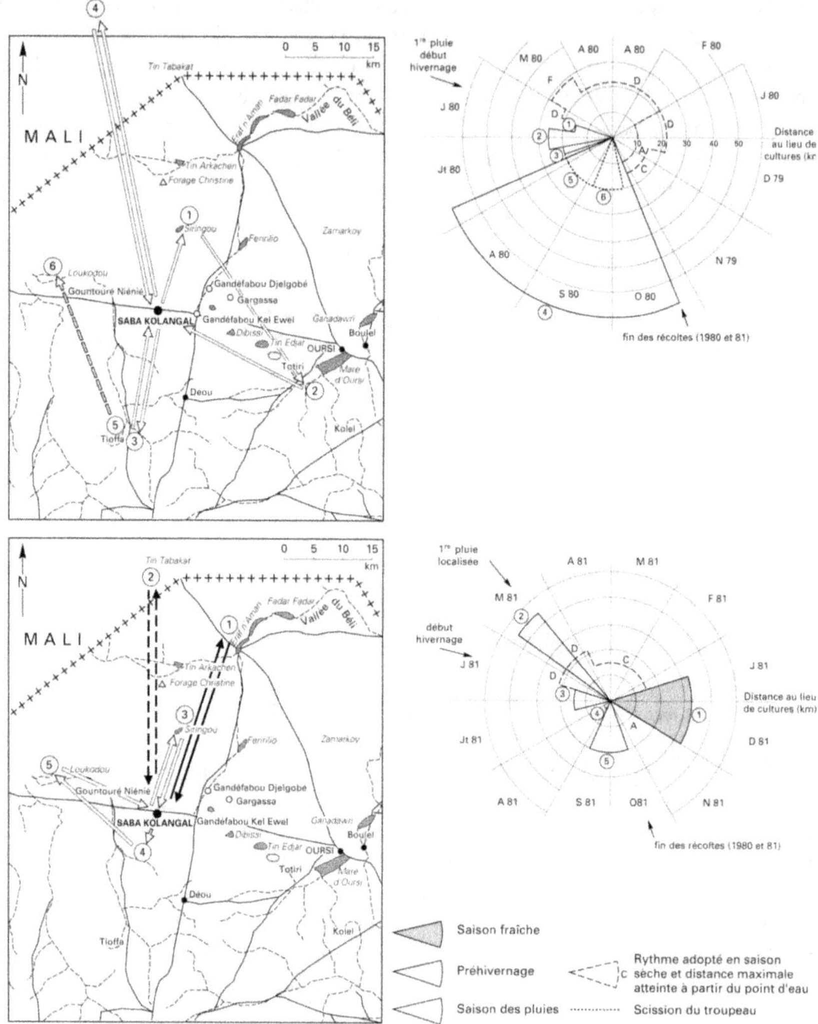

Fig. 2 – Déplacement du troupeau bovin de Saba Kolangal en 1980 et en 1981

Dès la première pluie, le troupeau s'installe pendant dix jours à Siringou (1) puis gagne l'ouest de la mare d'Oursi (2). Les vélages sont alors quasiment terminés. Après deux semaines de séjour près de la mare d'Oursi, il rentre à Saba pour repartir immédiatement à Tioffa, au sud-ouest de Déou. Le troupeau principal n'y reste qu'une semaine (3) ; il revient à nouveau à Saba pour se rendre ensuite fin juillet à la cure salée d'Amniganda au Mali (4) et ne revenir à Saba qu'après les récoltes. Les laitières et les bêtes faibles, qui étaient restées à Tioffa (5), partent ensuite à Loukodou (6) au début du mois de septembre, pour rejoindre Saba vers la mi-octobre. Ces déplacements successifs de saison des pluies se justifiaient par la recherche des pâturages de bas-fonds et de glacis les plus productifs, par la nécessité d'écarter le bétail des terroirs cultivés, à partir du mois d'août, et par la fréquentation en saison des pluies des cures salées (Oursi, et surtout Amniganda) considérée sans doute cette année-là comme impérative compte tenu de l'état d'affaiblissement très prononcé de tous les animaux.

Après les récoltes de 1980, le troupeau suit pendant un peu plus d'un mois un rythme de type A, puis entreprend une transhumance en saison fraîche à Eraf N'Aman pendant plus d'un mois et demi, tandis que les laitières sont maintenues à Saba. Ce séjour au Béli, au cours duquel le campement provisoire des bergers est fréquemment déplacé, permet l'abreuvement direct du bétail (en évitant donc le dur travail d'exhaure de l'eau des puisards) ; il permet également l'accès à des pâturages qui ne peuvent plus être fréquentés par la suite lorsque le Béli est tari à Eraf N'Aman.

En établissant le campement à une dizaine de kilomètres du Béli, le bétail peut gagner, grâce au rythme de type E, des pâturages situés à une vingtaine de kilomètres du point d'eau, donc dépasser largement le forage Christine. Par ailleurs, l'abreuvement un jour sur deux ne représente pas une contrainte véritable pour les animaux à cette période de l'année (basses températures).

Le troupeau se replie sur Saba le 17 janvier 1981, non parce que l'eau et le pâturage ne sont plus disponibles, mais parce que les bergers ont hâte de retrouver leurs familles. Durant trois mois, les ressources fourragères abondantes vont permettre, à partir des puisards de Saba, de maintenir un rythme de type C, et ce n'est que fin avril que le bétail passera au rythme D. Vers le 10 mai, tombe une pluie très localisée au nord, et le troupeau part immédiatement en déplacement de préhivernage à Tin Tabakat (2) pour exploiter, à partir des flaques d'eau créées, des pâturages qui sont inaccessibles en saison sèche, adopter un rythme quotidien moins contraignant (partir loin permet de marcher moins chaque jour) et bénéficier donc en fin de saison chaude de bonnes conditions alimentaires. Dès la première mise bas, le troupeau regagne Saba pour reprendre le rythme D qu'il avait interrompu et, à la pluie suivante, il gagne la petite mare de Siringou (3) où, en s'abreuvant chaque jour, il fréquente les pâturages dunaires et les brousses tigrées environnantes. Seules 10 vaches laitières sont alors maintenues à Saba où la pluie importante du 18 juin déclenche les semis. Le troupeau se replie sur Saba le 9 juillet, et tout le campement se déplace le 22 juillet à quelques kilomètres au sud-ouest pour s'écarter des champs, le bétail pâturant dans les bas-fonds et sur les glacis voisins (4). Début septembre, alors que quelques laitières demeurent au campement, le troupeau (qui s'est en fait divisé durant l'hivernage) part à Loukodou (5) pour rentrer à Saba dès la fin des récoltes. Au début du mois de novembre 1981, comme l'année précédente, il repart en transhumance de saison fraîche sur le Béli.

Pour chacune des ces deux années, le troupeau principal (compte non tenu des animaux qui restent au campement) a été absent de Saba pendant cinq mois environ. Mais les lieux et les périodes de déplacement diffèrent sensiblement, notamment en raison des conditions climatiques, des disponibilités fourragères et de l'état du cheptel.

Quant aux rythmes adoptés en saison sèche, ils apparaissent évidemment liés très directement à la répartition des ressources fourragères et témoignent, dans cette région nord-ouest de l'Oudalan, de la possibilité d'exploiter des pâturages éloignés à partir des points d'eau pérennes situés à leur périphérie.

Le troupeau principal de Saba est toujours accompagné. Seul le sous-troupeau de laitières, éventuellement dissocié du reste des animaux à certaines périodes, n'est pas systématiquement gardé, tout au moins lorsque l'abreuvement est quotidien et qu'il ne pâture pas à de trop longues distances du campement. En saison sèche 1981, lorsque tout le bétail était encore regroupé en un troupeau unique, un seul berger l'accompagnait au pâturage, mais en fait trois hommes se remplaçaient régulièrement pour ce gardiennage. L'abreuvement était réalisé aux puisards au retour du troupeau le matin, et un complément était généralement apporté avant le départ de l'après-midi. Ce travail de puisage, compte tenu de la taille du troupeau (200 bêtes), exige la participation de deux hommes et l'exhaure de 5 m^3 d'eau ou plus[2]. Durant les déplacements de saison des pluies ou de saison fraîche, il n'est pas rare que deux, sinon trois, bergers soient nécessaires pour accompagner le troupeau.

Le second exemple se rapporte à une famille *Iklan Iderfane* dont le campement et les terres de culture sont localisés à Totiri, à quelques kilomètres à l'est de la mare d'Oursi. Le groupe résidentiel, constitué de 5 ménages, comprend 23 personnes lorsqu'il est complet. Les surfaces cultivées sont importantes (environ 0,9 ha par habitant) et permettent en année « normale » de satisfaire les besoins vivriers de la famille.

Le troupeau bovin regroupe 55 têtes en décembre 1981 et manifeste une mobilité beaucoup plus réduite que celui de Saba. La situation du campement permet durant la saison sèche d'utiliser 2 points d'eau : la mare d'Oursi et celle de Tin Edjar ; cette dernière s'assèche assez rapidement mais elle est alors relayée par les puisards qui y sont creusés. La différence fondamentale avec le cas précédent réside surtout dans la très forte charge en bétail qui s'exerce autour de la mare d'Oursi au cours de la saison sèche et qui, selon les disponibilités fourragères de l'année, aboutit plus ou moins tôt à une disparition quasi totale du pâturage herbacé dans un rayon d'une dizaine de kilomètres autour de la mare. Le complexe dunaire situé au nord, bien que vaste, est activement pâturé à partir des points d'eau d'Oursi, Ganadawri, Tin Edjar, Dibissi et Gargassa.

En 1980, confronté à une situation de pénurie fourragère très sévère, le chef de campement décide, dès le 27 février, de quitter Totiri avec le troupeau bovin pour s'installer à Gargassa (à une dizaine de kilomètres au nord-ouest de Totiri), tandis que le groupe familial demeure sur les champs avec les caprins et les ovins.

Les bovins sont alors abreuvés quotidiennement, à partir de Gargassa, aux puisards de Tin Edjar, pendant un mois (rythme B), puis une fois tous les deux jours (rythme E), en allant pâturer le lendemain de l'abreuvement au nord-est de Gargassa. Le bétail est très affaibli et la mortalité très élevée en fin de saison sèche et en début d'hivernage (11 morts au total, dont 9 veaux nés l'année précédente). Le troupeau rejoint Totiri le 10 juin 1980 à la première pluie et s'abreuve désormais dans les bas-fonds proches ; il n'est gardé que la nuit, car tous les hommes sont accaparés pendant la journée par les travaux agricoles. Début août, après le premier sarclage du mil, le campement se déplace vers son lieu d'hivernage, sur les glacis situés à quelques kilomètres au sud des champs. Jusqu'à la mi-octobre, le bétail pâture à proximité (bas-fonds et glacis) où il trouve des points d'eau dispersés. Durant cette période, il fréquente à peu près chaque semaine la cure salée située en bordure de la mare d'Oursi.

Après les récoltes, le campement se déplace à nouveau pour s'installer sur les champs, et les bovins sont conduits jusqu'au 7 mars 1981 à la mare d'Oursi un jour sur deux pour s'y abreuver. En raison du relèvement de la température et de la régression des ressources fourragères, l'éleveur décide alors d'abreuver quotidiennement le

---

[2] Dans ces puisards, l'eau se trouve située à environ 2,50 m de profondeur. Le puisage s'effectue à l'aide d'une calebasse, d'une contenance de 5 à 6 l, suspendue à une corde. Les mesures faites en saison sèche, 1981, indiquent des consommations d'eau quotidiennes de 25 à 35 l par tête (tous âges confondus) suivant la saison (fraîche ou chaude) pour un rythme de type C, c'est-à-dire d'un abreuvement quotidien. Le temps nécessaire à 2 hommes pour abreuver le troupeau variait entre 4 et 5 h.

troupeau, alternativement à Oursi et à Tin Edjar, où des puisards ont été creusés (rythme B', maintenu jusqu'à la fin du mois de mars) : le périple quotidien du troupeau est de 22 kilomètres le premier jour, de 13 kilomètres le lendemain. La mare d'Oursi est ensuite délaissée en raison de la dégradation très poussée des pâturages dunaires environnants, et les bovins, qui sont alors abreuvés chaque jour aux puisards de Tin Edjar, pâturent essentiellement sur les piémonts et sur le massif rocheux, en étant régulièrement gardés jour et nuit.

Une première pluie localisée au début du mois de juin 1981 provoque le départ du troupeau bovin à Zamarkoy ; les flaques qui s'y sont créées permettent d'exploiter sur place un pâturage de brousse tigrée où subsiste encore une quantité appréciable d'herbe sèche. La pluie du 19 juin déclenche les semis à Totiri, et le troupeau regagne le campement le 30 juin pour s'abreuver dans un marigot voisin et pâturer près du massif de Tin Edjar. Comme l'année précédente, les bovins ne sont gardés jusqu'à la fin des sarclages que durant leur petit périple nocturne, ou lorsqu'ils sont conduits à la cure salée d'Oursi. La récolte du mil débute le 12 octobre et les bovins rentrent dans les champs dès le 20 octobre pour y consommer les résidus de culture ; ils pâturent sans gardiennage jour et nuit et continuent à fréquenter épisodiquement la cure salée d'Oursi.

Devant l'état catastrophique des récoltes, 3 des 5 chefs de ménages décident de partir avec leurs familles dans la région de Kaya pour subvenir à leurs besoins alimentaires quotidiens en échange de travaux divers (défrichements, pilage du mil, etc.). Après la réinstallation du campement sur les champs, fin novembre, les bovins sont abreuvés tous les jours, alternativement à la mare d'Oursi et à celle de Tin Edjar, jusqu'au 20 janvier 1982. Plusieurs voyages que le chef de campement doit entreprendre dans la région d'Aribinda pour acheter du mil interrompent le gardiennage et modifient le rythme d'abreuvement. Devant la disparition quasi totale du pâturage autour de la mare d'Oursi, le campement se déplace le 25 février sur les glacis à quelques kilomètres au sud-ouest de Totiri.

Au cours de deux années consécutives, les déplacements du bétail sont donc très limités et ils s'inscrivent presque exclusivement dans le périmètre accessible à partir du point d'eau de Tin Edjar. Les migrations de travail en saison sèche, la priorité accordée à l'entretien des cultures en saison de pluies, font que la main-d'œuvre effectivement disponible pour les activités d'élevage est rare. Le troupeau bovin s'éloigne très rarement du groupe résidentiel et le gardiennage, et donc le choix que peut faire l'éleveur des parcours quotidiens, est irrégulièrement assuré. Les pertes très élevées qu'a subi ce troupeau en 1980 sont directement imputables à cet état de fait, alors que, en 1981, les bonnes conditions fourragères ont permis au bétail de s'en accommoder sans dommage. Les solutions adoptées en conditions de crise apparaissent comme des palliatifs insuffisants. Le chef de campement, bien que très actif et connaissant parfaitement ses bêtes et leurs besoins, avoue lui-même être souvent accaparé par des tâches plus urgentes, en particulier l'approvisionnement en vivres du groupe familial.

CONCLUSION

Le premier exemple évoqué illustre la capacité de certains systèmes d'élevage sahéliens de s'adapter, grâce à la mobilité et à la fréquentation d'un grand espace, à des conditions de milieu diverses et changeantes. De telles pratiques reposent sur une connaissance poussée de l'environnement, de ses atouts et de ses contraintes. Leur maintien, ainsi que celui des genres de vie qui leur sont intimement liés, suppose qu'une condition primordiale soit remplie : l'espace doit rester ouvert et sous-exploité, pour que, même en année défavorable, le prélèvement des ressources fourragères permette de couvrir les besoins du cheptel sans porter atteinte aux capacités productives ultérieures du milieu.

Or, cette condition n'est plus remplie actuellement. Les densités humaine et animale se sont considérablement accrues. Les terres de culture se sont étendues, non seulement sur les sols sableux qui constituent le lieu privilégié de culture du mil, mais également depuis 1973 dans les bas-fonds argileux, aux dépens des prairies à *Panicum laetum* qui représentent un pâturage de choix en saison des pluies, et de la strate ligneuse localisée préférentiellement dans ces sites. Les différentes formations végétales se dégradent, le ruissellement s'accentue. Même lorsque les conditions climatiques de l'année sont satisfaisantes, les charges animales excèdent globalement ce que les parcours pourraient supporter sans dommage. Cette évolution ne s'accompagne pas, bien au contraire, d'une intensification des pratiques d'élevage. La taille des troupeaux s'est réduite, le gardiennage est souvent mal assuré, les animaux connaissent chroniquement de graves situations de pénurie fourragère, auxquelles les éleveurs ne peuvent répondre, certaines années, que par une fuite généralisée hors de l'Oudalan. Le cheptel se trouve confiné dans des espaces utilisables de plus en plus réduits, et les rapports de concurrence pour l'accès à des ressources rares s'exacerbent.

Dans un tel contexte, les pratiques qui avaient fait la preuve de leur efficacité par le passé deviennent inopérantes, ou ne peuvent plus être le fait que de rares groupes d'éleveurs, placés en situations plus favorables que la plupart des autres, et qui choisissent d'accepter encore les contraintes inhérentes à ce type d'élevage. Tout en reconnaissant que dans les zones semi-arides le pastoralisme génère sa propre disparition et qu'il est nécessaire que d'autres systèmes d'élevage se mettent en place, peut-être pourrait-on admettre que puisse se maintenir pour certains, grâce notamment à l'adoption de nouveaux principes de gestion de l'espace régional et de ses ressources, un mode d'existence délibérément choisi qui ne peut être réduit aux seuls faits de production.

BIBLIOGRAPHIE

BARRAL (H.), 1977 – *Les populations nomades de l'Oudalan et leur espace pastoral*. Trav. et Doc. ORSTOM, Paris, n° 77, 119 p. + 8 cartes h.-t.

BENOIT (M.), 1984 – *Le Seno-Mango ne doit pas mourir : pastoralisme, vie sauvage et protection au Sahel*. Mém. ORSTOM, n° 103, 143 p.

COMBES (J.), 1984 – Enquête sur l'élevage et sa place dans les systèmes de production de l'Oudalan. ORSTOM - ORD du Sahel, Ouagadougou, multigr., 50 p. + ann.

GALLAIS (J.), 1975 – *Pasteurs et paysans du Gourma. La condition sahélienne*. Mém. du Ceget, CNRS, Paris, 239 p.

GROUZIS (M.), 1987 – Structure, productivité et dynamique des systèmes écologiques sahéliens (mare d'Oursi, Burkina Faso). Thèse d'État, université de Paris-Sud, 336 p.

LANDAIS (E.), LHOSTE (P.) et MILLEVILLE (P.), 1987 – Points de vue sur la zootechnie et les systèmes d'élevage tropicaux. *Cah. ORSTOM, sér. Sci. Hum.*, 23 (3-4) : 421-437.

LE MASSON (A.), 1980 – Situation de l'élevage bovin dans la sous-préfecture de l'Oudalan, Gorom-Gorom. Rapport d'activités 1977-1979. ORD du Sahel doc. CIDR n° 228, 177 p.

LHOSTE (P.), 1977 – Étude zootechnique, inventaire du cheptel. ACC Lutte contre l'aridité dans l'Oudalan, IEMVT, multigr., 49 p.

MILLEVILLE (P.), 1989 – Activités agropastorales et aléa climatique en région sahélienne. *In* « Le risque en agriculture » : 233-241. Coll. À travers Champs, ORSTOM, Paris.

MILLEVILLE (P.), COMBES (J.) et MARCHAL (J.), 1982 – Systèmes d'élevage sahéliens de l'Oudalan. Étude de cas. ORSTOM Ouagadougou, multigr., 127 p.

SICOT (M.) et GROUZIS (M.), 1981 – Pluviométrie et production des pâturages naturels sahéliens. Étude méthodologique et application à l'estimation de la production fréquentielle du bassin versant de la mare d'Oursi, Haute-Volta. ORSTOM Ouagadougou, multigr., 33 p.

EXPLOITATION PASTORALE DES SAVANES DE LA RÉGION DE SAKARAHA (SUD-OUEST DE MADAGASCAR)

Nivo RANAIVOARIVELO et Pierre MILLEVILLE

INTRODUCTION

Cette étude porte sur les usages pastoraux des formations végétales d'une petite région localisée à 15 km au nord de Sakaraha, dans le sud-ouest malgache. Cette zone d'environ 10 000 ha est située en bordure de la forêt sèche caducifoliée de Zombitsy. Le climat est caractérisé par l'alternance d'une saison des pluies de 4 à 5 mois (de novembre à mars) et d'une longue saison sèche de 7 à 8 mois. D'après le classement de LE HOUÉROU (1980), cette région appartient aux zones à climat tropical sub-humide. La pluviométrie annuelle moyenne est de l'ordre de 700 mm ; nous avons enregistré 627 mm en 1998 et 978 mm en 1999, année fortement excédentaire dans le sud-ouest.

L'élevage bovin (qui compte près de 2000 têtes dans l'espace considéré) est de type extensif, et les seules ressources alimentaires du bétail sont puisées dans le milieu. Cet élevage pastoral tire parti de la diversité des milieux utilisés : savanes, forêt, zones humides, terres de culture, bas-fonds. Les éleveurs mettent à profit cette diversité des ressources pastorales à travers des pratiques et des choix de conduite variés dans le temps et dans l'espace. La savane constitue cependant le milieu de pâturage privilégié. Les ressources pastorales y sont exploitées toute l'année, mais leur utilisation évolue avec les variations saisonnières de l'état du couvert herbacé. Quelle est la contribution réelle des savanes à l'élevage ? Quels sont les critères recherchés par les bergers, et comment les animaux se comportent-ils sur ces milieux ? Dans quels états ces pâturages sont-ils effectivement utilisés ? Voici les questions auxquelles nous tenterons de répondre. Par ailleurs, les zones de savane subissent chaque année des traitements par le feu, responsables pour partie de la variabilité de l'état et de la qualité des espèces fourragères. Nous proposons de préciser les raisons qui incitent les éleveurs à pratiquer ces feux. Quels sont les rôles des différents types de feu ? Après le feu, comment évoluent les herbages et sous quels états vont-ils être appétés par les animaux ?

Le cycle et l'état (en quantité et qualité) des ressources fourragères dépendent directement du rythme climatique saisonnier et de la variabilité interannuelle de la pluviométrie. Par ailleurs, la diversité des conditions édaphiques induit une hétérogénéité spatiale plus ou moins forte des disponibilités fourragères (BOUDET, 1978 ; CARRIÈRE, 1989). Mais cette variabilité résulte aussi pour partie, on le verra, des pratiques pastorales elles-mêmes, et de leurs effets cumulatifs au cours des années.

Nous nous intéresserons ici tout particulièrement aux interrelations entre l'exploitation pastorale, d'une part, et l'hétérogénéité et la variabilité des ressources fourragères, d'autre part. Après avoir présenté succinctement les démarches adoptées et les différents paramètres (qualitatifs et quantitatifs) pris en compte, nous présenterons les résultats relatifs à la fréquentation des différents milieux, au couvert herbacé dominé par *Heteropogon contortus* en savane, aux feux pastoraux et à leurs effets sur le pâturage, et enfin à la relation entre l'état des herbages et le comportement des animaux.

MÉTHODOLOGIE

Caractérisation des différentes formations végétales

Les différents types de formations et de faciès ont fait l'objet d'une cartographie à partir d'une scène SPOT (juin 1997). Une phase de vérification et de repérage a été effectuée sur le terrain pour chaque type de faciès. Chaque formation végétale a ensuite fait l'objet d'une description selon des critères relatifs à la topographie, à la nature du substrat, à la végétation des strates ligneuse et herbacée. Les principaux types de formations végétales ont ainsi été identifiés et spatialisés. Différents faciès de savane ont été distingués selon les espèces ligneuses dominantes et le recouvrement du tapis herbacé.

Mesure de la phytomasse épigée

La méthode utilisée (BOUDET, 1978 ; LEVANG et GROUZIS, 1980) est celle de la récolte intégrale (coupe à ras du sol de toute la matière végétale épigée) de placeaux sur différents faciès de savane. Le nombre et la taille des placeaux ont été choisis en s'inspirant des travaux de GROUZIS (1988) appliqués aux conditions sahéliennes, indiquant qu'un échantillon de 30 placeaux permet d'avoisiner une précision de 20 %. Nous avons retenu un effectif de 30 placeaux de $1m^2$ par faciès, disposés sur deux transects perpendiculaires (de 15 placeaux chacun). Des mesures au maximum de végétation (en mars) et en fin de saison sèche (octobre) ont été ainsi réalisées en 1998 et 1999.

Mesure de la hauteur des repousses

Un suivi de la croissance des repousses a été effectué par la mesure de leur hauteur. Les mesures ont été faites sur des touffes d'*Heteropogon contortus* affectées par le feu, d'une part, et sur des touffes non brûlées, d'autre part, afin d'apprécier l'évolution de la hauteur des repousses. De telles mesures ont été conduites sur un dispositif expérimental mis en place dans la même zone d'étude, afin d'évaluer les effets du feu et du pâturage sur la dynamique de la végétation de savanes (RAKOTOARIMANANA *et al.*, 2001). Deux séries de mesures ont été ainsi réalisées, en conditions protégée ou non, c'est-à-dire pâturée ou non. Dans la présente étude, nous nous intéresserons aux résultats relatifs aux conditions protégées, compte tenu de notre objectif. Cinquante répétitions (réparties sur deux transects parallèles à la pente) par traitement (feu ou non) ont été ainsi réalisées et les mesures ont été effectuées tous les dix jours depuis les quinze jours qui ont suivi les premières pluies (le 14 décembre 1999) jusqu'à la période de maximum de végétation (le 1er avril 2000).

Enregistrement par les bergers des itinéraires et des espèces consommées

Douze troupeaux ont été retenus sur la base des modes de conduite et des types de milieux fréquentés. Globalement, ils rendent bien compte de l'exploitation pastorale des différents milieux de la zone d'étude. Pour chacun d'entre eux, un berger a consigné sur une fiche, chaque semaine pendant une année complète, les itinéraires parcourus (reconstitués à l'aide de la toponymie locale) et les principales espèces consommées par le bétail.

Des informations complémentaires ont été régulièrement recueillies par enquête auprès de ces bergers, afin de préciser certains points et d'éclairer les décisions prises en matière de conduite des troupeaux. Une telle méthode permet de suivre l'évolution de l'exploitation des différents milieux ainsi que les espèces qui y sont consommées au cours de l'année, pour des troupeaux non observés directement (BOUDET, 1978).

Suivis et observations

La succession des saisons détermine l'état des fourrages. Trois saisons pastorales se distinguent :
   – la saison des pluies ou *asara* : mi-novembre à fin mars
   – le début de saison sèche et fraîche ou *asotry* : avril à juillet
   – la saison sèche et chaude ou *afaosa* : août à novembre (avant la tombée des premières pluies).
Les suivis et observations relatifs aux ressources, au comportement des animaux ainsi qu'aux pratiques de conduite, ont été effectués à ces différentes saisons. Les suivis ont plus particulièrement été réalisés au cours des mois suivants :

Janvier : pleine saison des pluies :	les ressources fourragères sont abondantes et de bonne qualité.
Mars : fin de saison des pluies et début de saison sèche et fraîche :	la qualité des ressources commence à se dégrader en savane. Les graminées de savane sont au maximum de végétation.
Juillet : milieu de saison sèche :	début de période d'élimination des refus au moyen du feu.
Octobre : fin de saison sèche :	période de soudure et de mise à feu généralisée en savane.
Décembre :	période charnière importante sur le changement de qualité des fourrages consommés en savane.

Choix des troupeaux

Afin de suivre les parcours quotidiens aux différentes saisons, cinq troupeaux (parmi les douze cités précédemment) ont été choisis en fonction des caractéristiques de leur conduite (privilégiant ou non la fréquentation de certains milieux tels que la forêt, les terres de culture en savane, les zones humides, à différentes périodes de l'année, et utilisant de manière permanente ou non le parc à bœufs), de leur taille et des catégories d'animaux présents. Ces troupeaux ont fait l'objet de suivis réguliers aux mois indiqués précédemment. Ce choix a été réalisé de manière raisonnée pour tenir compte des grands types de conduite présents dans la zone.

Paramètres relevés au cours des suivis de troupeaux

À chaque suivi de troupeau sur son parcours quotidien, nous avons :

– caractérisé l'état des herbages en savane et le comportement alimentaire des animaux ; l'état des herbages a été apprécié par l'abondance de la touffe de graminée, sa hauteur, son état (sec ou vert), le stade phénologique, la présence ou non de repousses et de matière verte ; le comportement des animaux au pâturage a fait l'objet d'observations sur la sélection, la préférence ou le refus des touffes et le choix de l'organe prélevé ; nous partageons l'affirmation de BOUDET (1978) selon laquelle l'observation des troupeaux au pâturage est la seule manière d'évaluer l'appétibilité des espèces présentes dans les pâturages ;

– enregistré les activités des animaux : ingestion, repos et déplacement ; la répartition de ces activités au cours d'une journée de parcours a été notée tous les quarts d'heure (TÉZENAS, 1994), depuis la sortie du parc jusqu'au retour au parc ; quatre animaux par troupeau suivi ont ainsi été observés ; dans la mesure du possible, les mêmes animaux ont été observés aux différentes dates de suivi.

Les résultats sont exprimés en fréquences (convertibles en temps consacré par l'animal aux différentes activités). La fréquence d'ingestion est ainsi le rapport entre le nombre de cas d'ingestion observés et le nombre total de mesures réalisées.

Deux échelles d'observation ont été adoptées :

– la micro-station a été choisie comme « entité pastorale évidente » (ICKOWICZ, 1995) parce que l'animal la distingue au pacage (CARRIÈRE, 1989). La plus petite unité spatiale (d'un même faciès de savane) considérée est la surface dont le couvert herbacé à *Heteropogon contortus* présente un état homogène (abondance, hauteur, présence ou non de repousses vertes...) qui est recherché par le bétail. Cette échelle intègre l'hétérogénéité au niveau d'un même faciès, à l'intérieur d'une même formation végétale et non d'une communauté végétale à une autre (BOUDET, 1978).

– l'échelle de la touffe d'herbe permet d'apprécier la sélectivité des animaux sur les organes végétaux réellement prélevés. BREMAN et RIDDER (1991) notent que le fourrage dont le bétail dispose à un moment déterminé se compose rarement d'une matière homogène. Les animaux au pâturage ont donc le choix entre diverses espèces ou parties de plantes.

L'appétibilité peut donc être appréciée également à ce niveau. On soulignera que cette notion est relative (BOUDET, 1978 ; AUDRU, 1995), car l'appétibilité d'une espèce ne peut s'apprécier que par rapport à une autre et seulement à un moment donné (AUDRU, 1995).

RÉSULTATS ET DISCUSSION

Fréquentation des différents milieux pâturés aux différentes saisons

Les milieux utilisés se diversifient avec l'avancée de la saison sèche (fig. 1). Les terres de culture s'ouvrent au pâturage après les périodes de récolte. Les zones humides sur sol sablo-argileux, la formation boisée et la forêt dégradée sont exploitées toute l'année au même titre que les zones de savane. Ces dernières occupent une superficie largement dominante (80 % de la zone délimitée). Elles sont exploitées de façon très intense en saison favorable, c'est-à-dire en saison des pluies. Lorsque la qualité de ses ressources se dégrade (saison sèche), d'autres milieux sont également mis à contribution de façon régulière. Durant la saison des pluies, la savane constitue le pâturage essentiel, les autres milieux servant de complément pour l'alimentation du bétail, avec une durée de fréquentation minime par rapport à celle de la savane.

	Avril	Mai	Juin	Juil.	Août	Sept	Oct.	Nov.	Déc.	Janv.	Fév.	Mars
Bas-fond et cours d'eau ou fond de *sakasaka*	O	*	*	*	*	**	**	**	*	O	O	O
Terres de cultures irriguées en bas-fonds	*	*	**	**	**	**	**	*	O	O	O	O
Terres de cultures vivrières en savane	*	**	**	**	**	**	**	**	*	O	O	O
Hatsaky	*	**	**	**	*	*	*	*	O	O	O	O
Bas-fond non cultivés sur sol turbeux	*	*	*	**	**	**	**	**	*	O	O	O
Savane de bas-fond sur colluvion	*	*	*	*	**	**	**	*	O	O	O	O
Zone humide sur sol sablo-argileux	**	**	**	**	**	*	*	*	**	**	**	**
Forêt dégradée et lisière	*	*	*	*	*	*	*	*	*	*	*	*
Savane boisée	*	*	*	*	*	*	*	*	*	*	*	*
Savane arbustive sur sable	**	**	**	**	*	*	*	*	**	**	**	**

SAISON SÈCHE — SAISON DES PLUIES

Fig. 1 – Fréquentation des différents milieux pâturés aux différentes saisons

O :   Fréquentation nulle
* :   Fréquentation épisodique
** :   Fréquentation intense

DUFOURNET, cité par CORI (1979), décrit les déplacements des troupeaux au cours des différentes saisons dans le Moyen-Ouest malgache, où l'élevage bénéficie de conditions naturelles satisfaisantes : en saison des pluies, le bétail pâture sur les savanes de plateaux et les colluvions récentes des bas-fonds ; en début et milieu de saison sèche, il descend sur les alluvions jeunes des bas-fonds et, en fin de saison sèche, il descend encore dans les prairies hydromorphes des bas-fonds. Dans notre région, les autres types de milieu ne se substituent pas aux zones de savane mais viennent simplement les compléter. CORI (1979) appuie ce constat : selon lui, l'éleveur va utiliser au mieux les pâturages en faisant alterner les terres hautes (apport de matières sèches et cellulose) et les bas-fonds (apport de matières azotées et vitamines).

L'étude du rythme de fréquentation renseigne sur l'évolution de l'utilisation d'un milieu pâturé au cours du temps. Un milieu donné peut être pâturé toute l'année, mais la durée d'utilisation est plus ou moins importante suivant la saison. Cette variabilité est liée à l'évolution de l'état des ressources fourragères et donc à la préférence alimentaire du bétail. L'utilisation des parcours, l'état des espèces consommées aux différentes saisons, les différents traitements pratiqués par l'éleveur, ainsi que la consommation des ressources par les animaux, sont mis en relation afin de comprendre les modes de fonctionnement et d'exploitation des zones de savane pour l'élevage.

Les herbages à *Heteropogon contortus*

Selon GRANIER (1992), l'alimentation du bétail dans le Moyen-Ouest malgache est essentiellement constituée par les formations herbeuses (près de 90%), la forêt représentant plus un refuge temporaire qu'un véritable pâturage.

Sur le plan floristique, le tapis herbacé de la région est dominé par *Heteropogon contortus*. C'est une graminée pérenne, cespiteuse, de 20 à 75 cm de hauteur. Bon fourrage à l'état jeune, il perd rapidement de sa valeur à maturité. Les épillets munis d'un callus piquant, acéré, gênent et peuvent blesser les animaux (BOSSER, 1969). Cette graminée est consommée en savane tout au long de l'année et son appétence varie selon son état. Elle constitue la base de l'alimentation du bétail, et la consommation d'autres espèces fourragères est directement conditionnée par l'état et la qualité de cette ressource. La dominance d'espèces herbacées pérennes assure l'alimentation en continu du bétail au pâturage. Selon BREMAN (1982), la présence d'espèces pérennes constitue un facteur de stabilité pour l'élevage pastoral car elles fournissent de la nourriture pour le bétail même en pleine saison sèche.

Appréciation de la capacité de charge globale

Dans la zone étudiée, on peut estimer que la charge animale est globalement inférieure à celle qu'autoriserait le disponible fourrager. La charge potentielle que pourraient supporter les 10 000 ha de cette zone, sachant que 80% de cette superficie est occupée par les zones de savane, qui produisent en moyenne 2 TMS.ha^{-1} de phytomasse épigée, peut être estimée à 3500 UBT (unité de bétail tropical). Ce nombre théorique a été obtenu en faisant l'hypothèse que seule 50 % de la phytomasse disponible est réellement accessible. Il s'agit donc d'une situation largement excédentaire sur le plan quantitatif (énergétique), si l'on tient compte de la charge globale réelle (1400 UBT), puisque la zone d'étude est fréquentée par environ 2000 têtes de bétail.

Dégradation de l'état et de la qualité d'*Heteropogon contortus* et notion d'accessibilité

Les éleveurs prennent en compte deux critères pour qualifier la dégradation de l'état des herbages : l'abondance de la touffe et son degré de lignification.
– Une touffe trop exubérante est souvent délaissée par l'animal, car elle gêne l'accès aux parties effectivement appétées. En effet, l'animal consomme préférentiellement les organes végétaux jeunes et tendres, surtout situés à la base de la plante. Lorsque la touffe est trop abondante, ces organes végétaux se trouvent enfouis dans la masse végétale. L'accessibilité à ces parties appétées est donc primordiale. TRAORÉ (1978) et DIALLO (1978), cités par BREMAN *et al.* (1982), se sont penchés sur ce problème et ont constaté que, chez les graminées pérennes, feuilles basales et repousses sont les parties sélectionnées par le bétail.
– Une touffe lignifiée est beaucoup moins appréciée que de jeunes plants. Une jeune touffe composée de feuilles tendres est souvent entièrement appétée par l'animal. Lorsque les matières végétales durcies et sèches se mélangent aux organes tendres, l'animal cherche et sélectionne ces derniers. Les organes tendres peuvent être verts ou à l'état de paille selon les saisons. En fin de saison sèche, la touffe se compose uniquement de paille, et les organes tendres sont constitués par les feuilles sommitales ou les derniers organes formés situés à la base de la plante. GRANIER (1967) a constaté une préférence du bétail pour les jeunes repousses, parce que leur préhension en est plus aisée, qu'elles nécessitent moins de fatigue pour être mâchées et ingérées, et qu'en général leur appétence est excellente.

Calendrier fourrager d'*Heteropogon contortus* et son utilisation par le bétail

Les herbages en savane ne sont pas indifféremment consommés par les animaux (fig. 2). Au pâturage, le bétail manifeste une préférence pour des espèces mais également pour des états des espèces qu'il consomme.

L'évolution de l'état des herbages au cours du temps montre que, sans passage du feu, les touffes consommées aux différentes périodes de l'année comportent toujours des reliquats de paille. L'appétibilité de tels herbages varie ainsi selon l'abondance de la paille ; elle est optimale lorsque la touffe est dégagée et enrichie en repousses vertes (notamment en décembre).

Les pluies du mois de novembre génèrent des repousses abondantes au sein des touffes de graminée et augmentent leur appétibilité. Ces repousses se mélangent au reliquat de paille et constituent le disponible fourrager de la saison. En janvier, ces touffes évoluent rapidement, avec l'apparition de nouvelles talles, mélangées au reliquat de paille sèche. Avec la présence d'épillets piquants au maximum de végétation (mars), les touffes seront moins appréciées par les animaux. Le bétail y reviendra en juillet lorsqu'elles seront moins abondantes. La litière au sol pourra également être consommée à cette période. En milieu de saison sèche (août), lorsque l'état des herbages se dégrade en raison de l'abondance de la matière lignifiée, le bétail procède à une sélection en broutant préférentiellement les parties tendres vertes ou sèches situées généralement à la base des plants de graminée. En fin de saison sèche (à partir de septembre), les zones de savane s'uniformisent à l'état de paille. Le bétail n'a alors plus d'autre choix que de consommer cette paille, et la sélection au niveau de la touffe devient nulle.

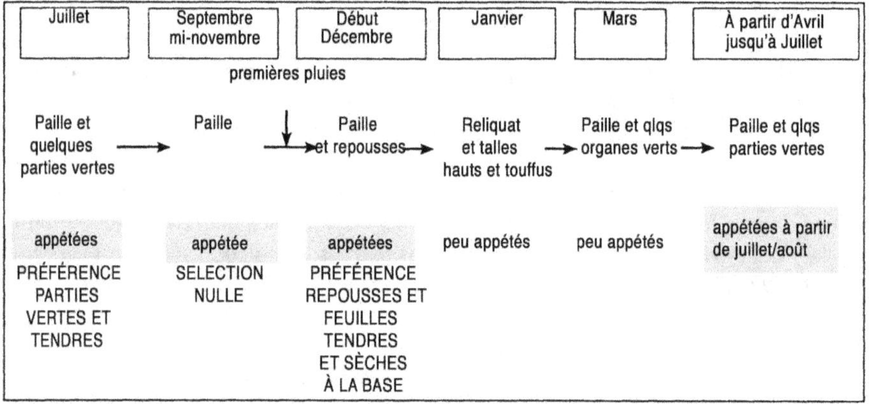

Fig. 2 – Évolution des herbages et de leur appétibilité par le bétail aux différentes saisons

Les feux pastoraux

Les éleveurs observent l'état des herbages et interviennent lorsqu'il y a dégradation. À travers la pratique des feux, ils provoquent une rupture de la chaîne d'évolution des herbages, présentée dans la figure 2. Nous avons observé dans notre zone d'étude trois types de feu, le plus répandu étant le feu tardif.

Les feux tardifs

Ces feux sont pratiqués de septembre à mi-novembre. Près de 40% des zones de savanes ont ainsi été brûlées en 1998.

Ces feux ont pour rôle de préparer un nouveau cycle végétal à partir des rejets. En fin de saison sèche, les plants de graminée sont constitués entièrement de paille sèche, et le feu permet de renouveler le fourrage en éliminant les refus : le feu a alors pour rôle de faciliter l'accès aux parties consommables en éliminant les reliquats. Les jeunes pousses ne peuvent être consommées par les animaux qu'après retour des pluies qui favorisent leur développement. Selon MONNIER (1968), le feu est considéré comme l'instrument d'une phase de rajeunissement radical et intégral. À la place d'une végétation composée de jeunes pousses et de reliquat de paille, il permet l'installation d'une nouvelle végétation entièrement vivante. BOSSER (1954) faisait la même interprétation en observant qu'en supprimant les chaumes lignifiés et desséchés de l'année précédente, le feu permet au bétail d'accéder aux repousses.

KRUL et BREMAN (1982) affirment que le feu augmente la disponibilité des repousses des herbes pérennes et, dans certains cas, accélère leur vitesse de croissance. Cette disponibilité serait améliorée par la disparition des tiges et des feuilles âgées, de très mauvaises qualité et digestibilité.

Provoqué peu avant les premières pluies (début novembre), le feu tardif assure le développement et la durabilité des repousses. La figure 3 schématise l'évolution des herbages et de leurs usages par le bétail sous l'effet du feu tardif.

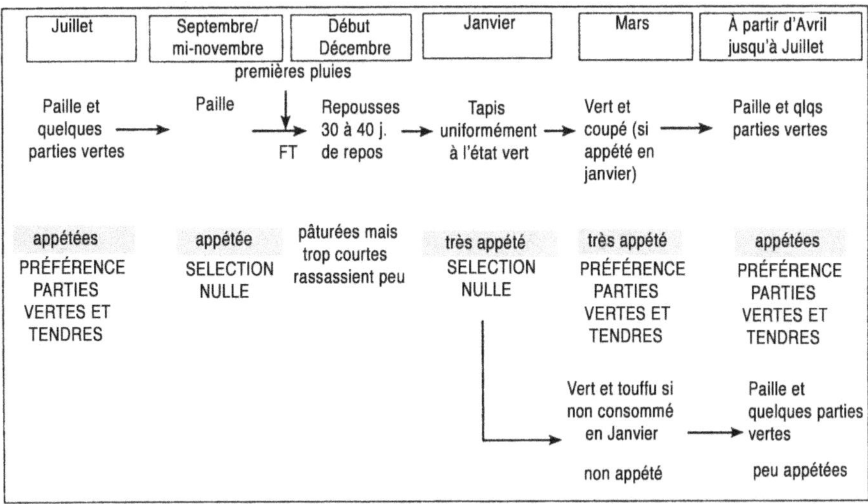

Fig. 3 – Évolution des herbages et de leur appétibilité par le bétail sous l'effet du feu tardif (FT)

Pâturage de soudure et des premières pluies

La deuxième quinzaine de novembre constitue souvent une période charnière entre la saison sèche et la saison des pluies. Les premières pluies ont favorisé le démarrage d'un nouveau cycle végétal sur l'ensemble des herbages, brûlés ou non. Les animaux ont alors tendance à se précipiter sur les repousses des zones brûlées, mais la quantité de matière ingérée par coup de dent est faible, en raison du faible disponible de matière végétale consommable. Avant les pluies importantes et fréquentes de décembre, les animaux continuent donc à paître préférentiellement sur les touffes d'*Heteropogon* non brûlées, où le disponible est plus important, en raison de la présence de feuilles basales résiduelles à l'état de paille, en plus des repousses vertes. Il a été par ailleurs constaté que la hauteur des repousses sur les zones non brûlées est sensiblement plus importante (19 cm en moyenne vers mi-décembre) que sur les zones brûlées (14,5 cm à la même période).

Cette période de soudure est cruciale pour limiter les pertes en poids des animaux, et nécessite donc une bonne stratégie de conduite. Les bergers adaptent leur parcours de façon à privilégier les pâturages non brûlés. Souvent le passage sur les pâturages non brûlés (secs) est bien apprécié des animaux en fin de parcours quotidien, après pâture en bas-fonds. Les pâturages de bas-fonds jouent souvent le rôle de « relance » en stimulant l'activité d'ingestion sur les pâturages de plateaux ou de versant (MEURET, 1993).

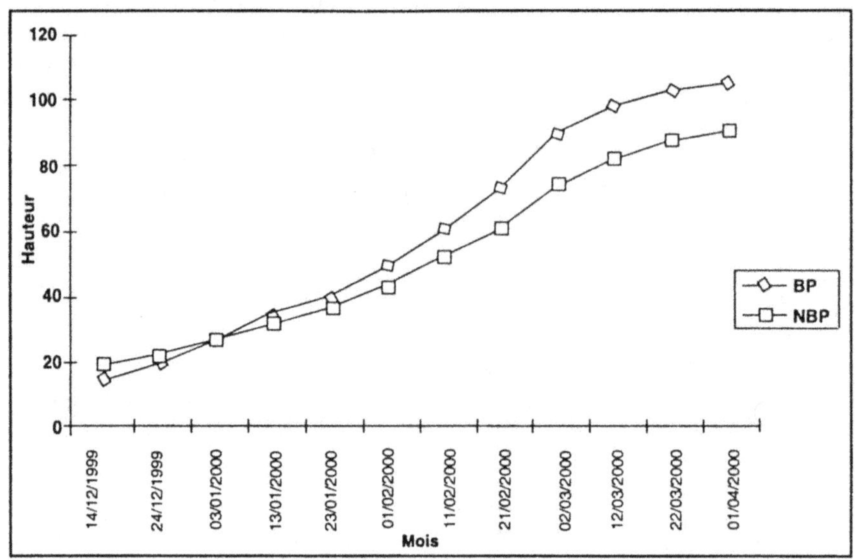

Fig. 4 – Évolution de la hauteur (cm) de repousses d'*Heteropogon contortus* soumises (BP) ou non (NBP) au feu tardif en conditions protégées

Pâturage de saison des pluies

En janvier, l'ensemble des zones de savane offre un paysage verdoyant et les repousses sur feu tardif sont bien développées (cf. fig. 3). Les hauteurs enregistrées en condition protégée montrent que la hauteur moyenne de la matière végétale verte est de 39 cm pour les zones brûlées dans la 2ème quinzaine de janvier contre 35 cm pour celles non brûlées (cf. fig. 4). Les repousses sur zone brûlée rattrapent progressivement la hauteur des non brûlées. C'est la meilleure saison pastorale en savane. Les conduites en savane se cantonnent sur ces nouveaux pâturages, où l'animal consomme tout le disponible sur pied. Ces pâturages sont de premier choix, ceux non affectés par les feux tardifs étant alors délaissés.

Le disponible fourrager des surfaces brûlées excède les besoins du bétail. Dans le contexte régional, la charge animale est faible par rapport au disponible. Les faciès non pâturés deviennent des zones sous-pâturées. Les herbages non broutés en janvier offrent, en mars, des touffes trop abondantes pour intéresser le bétail. Les surfaces non broutées en janvier vont ainsi être dépréciées par les animaux. Ces excédents de saison des pluies vont alors se développer davantage et ne serviront de pâturage qu'en fin de saison sèche.

Pâturage au maximum de végétation

À partir de la deuxième quinzaine de mars, *Heteropogon contortus* se trouve au stade de fructification (MANAKA, 1988). Ce stade correspond en fait à un changement fondamental de l'état des herbages : les organes végétaux durcissent. Le bétail, quant à lui, est à l'optimum de sa forme.

Les herbages sur feu tardif, déjà broutés en janvier, demeurent appétés au maximum de végétation (cf. fig. 3). Grâce au broutage antérieur, ils sont en effet d'accès plus facile pour les animaux. Les herbages dégagés, localisés autour des termitières (sol très dur) ou sous les arbres (points de repos), sont également la cible du bétail. Ils y sont clairsemés, donc d'accès plus facile et appréciés des animaux. Les herbages situés à ces endroits se développant vigoureusement aux premières pluies, ils ont été les premiers à être consommés par le bétail. La phytomasse épigée enregistrée au maximum de végétation variait entre 0,8 à 2,3 T.ha^{-1} en 1998 et 0,7 à 4 T.ha^{-1} en 1999 selon les faciès.

L'effet du broutage en janvier des repousses sur feu tardif est donc crucial. Ce traitement va permettre l'accessibilité aux parties appétées le reste de l'année et maintenir ainsi le plus longtemps possible la qualité du fourrage recherchée par les animaux.

Pâturage de milieu et de fin de saison sèche

Au fur et à mesure de l'avancée de la saison sèche, les touffes s'uniformisent à l'état de paille. Les animaux s'attardent de plus en plus sur les pieds de graminée pour sélectionner les parties tendres. De juillet à septembre, ce sont les touffes écourtées par les broutages successifs qui sont prisées par les animaux. En cette saison, les animaux apprécient peu les touffes abondantes et s'intéressent surtout aux touffes coupées.

En extrême fin de saison sèche (avant l'arrivée des premières pluies), le fourrage se fait rare. Les touffes broutées depuis la saison des pluies offrent un disponible quasi nul. À cette période, les animaux consomment les herbages restant en savane, c'est-à-dire les touffes refusées et non affectées par le feu précoce de saison fraîche, qui représentent le seul disponible herbacé de la saison (0,5 à 0,8 T.ha^{-1} en octobre 1998 et 0,4 à 1,8 T.ha^{-1} en octobre 1999). Ces touffes sont moins abondantes et plus facilement accessibles. La litière, au pied des plants, est également consommée. Les animaux n'opèrent pas de sélection et consomment tout le disponible sur pied. L'herbe est complètement lignifiée, sa valeur nutritive est faible mais sa valeur énergétique reste élevée (CORI, 1979).

Le feu tardif améliore donc l'état et la qualité des herbages en savane, entretenus par la suite par le broutage.

Le feu précoce (FP)

À partir du mois de juillet, les refus sont abondants, les herbages sont de moins en moins appréciés par les animaux et les milieux pâturés fréquentés sont diversifiés. Les éleveurs peuvent alors renouveler le pâturage par la pratique du feu précoce (fig. 5). C'est le deuxième type de feu observé.

L'extension spatiale du feu précoce est limitée (à peine 5 % des zones de savane concernées en 1998) mais elle varie d'une année a l'autre. Une faible portion des savanes est incendiée, avec une localisation marquée autour des terres de cultures encore sur pied, afin de les protéger (manioc en savanes, cultures de bas-fond).

Les bergers conduisent le bétail sur ces placages brûlés. Leur objectif est d'apporter un peu de matière verte en saison sèche (juillet-août), lorsque la savane est à l'état de paille. Le bétail est attiré par le tapis vert, mais la quantité de matière ingérée est minime. Ces repousses sont donc finalement peu consommées. Les animaux se rabattent alors sur les placages non brûlés environnants (cf. fig. 2).

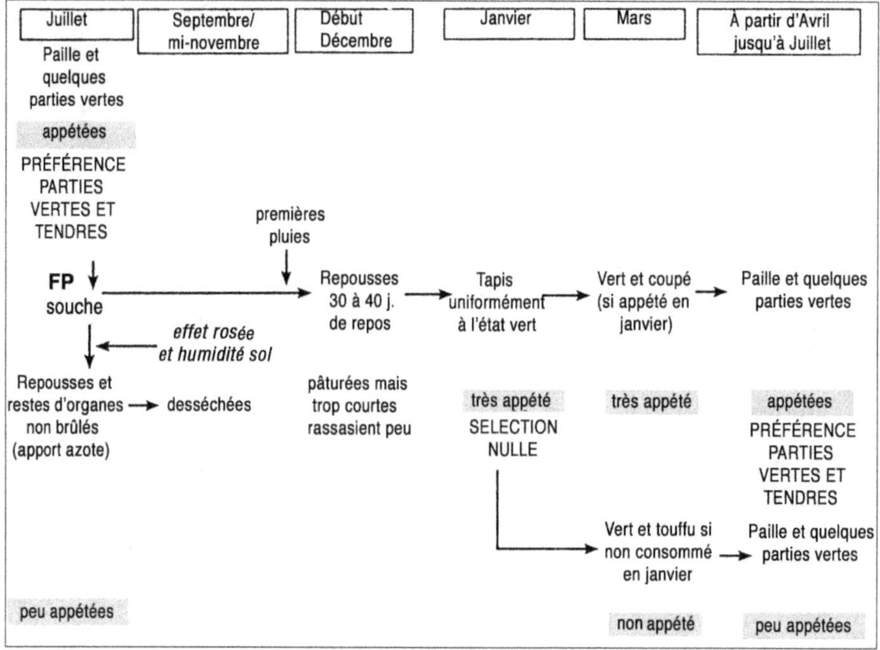

Fig. 5 – Évolution des herbages et de leur appétibilité par le bétail sous l'effet du feu précoce (FP)

Le feu précoce présente donc peu d'intérêt pour l'élevage extensif, exploitant de vastes espaces de savanes. L'humidité apportée par la rosée et par la réserve utile en eau du sol stimule le départ des jeunes pousses, sans pouvoir assurer leur pérennité jusqu'au milieu et fin de saison sèche. Le démarrage des repousses peut se produire à tout moment de l'année, même en dehors des pluies (CORI, 1979), mais leur viabilité repose par la suite sur la disponibilité en eau du sol. Cette bonne alimentation en eau n'est possible durant la saison sèche que dans les bas-fonds ou à proximité de zones humides. Ce sont des zones bien localisées, n'occupant finalement que de faibles étendues.

En savane, les repousses, après passage du feu précoce, vont se dessécher avec l'avancée de la saison sèche et ne pourront pas assurer l'alimentation du bétail. La souche laissée après passage du feu précoce attendra les premières pluies de novembre pour que partent les repousses de saison des pluies (cf. fig. 5) qui, elles, vont persister et être effectivement broutées en janvier. L'état des pâturages va donc évoluer de façon comparable à ceux soumis à une mise à feu tardive.

Le feu précoce de la savane ne présente donc pas d'intérêt pastoral très probant, car il génère peu de matières végétales consommables pour les animaux, sauf dans des zones humides, où la viabilité des repousses peut être assurée jusqu'au milieu de saison sèche.

Le feu de fin de saison des pluies

Les herbages non brûlés avant les pluies présentent une biomasse importante en fin de saison des pluies et peuvent être brûlés lorsqu'un certain niveau de dessiccation est atteint. Leur mise à feu offre, après le feu, de la paille rougie partiellement brûlée, qui constitue une friandise pour le bétail. Cette pratique ne se rencontre que dans le cas d'herbages très touffus, localisés dans des zones humides très circonscrites, souvent à proximité de puisards.

Ainsi, des trois types de feu identifiés dans la zone, le feu tardif constitue le feu pastoral par excellence.

Évolution de l'état des herbages en savane et comportement alimentaire des animaux

Après avoir présenté les traitements qui affectent l'état et la qualité des herbages en zones de savane, nous pouvons illustrer ces évolutions à travers le comportement des animaux sur les parcours. À titre d'exemple, nous avons choisi deux parcours journaliers (fig. 6), effectués par le même troupeau, à deux périodes cruciales de l'année : le mois de janvier (pleine saison des pluies) et le mois de juillet (saison sèche et fraîche). Les chiffres indiquent la moyenne des fréquences d'ingestion effectuées par quatre animaux. Ces chiffres concernent la durée d'enregistrement, limitée par les flèches.

Au mois de janvier, les savanes parcourues par ce troupeau ont été incendiées par un feu tardif. Les herbages sont de bonne qualité et forment un tapis uniformément vert. Les animaux se déplacent peu sur le lieu de pâturage et consomment les touffes sans y faire de sélection. La fréquence d'ingestion enregistrée est de 63% sur le principal lieu de pâturage.

Au mois de juillet, deux changements sont à signaler (i) les milieux fréquentés se sont diversifiés en raison de la dégradation de la qualité des fourrages en savane (ii) la durée de fréquentation des espaces de savanes a diminué (3h30 contre 8h en janvier), alors que le temps consacré à l'ingestion a augmenté en zone de savane (91 %). Les animaux passent donc beaucoup plus de temps sur le pâturage pour sélectionner ce qu'ils consomment, en raison de la dégradation de l'état et de la qualité des herbages. De plus, le temps passé en savane est presqu'entièrement consacré à l'ingestion pour satisfaire les besoins alimentaires, contrairement à janvier, où les activités d'ingestion sont entrecoupées de repos (les animaux se rassasiant vite, car la quantité de fourrage prélevée par « coup de dent » est plus importante).

Les comportements spatio-alimentaires des animaux au pâturage attestent donc de la qualité des fourrages, liée à l'appréciation alimentaire des animaux.

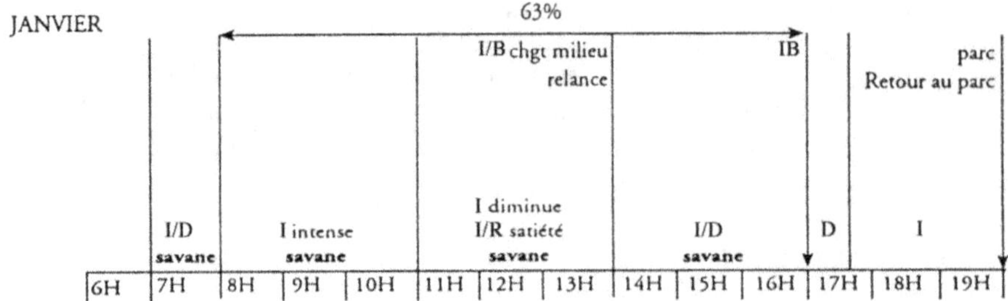

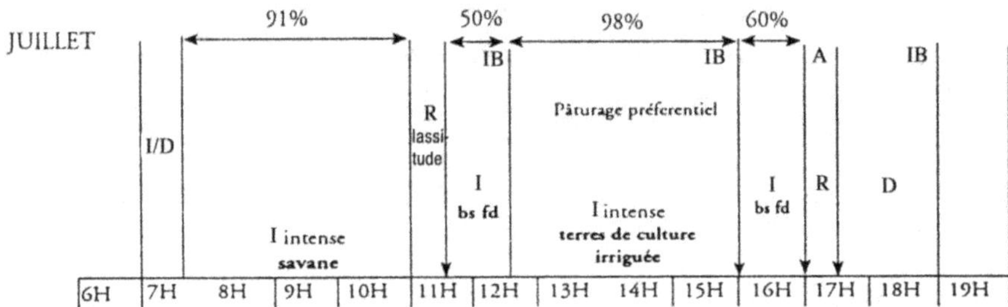

Fig. 6 – Comportement alimentaire des animaux sur le parcours aux différentes saisons de l'année

I : ingestion D : déplacement R : repos IB : intervention du berger chgt : changement bsfd : bas-fond
A : abreuvement

Pratiques pastorales et évolution des états de la savane

Les résultats des observations montrent qu'il est possible d'établir une typologie des états de la savane affectée des traitements feu/non feu et broutage/non broutage. Nous proposons différentes évolutions saisonnières possibles (fig. 7).

Une zone de savane traitée par le feu offre, après les pluies, des herbages de bonne qualité, bien appétés par le bétail. Les troupeaux, ne parcourant pourtant pas toutes les zones brûlées, laissent des herbages sous-pâturés. Ces derniers peuvent être parcourus par les feux de début de saison sèche, comme ceux non brûlés avant les pluies.

Le broutage après passage du feu est un facteur déterminant l'évolution de l'état des herbages pour le reste de l'année. En général, le bétail continue de consommer les touffes déjà broutées et crée ainsi des zones surpâturées. Du broutage va dépendre ensuite, en fin de saison sèche, le passage ou non du feu sur les herbages ; le feu ne passe que sur des herbages offrant suffisamment de combustible l'année suivante. La possibilité de mise à feu exige un minimum de combustible, qui a été évalué par SCHNELL (1971) à propos du domaine sahélien de l'Afrique, et par KRUL et BREMAN (1982) pour les steppes arborées du Sahel, les savanes soudanaises et guinéennes, à 1T.ha^{-1} de paille répartie de façon homogène. Le traitement des zones de savane par le feu est donc très variable, et une savane ne peut être systématiquement brûlée chaque année, sauf dans des zones particulièrement favorables (zone humide ou bas-fonds), bénéficiant d'une biomasse abondante toute l'année, du moins suffisante jusqu'à la fin de la saison sèche.

Si les pratiques pastorales s'adaptent à la diversité des conditions du milieu, elles se révèlent aussi créatrices d'hétérogénéité. Un espace de savane offre un aspect très hétérogène par la discontinuité de son tapis herbacé. Nous parlons ici de l'hétérogénéité interne des savanes. Selon LANDAIS et BALENT (1993), les pratiques extensives sont généralement, par elles-mêmes, facteurs d'hétérogénéité. Un espace de savane affecté du traitement combiné (ou non) du feu et du broutage offre également une hétérogénéité de la qualité fourragère. BREMAN et de RIDDER (1991) l'affirment en disant que, dans le cas d'une pâture en liberté, la sélection fait que la qualité varie plus au cours de l'année que celle d'une végétation non perturbée. MILLEVILLE (1991) estime aussi que les prélèvements différentiels opérés par les animaux dans l'espace parcouru contribuent, selon les circonstances, à atténuer ou au contraire accentuer l'hétérogénéité créée par les conditions naturelles des régions sahéliennes.

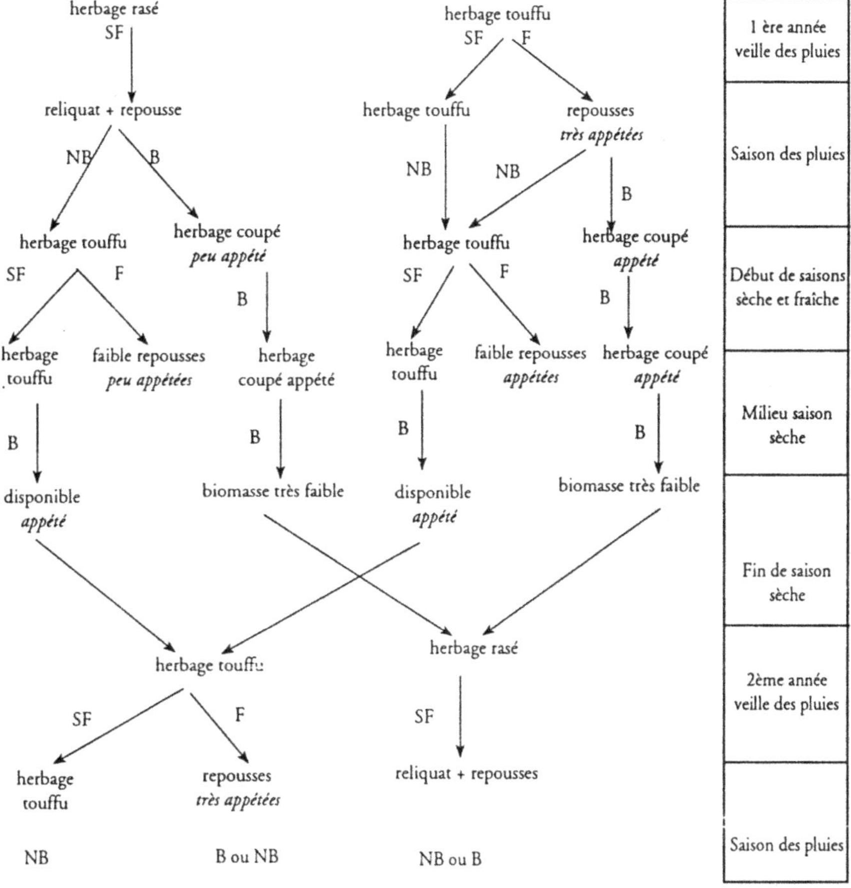

Fig. 7 – Évolutions possibles des états de la savane sous traitements feu (ou non) et broutage (ou non)
B : brouté NB : non brouté   F : feu   SF : sans feu

CONCLUSION

Dans notre zone d'étude, la charge animale est relativement faible, ce qui laisse en période de soudure des étendues de pâturage sous-exploitées par le cheptel. Les troupeaux parcourent souvent les mêmes itinéraires en période de soudure, et le choix des pâturages est à cette saison plus limité qu'en saison des pluies où les zones brûlées, préparées pour le pâturage, sont étendues et largement suffisantes pour satisfaire les besoins alimentaires du cheptel.

L'excédent de l'offre fourragère, compte tenu des besoins du cheptel, explique et justifie le « gaspillage » quantitatif de ressources à travers la pratique des feux pastoraux. Dans ces conditions, les éleveurs peuvent se permettre de privilégier les objectifs d'accessibilité et de qualité. Les meilleurs feux pastoraux sont les feux tardifs, car ils génèrent un fourrage qui pourra être exploité par le cheptel durant la plus grande partie de l'année. Le feu permet d'éliminer les refus et de renouveler le pâturage. Celui-ci doit ensuite être brouté pour que sa qualité soit maintenue. À l'inverse, une surface brûlée non pâturée est vouée à l'abandon, car les touffes trop exubérantes sont refusées des animaux. La charge étant faible, des zones de savanes restent ainsi sous-pâturées.

Ces pratiques pastorales contribuent à créer ou à maintenir la qualité des herbages en savane, et sont sources d'hétérogénéité du tapis herbacé. Les éleveurs créent et exploitent cette hétérogénéité des zones pâturées, à travers une organisation spatiale des pratiques pastorales. La constitution de réserves fourragères, soustraites au feu en période de soudure, est un exemple d'organisation spatiale. Une gestion spatiale des pâturages se crée ainsi à travers les pratiques pastorales.

RÉFÉRENCES BIBLIOGRAPHIQUES

AUDRU J., 1995 – *Élevages sur parcours en zones tropicales humides et subhumides d'Afrique. Interactions élevage - végétation - environnement.* CIRAD-IEMVT, 41 p.

BOSSER J., 1954 – *Les pâturages naturels de Madagascar.* Mémoires de l'institut Scientifique de Madagascar, série B, tome V: 65-77.

BOSSER J., 1969 – *Graminées des pâturages et des cultures à Madagascar.* ORSTOM, Paris, Mémoires ORSTOM, n°35, 440 p.

BOUDET G., 1978 – *Manuel sur les pâturages tropicaux et les cultures fourragères.* Manuels et précis d'Élevage. Institut d'Élevage et de Médecine Vétérinaire des Pays Tropicaux, Maisons Alfort, 258 p.

BREMAN H. & RIDDER N. de, 1991 – *Manuel sur les pâturages des pays sahéliens.* ACCT, CTA, Karthala. Paris, Wageningen, 485 p.

BREMAN H., 1982 – La productivité des herbes pérennes et des arbres. *In* Penning de Vries F.W.T. & Djiteye M.A. (éds.) *La productivité des pâturages sahéliens. Une étude des sols, des végétations et de l'exploitation de cette ressource naturelle.* Centre for Agricultural Publishing and Documentation, Wageningen : 284-295.

BREMAN H., CISSE I.B. & DJITEYE M.A., 1982 – Exploitation, dégradation et désertification. *In* Penning de Vries F.W.T. & Djiteye M.A. (éds.) *La productivité des pâturages sahéliens. Une étude des sols, des végétations et de l'exploitation de cette ressource naturelle.* Centre for Agricultural Publishing and Documentation, Wageningen : 352-384.

CARRIÈRE M., 1989 – Les communautés villageoises sahéliennes en Mauritanie (région de Kaedi) : analyse de la reconstitution annuelle du couvert herbacé. Thèse de doctorat Sciences, Université Paris-Sud, Orsay, 238 p.

CORI G., 1979 – Deux types d'élevage bovin à Madagascar. L'élevage extensif de l'Ouest, l'élevage des paysans des Hauts-Plateaux. In *Types d'élevage et de vie rurale à Madagascar*, CEGET, CNRS. Travaux Documents de Géographie Tropicale, 37 : 1-120.

GRANIER P., 1967 – Le rôle écologique de l'élevage dans la dynamique des savanes à Madagascar. DES, Faculté des Sciences, Antananarivo, 80 p.

GRANIER P., 1992 – Étude des conséquences sur les écosystèmes du développement des cultures dans les systèmes pastoraux. Projet Bemaraha - UNESCO, multigr., 58 p.

GROUZIS M., 1988 – Structure, productivité et dynamique des systèmes écologiques sahéliens (Mare d'Oursi, Burkina Faso). ORSTOM Paris, Coll. Études et thèses, 336 p.

ICKOWICZ A., 1995 – Approche dynamique du bilan fourrager appliquée à des formations pastorales du Sahel Tchadien. Thèse de doctorat des Sciences de la Vie et de la Santé, Université Paris XII, Val de Marne Créteil, 451 p.

KRUL J.M. & BREMAN H., 1982 – L'influence du feu. *In* Penning de Vries F.W.T., Djiteye M.A. (éds.) *La productivité des pâturages sahéliens. Une étude des sols, des végétations et de l'exploitation de cette ressource naturelle.* Centre for Agricultural Publishing and Documentation, Wageningen : 346-351.

LANDAIS, E., BALENT, G., 1993 – Introduction à l'étude des systèmes d'élevage extensif. *In* Landais E. (éd), *Pratiques d'élevage extensif : identifier, modéliser, évaluer.* INRA Programme Agrotech., 27 : 13-32.

LE HOUÉROU H.N., 1980 – Le rôle des ligneux fourragers dans les zones sahélienne et soudanienne. In *Les fourrages ligneux en Afrique. État des connaissances*, Actes Colloque, sur les Fourrages Ligneux en Afrique, Addis Abeba, 8-12 Avril 1980. CIPEA, Addis Abeba : 85-101.

LEVANG P. & GROUZIS M., 1980 – Méthode d'étude de la biomasse herbacée des formations sahéliennes : application à la Mare d'Oursi, Haute-Volta. *Acta Œcologica, Œcol. Plant.*, 1(15), 3 : 231-244.

MANAKA D., 1988 – Étude phénologique de quelques graminées (Poaceae) et évolution de leur appétabilité sur l'aire agropastorale de Bidi - Nord Yatenga. DITDR d'Élevage, Université de Ouagadougou. ORSTOM, 62 p.

MEURET M., 1993 – Piloter l'ingestion au pâturage. *In* Landais E. (éd.) *Pratiques d'élevage extensif : identifier, modéliser, évaluer* INRA Programme Agrotech., 27 : 161-198.

MILLEVILLE P., 1991 – Les systèmes d'élevage. *In* Claude J., Grouzis M. & Milleville P. (éds.) *Un espace sahélien. La mare d'Oursi, Burkina Faso.* ORSTOM : 156-178.

MONNIER Y., 1968 – *Les effets des feux de brousse sur une savane préforestière de Côte-d'Ivoire.* Études éburnéennes, IX, 260 p.

RAKOTOARIMANANA V., LE FLOC'H E. & GROUZIS M., 2001 – Influence du feu et du pâturage sur la diversité floristique et la production de la végétation herbacée d'une savane à *Heteropogon contortus* (Région de Sakaraha). *In* Razanaka S., Grouzis M., Milleville P., Moizo B., Aubry C. (éds) *Sociétés paysannes, transitions agraires et dynamiques écologiques dans le Sud-Ouest de Madagascar.* CNRE/IRD, Antananarivo, 2001 : 339-353.

SCHNELL R., 1971 – *Introduction à la phytogéographie des pays tropicaux. Les milieux - les groupements végétaux*. Gauthier-Villars (éd.), tome 2, 951 p.

TÉZENAS DU MONTCEL L., 1994 – Les ressources fourragères et l'alimentation des ruminants domestiques en zone sud-sahélienne (Burkina Faso, Yatenga). Effets des pratiques de conduite. Thèse de doctorat, Université d'Orsay /Paris-Sud, 273 p.

PRODUCTION DE CHARBON DE BOIS
DANS DEUX SITUATIONS FORESTIÈRES DE
LA RÉGION DE TULÉAR

Parfait MANA, Sitraka RAJAONARIVELO, Pierre MILLEVILLE

INTRODUCTION

À Madagascar, le bois constitue encore aujourd'hui, et de loin, la principale source d'énergie domestique. Si les populations rurales, qui disposent de ressources ligneuses à proximité des lieux d'habitation, ont principalement recours au bois de chauffe, l'approvisionnement des villes fait surtout appel au charbon, en raison des économies de transport et des facilités de stockage et de manipulation qui lui sont liées. Selon les résultats (cités par JALLAIS, 1995) d'une enquête réalisée par l'UPED en 1993 auprès de 200 ménages de la ville de Tuléar, cette consommation s'établirait en moyenne à 10,4 kg par personne et par mois, et augmenterait avec le niveau de vie (respectivement 9, 10,3 et 15,8 kg pour les ménages modestes, moyens et aisés). D'autres enquêtes situent la consommation mensuelle à 15 kg en moyenne par personne (JALLAIS, 1996). Les besoins annuels en charbon de l'agglomération de Tuléar, qui regroupe près de 150 000 habitants, s'établiraient donc à 20 000 tonnes environ. Récemment, l'explosion spectaculaire de la ville minière d'Illakaka, qui avec la ruée du saphir a concentré en une année plus de 100 000 habitants là où n'existait jusqu'en fin 1998 qu'un modeste village, a accru considérablement la demande en charbon de cette région.

Deux formations forestières sont plus particulièrement sollicitées à cet effet. La plus étendue est celle de la forêt sèche du plateau calcaire, situé à l'est de Tuléar entre les vallées du Fieherenana et de l'Onilahy. Principale zone de production, exploitée depuis longtemps, elle fait l'objet depuis une vingtaine d'années d'une déforestation spectaculaire, liée à l'extension rapide des surfaces cultivées en maïs sur abattis-brûlis. Au nord de Tuléar, le fourré xérophile sur sables de la région côtière d'Ifaty participe à un moindre degré à l'approvisionnement de la ville, mais l'exploitation du charbon y est en expansion régulière. Dans ces deux situations, la présence d'une route fréquentée (RN7 sur le plateau calcaire, RN9 dans la zone côtière) joue un rôle essentiel dans l'évacuation de la production.

OBJECTIFS ET MÉTHODES

L'étude présentée ici s'est volontairement limitée à l'exploitation de la ressource et à la production charbonnière. Elle n'aborde pas le fonctionnement de la filière de commercialisation et la formation des prix, ni la consommation urbaine. Elle s'est proposée de répondre aux questions suivantes :

– caractériser les modalités d'exploitation des ressources disponibles et évaluer leur contribution à la production ;

– apprécier les performances techniques de la production ;

– préciser la place de l'activité charbonnière dans les systèmes de production, et en évaluer l'importance économique pour les producteurs.

Trois niveaux spécifiques se trouvent impliqués dans une telle étude : la meule, qui rassemble une certaine quantité de bois, provenant de différentes espèces, choisis par le producteur sur un site donné de collecte ; le producteur, qui peut combiner plusieurs activités, et qui alimente le marché à partir du charbon produit aux différentes saisons ; la communauté locale, et l'espace qu'elle contrôle et qu'elle exploite.

Un même protocole a été établi dans les deux situations retenues (dénommées par la suite par le nom du village de Befoly pour le plateau calcaire, et par celui d'Ifaty pour la zone côtière) :

– enquête dans quelques villages (4 dans la région de Befoly, 3 dans celle d'Ifaty), destinée à caractériser les faits de peuplement, la composition et la taille des ménages, la combinaison des activités productives ;

– choix raisonné d'une trentaine de producteurs, en fonction de leur localisation et de la place de l'activité charbonnière dans leur système de production ; pour chacun d'entre eux, suivi mensuel des quantités de charbon produites et des prix de vente, des charges (main-d'œuvre et transport), des revenus ; cette enquête, poursuivie durant 9 mois à Befoly et 10 mois à Ifaty, n'a en fait pu être réalisée avec toute la régularité prévue au départ ;

– observation précise d'un certain nombre de meules, choisies en fonction de leur localisation, afin d'en caractériser la constitution (volume de la meule, nature et taille des bois) et d'évaluer les rendements en charbon obtenus ;

Des enquêtes complémentaires ont en outre été réalisées pour décrire les pratiques de production et enregistrer (à Befoly) les variations saisonnières des prix payés au producteur.

POPULATION, SYSTÈMES DE PRODUCTION ET ACTIVITÉ CHARBONNIÈRE

Dans les deux situations, la population migrante originaire du pays Mahafale apparaît largement majoritaire. Cette migration intra-régionale, phénomène ancien (BATTISTINI, 1964), s'est considérablement accentuée au cours du temps. Elle concerne depuis longtemps déjà la ville de Tuléar, qui joue un rôle de relais avec les zones rurales d'accueil (HOERNER, 1985). Nombre de migrants ont, ou ont eu, une implantation urbaine, et les mouvements entre la ville et la campagne, entre zones rurales, ainsi qu'entre villages d'une même commune, sont très fréquents. La mobilité apparaît donc comme une caractéristique forte des faits de peuplement.

Sur le plateau calcaire, cinq villages de la commune d'Ambohimahavelo ont été retenus : Befoly, Ankazotrano et Analamitivalona (villages anciens), Antsapana et Montondava (villages récents). L'enquête (non exhaustive) conduite auprès de 227 ménages montre que 78 % des chefs de familles sont originaires du pays Mahafale (43% sont des Tanalana de la plaine côtière, 35 % des Mahafale du plateau intérieur). Les Masikoro, anciens *topon'tany* de la région, ne représentent que 9 % des chefs de ménages. Pour l'ensemble, 23 % des chefs de familles se déclarent natifs de leurs villages actuels, 42 % étaient déjà présents dans la région (dont 20 % à Tuléar), et 21 % sont venus directement du pays Mahafaly. Les dates d'installation dans le village de résidence attestent d'une accentuation récente de l'immigration : 11 % des chefs de ménages se sont installés dans leurs villages actuels avant 1975, 11 % entre 1975 et 1984, 31 % entre 1985 et 1994, et 22 % au cours des 5 dernières années. Depuis une vingtaine d'années, le plateau calcaire est devenu une zone d'accueil pour des agriculteurs à la recherche de nouvelles terres à défricher. La population résidente est jeune (54 % de personnes de moins de 20 ans), et la taille moyenne du ménage est de 4,7 personnes.

Dans la zone côtière au nord de Tuléar, les enquêtes ont concerné l'ensemble des 265 ménages de trois villages : Mangily, Amboaboaka et Madiorano. La population Vezo y prédomine (51 % des chefs de ménages). 24 % sont originaires du pays Mahafale, 13 % de l'Androy, et 10 % sont Masikoro. La plupart des migrants originaires du sud se sont installés localement au cours des vingt dernières années. Près de 56 % de la population a moins de 20 ans, et la taille moyenne du ménage est de 5,2 personnes.

Les systèmes de production de ces deux zones diffèrent fortement. Sur le plateau calcaire, une pluviométrie annuelle moyenne de 500 à 600 mm permet d'y pratiquer l'agriculture pluviale. Les villages les plus anciens s'étaient, principalement pour cette raison, installés sur les placages de sables roux, d'extension limitée. Plus récemment, les sols squelettiques sur calcaire sont eux-mêmes exploités, après défrichement de la forêt sèche. La culture du maïs sur abattis-brûlis s'y étend spectaculairement, entraînant la disparition rapide et probablement irréversible du couvert forestier. Si la quasi totalité des ménages pratiquent l'agriculture, celle-ci est dans plus de 80 % des cas combinée à d'autres activités, tout particulièrement la production de charbon de bois. Étroitement associée à l'agriculture, et éventuellement à l'élevage et à des activités complémentaires, la production charbonnière intéresse ainsi la moitié des ménages de cette région (Tableau I).

Dans la zone côtière d'Ifaty, le contexte pédoclimatique est défavorable à l'agriculture pluviale. La pêche y représente l'activité productive principale, pratiquée par 39 % des ménages, Vezo principalement. Le tourisme y induit par ailleurs diverses activités de service. La production charbonnière intéresse 23 % des familles, 11 % s'y consacrant de manière exclusive (Tableau I). À noter que des différences marquées s'expriment entre villages : la proportion de ménages pratiquant l'activité charbonnière s'élève à 38 % à Amboaboaka, contre 23 % à Madiorano et 13 % à Mangily.

L'accès à la ressource ne se pose pas dans les mêmes termes à Befoly et à Ifaty. Sur le plateau calcaire, c'est l'appropriation des terres de culture, ainsi que des espaces forestiers préalablement à leur défrichement, qui confère à leur attributaire le droit d'exploiter les ressources ligneuses. Il peut en faire bénéficier des tiers, avec ou sans contrepartie financière. Ce dernier cas est le plus fréquent, le droit d'exploitation étant alors concédé en vertu de relations de parenté ou d'alliance. À Ifaty, l'espace forestier exploité est constitué de terres domaniales, et les habitants des différents villages bénéficient, de fait, de droits d'usage sur les ressources. Mais les limites des territoires villageois ne semblent pas clairement reconnues, tout comme apparaissent flous les droits d'accès. Certains charbonniers pratiqueraient ainsi leur activité sur les terres de villages voisins, et des zones situées en retrait de plusieurs kilomètres des villages, entre la RN9 et le plateau calcaire, font actuellement l'objet d'une exploitation intense de la part de charbonniers venus de Belalanda et de Tuléar.

TABLEAU I

RÉPARTITION DES MÉNAGES PAR TYPES D'ACTIVITÉS

IFATY

Activités	Nombre de ménages	%
Pêche	52	19,6
Pêche + Commerce	34	12,8
Pêche + Service	14	5,3
Charbon +Pêche	6	2,3
Charbon	25	9,4
Charbon +Élevage	3	1,1
Charbon + Commerce	11	4,2
Charbon + Service	8	3,0
Charbon + Pêche + Commerce	3	1,1
Service	50	18,9
Service + Commerce	31	11,7
Commerce	28	10,6
TOTAL	265	100,0

21 % Charbon, 41 % pêche, 27 % Service

BEFOLY

Activités	Nombre de ménages	%
Agriculture	37	16,3
Agriculture + Élevage	25	11,0
Charbon + Agriculture	74	32,6
Charbon + Agriculture + Élevage	18	7,9
Charbon + Agriculture + Service	9	4,0
Charbon + Agriculture + Transport	9	4,0
Charbon + Agric. + Élev. + Transp.	5	2,2
Agriculture + Service	11	4,8
Agriculture + Transport	14	6,2
Agriculture + Élevage + Transport	8	3,5
Agriculture + Commerce	4	1,8
Agriculture + Divers	8	3,5
Service	1	0,4
Indéterminé	4	1,8
TOTAL	227	100,0

51 % Charbon, 98 % Agriculture

RESSOURCES LIGNEUSES ET PRODUCTION CHARBONNIÈRE

La meule, qui représente l'unité de base de la production charbonnière, peut être étudiée de plusieurs points de vue, suivant que l'on s'intéresse à la nature des ressources prélevées, aux techniques de fabrication et de carbonisation, au travail investi, au rendement obtenu. Notre étude s'est surtout attachée à caractériser la constitution des meules. Les techniques locales de fabrication ont été précisément décrites par ailleurs (REJO-FIENENA, 1995 ; JALLAIS, 1996).

Formations exploitées et sites de prélèvement

Dans la région d'Ifaty, toutes les ressources ligneuses sont prélevées dans le fourré xérophile à *Didiera madagascariensis*, développé sur sables rubéfiés décalcifiés (sables roux) (KOECHLIN *et al.*, 1974 ; REJO, 1995). Elles y sont exploitées à divers titres (alimentation, pharmacopée, bois d'œuvre, bois d'énergie) depuis longtemps (REJO-FIENENA, 1995). La meule charbonnière est toujours édifiée sur un nouvel emplacement, afin de limiter le travail de transport des bois depuis les lieux de coupe, car la ressource disponible est peu abondante. Plus on se rapproche de la route, et plus le fourré est dégradé et pauvre en arbres exploitables. Suivant les villages, la plupart des meules sont à présent situées entre 2 et 5 km de la RN9.

Sur le plateau calcaire s'est développée une forêt dense sèche, dont les caractères biologiques témoignent de l'adaptation à une certaine aridité climatique, qu'accentuent des conditions climatiques défavorables (KOECHLIN *et al.*, 1974). Avec le recul rapide des limites forestières sous l'impact des défrichements agricoles, les lieux de coupe actuels se trouvent pour la plupart très éloignés de la RN7, entre 8 et plus de 15 km. Trois à quatre meules se succèdent en général sur le même emplacement, appelé « tournant ». L'exploitation du bois d'énergie y est étroitement associée au défrichement agricole : sur un total de 232 meules inventoriées, 42 % ont été constituées à partir du bois prélevé en forêt ou dans des lambeaux forestiers résiduels, 42 % l'ont été sur les terres de culture et de friches, et 16 % en zone composite de lisière. Les bois prélevés en forêt font rarement l'objet d'un séchage suffisant. À l'opposé, les arbres morts des champs cultivés sont le plus souvent trop secs pour pouvoir produire un charbon de qualité.

Taille et constitution des meules

Les charbonniers de Befoly ont coutume d'évaluer la taille d'une meule par le nombre de « bois » qu'elle rassemble. Cette unité de compte ne désigne, ni l'arbre coupé, ni l'élément d'assemblage de la meule, mais un moyen terme correspondant au poids qu'un homme peut porter du lieu de coupe au site d'édification de la meule. C'est d'ailleurs « au bois » qu'un salarié est payé pour le travail de coupe et de transport. En moyenne, un stère de meule rassemble 28 « bois ». L'excellente corrélation (r = +0,95) entre le volume mesuré de la meule et le nombre de « bois » indiqué par le charbonnier permet d'évaluer la taille d'un nombre élevé de meules à partir des déclarations des producteurs.

La taille des meules apparaît très variable (Fig. 1). À Befoly, la meule rassemble en moyenne 360 bois, pour un volume de 12,8 stères. Près de la moitié des meules sont de taille très réduite (100 à 200 bois). À l'opposé, quelques-unes peuvent rassembler 1000, 2000, voire 4000 bois. La faible disponibilité de la ressource sur le site de prélèvement peut inciter le charbonnier à ne confectionner qu'une petite meule pour changer ensuite de site, et éviter ainsi un trop lourd travail de transport des bois. C'est particulièrement vrai à Ifaty, là où la dégradation du couvert arboré est prononcée. L'édification de petites meules résulte en fait surtout de la nécessité, pour le producteur, de disposer régulièrement de liquidités, même limitées.

L'observation précise de 63 meules (42 à Befoly, 21 à Ifaty) a permis d'en apprécier la constitution, à la fois en termes de diamètres des bois (il s'agit dans ce cas des morceaux de troncs et de branches tronçonnés, tels qu'ils sont arrangés dans la meule) et de contribution des différentes espèces ligneuses. Tous les bois observables sur une des sections (ou une demi-section) de chaque meule ont été passés en revue, avec mesure de leur diamètre et recueil de leur dénomination vernaculaire, indiquée par le charbonnier. Ces indications ont été recueillies sur plus de 4000 bois à Befoly, et plus de 2000 à Ifaty.

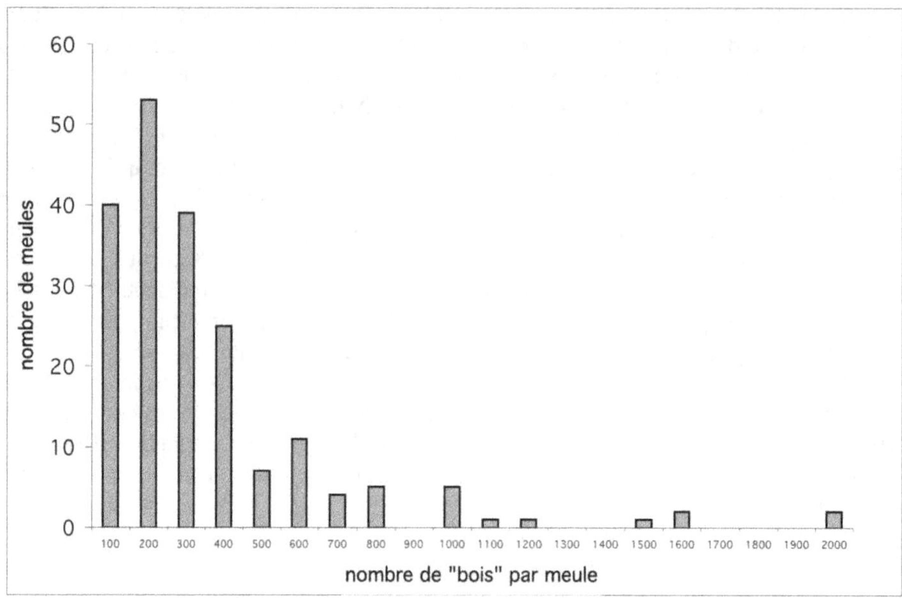

Fig. 1 – Répartition des meules en fonction de la taille

La figure 2 montre que la répartition des bois par diamètres, toutes espèces confondues, est identique dans les deux situations. Il est manifeste que ne sont abattus à la hache, par souci de rapidité et de moindre pénibilité, que des arbres de faible diamètre, donc jeunes, et la notion de seuil d'exploitabilité reste donc parfaitement théorique.

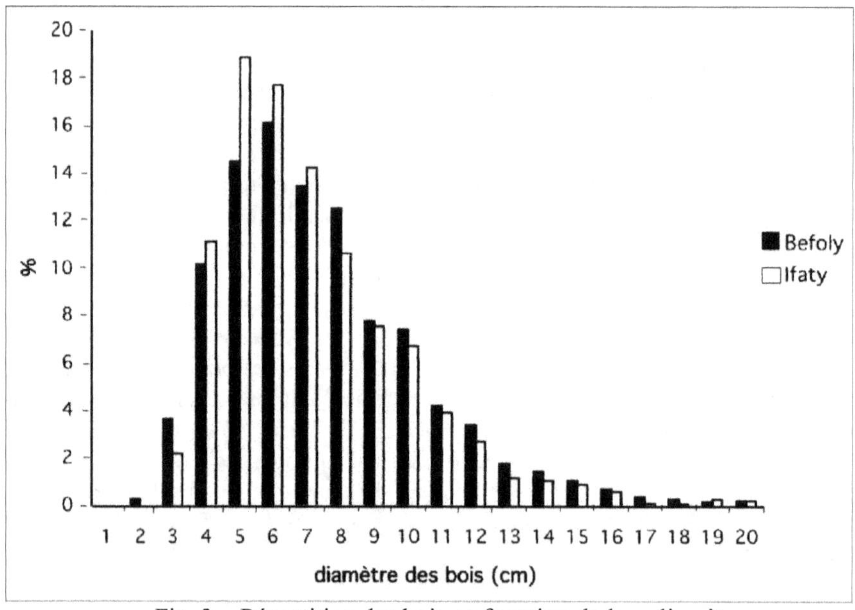

Fig. 2 – Répartition des bois en fonction de leur diamètre

L'identification des ligneux exploités a posé de réelles difficultés. L'obligation de s'en tenir aux déclarations des producteurs, leurs connaissances sans doute très inégales, la diversité probable des termes utilisés, l'absence d'une clé de correspondance fiable entre terminologies vernaculaire et scientifique, et le fait qu'il n'existe pas de relation bi-univoque entre un terme vernaculaire et le nom d'une espèce, conduisent à considérer avec beaucoup de prudence les données collectées. Il serait évidemment souhaitable de compléter cette enquête par des observations et déterminations effectuées lors de la coupe. En se référant donc aux seuls termes vernaculaires, on constate que les charbonniers exploiteraient un nombre considérable d'« espèces » : une centaine à Befoly, et une soixantaine à Ifaty. Les charbonniers tirent parti des espèces les plus diverses, l'objectif étant de prélever le maximum de ressources exploitables sur l'aire minimale. Nulle attention n'est bien sûr accordée aux catégories définies par la réglementation des Eaux et Forêts, et il est fréquent de trouver dans les meules des bois de *Dalbergia* ou de *Diospyros*. Le tableau II, qui concerne Befoly, montre néanmoins que l'essentiel de la production est assuré par un nombre limité d' « espèces ».

Dans les deux situations, la production repose pour 40 % sur 4 « espèces », pour 50 % sur 7, et pour 80 % sur 20. Parmi les vingt « espèces » les plus exploitées dans les deux formations forestières, au moins 8 leur sont communes. *Securinega perrieri* (*hazomena*) et *Cedrelopsis grevei* (*katrafay*) arrivent très largement en tête des espèces exploitées dans la forêt sèche du plateau calcaire. Certaines espèces sont par ailleurs disqualifiées, le plus souvent parce qu'il s'agit de bois tendre et léger qui s'effrite lors de la carbonisation, parfois en raison du danger que représente la projection de latex toxique lors de la coupe. Des espèces très courantes telles que *Commiphora lamii*, *Didiera madagascariensis*, *Euphorbia stenoclada*, *Euphorbia antso*, *Gyrocarpus americanus*, *Delonix adansonoides*, *Givotia madagascariensis*, *Adansonia fony*, *Poupartia sylvatica*, *Zanthoxylum sp*, sont ainsi systématiquement négligées par les charbonniers.

Nom vernaculaire	Nom scientifique	%	% cumulé
Hazomena	*Securinega perrieri*	16,3	16,3
Katrafay	*Cedrelopsis grevei*	14,3	30,6
Havoa	*Albizia sp*	4,7	35,3
Vaovy	*Tetrapterocarpon geayi*	4,3	39,6
Lambotaho	*Erhetia sp*	3,9	43,5
Vavaloza	*Comoranthus minor*	3,8	47,3
Halomboro	*Albizia parenicola*	3,2	50,5
Fatra	*Terminalia fatrae*	3,1	53,6
Nato	*Capurodendron sp*	2,9	56,5
Manary	*Dalbergia sp*	2,8	59,3
Lovainafy	*Lovanafia madagascariensis*	2,6	61,9
Paky	*Boscia madagascariensis*	2,6	64,5
Pelambatotse	*Dombeya anakaensis*	2,4	66,9
Anadroy	*Mimosa latispirosa*	2,4	69,3
Lambina	?	2,2	71,5
Ambilazo	?	2,1	73,6
Hazombalala	*Gelonium boiviniamum*	2,1	75,7
Maintifototse	*Diospiros manampetsae*	2,1	77,8
Kobay	*Terminalia sp*	1,9	79,7
Pirino	?	1,7	81,4

Rendement à la carbonisation

Mesuré en relevant le nombre de sacs produits pour chacune des meules dont le volume a pu être évalué (soit par cubage, soit par l'intermédiaire du nombre de « bois »), le rendement à la carbonisation s'établirait en moyenne à 88 kg par stère à Befoly et 74 kg par stère à Ifaty. Ces chiffres se révèlent du même ordre de grandeur que ceux déjà établis localement par C. JALLAIS (1996) et diverses estimations concernant, pour l'Afrique, le charbon fabriqué selon des méthodes de carbonisation artisanales (Mémento du forestier, 1993). À noter que les moyennes mentionnées précédemment masquent la forte variabilité du rendement. En particulier, il n'est pas rare que la combustion d'une meule, mal surveillée durant la phase de carbonisation, s'accélère et devienne incontrôlable.

ÉVALUATION ÉCONOMIQUE DE LA PRODUCTION

Les charbonniers du plateau calcaire vendent tous leur production dans des villages situés sur la RN7, à des intermédiaires qui revendent ensuite le charbon sur place, par grosses quantités, à des transporteurs, pour le compte de commerçants de Tuléar. À Ifaty par contre, la vente fait essentiellement l'objet de transactions de faible volume, et sans intermédiaires. C'est souvent le citadin de passage qui y achète quelques sacs, et certains charbonniers acheminent eux-mêmes leur production par charrettes sur Tuléar. Le prix de vente du charbon subit de fortes variations saisonnières. Le suivi des prix d'achat aux producteurs, pratiqués par 5 acheteurs-revendeurs de Befoly, entre février et août 1999, fait ainsi apparaître quatre périodes bien tranchées (Fig. 3) : des prix bas, de l'ordre de 12 000 Fmg par sac en fin de cycle cultural du maïs, un relèvement très marqué en début de récolte (plus de 20 000 Fmg fin mars-début avril), un repli en deçà de 14 000 Fmg en pleine période de récolte, et un relèvement plus modéré des prix en saison fraîche (juillet-août).

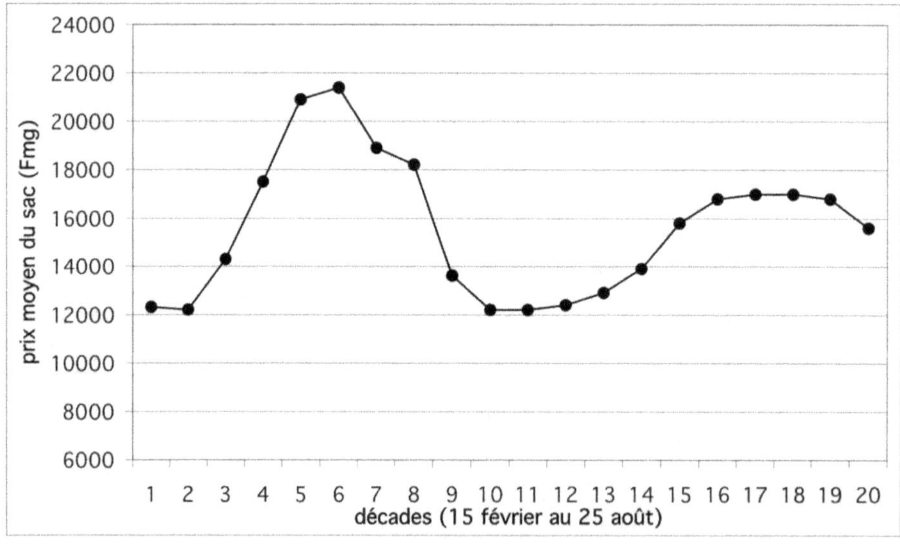

Fig. 3 – Évolution décadaire (15 février au 25 août 1999) du prix du sac de charbon à Befoly

Le suivi des quantités produites et commercialisées par les producteurs a permis d'évaluer les revenus tirés de l'exploitation charbonnière. Ils sont exprimés sous la forme d'estimations annuelles dans le tableau III.

TABLEAU III : ÉVALUATION DES REVENUS ANNUELS MOYENS PAR PRODUCTEUR (FMG)

	Ifaty	Befoly
Produit brut	2 040 000	2 070 000
Charges main-d'œuvre	45 000	105 000
Charges transport	215 000	495 000
Charges totales	260 000	600 000
Produit net	1 780 000	1 470 000
Charges totales/Produit brut (%)	13	29

La production annuelle moyenne par producteur est estimée à 9,1 tonnes à Ifaty, et à 12,1 tonnes à Befoly, avec un prix moyen de vente au kilogramme plus élevé à Ifaty qu'à Befoly (220 contre 170 Fmg), ce qui contredirait d'autres observations (JALLAIS, 1995). En tout état de cause, les revenus obtenus par les producteurs d'Ifaty apparaissent tout à fait remarquables, eu égard au caractère secondaire que semble tenir l'exploitation charbonnière dans cette région (mais il est vrai qu'elle concerne une fraction beaucoup plus faible des ménages d'une part, et qu'elle y constitue la source principale de revenus pour une fraction élevée de producteurs d'autre part).

Dans les deux sites, l'exploitation charbonnière apparaît donc dégager des revenus appréciables. À Befoly, le produit brut moyen tiré de l'exploitation charbonnière correspondrait à celui résultant de la vente (à 350 Fmg/kg) de près de 6 tonnes de maïs, soit la production de 4 à 5 hectares en bonne année de culture. Il est ainsi probable que les charbonniers du plateau calcaire tirent de la vente du charbon des revenus plus élevés et réguliers que ceux de leur production de maïs, sujette à de fortes variations interannuelles. Il serait manifestement erroné de considérer l'activité charbonnière comme relevant de stratégies de survie ; elle tient une place essentielle dans l'économie domestique locale. Le produit brut annuel par producteur est par ailleurs affecté d'une forte diversité (Fig. 4), témoignant de la place très variable qu'occupe cette activité dans les systèmes de production.

Dans un tout autre contexte, celui de la zone soudanienne du Mali, BAZILE (1998) insiste lui aussi sur l'importance et la régularité des revenus tirés du bois d'énergie par les exploitants agricoles.

Les charges représentent 13 % du produit brut à Ifaty, et 29 % à Befoly. Si nombre de producteurs font appel à la main-d'œuvre salariée pour la production elle-même (coupe, transport des bois et constitution de la meule), c'est surtout le transport par charrette qui occasionne les frais les plus importants. Sur le plateau calcaire, l'éloignement des sites de prélèvement et le mauvais état des pistes expliquent que le transport de la production est facturé entre 12 000 et plus de 25 000 Fmg par voyage, soit l'équivalent du tiers (ou plus) de la valeur du chargement. On comprend que la possession d'une charrette (qui permet sur le chemin du retour d'approvisionner en eau les villages éloignés) soit déterminante pour les producteurs de cette région.

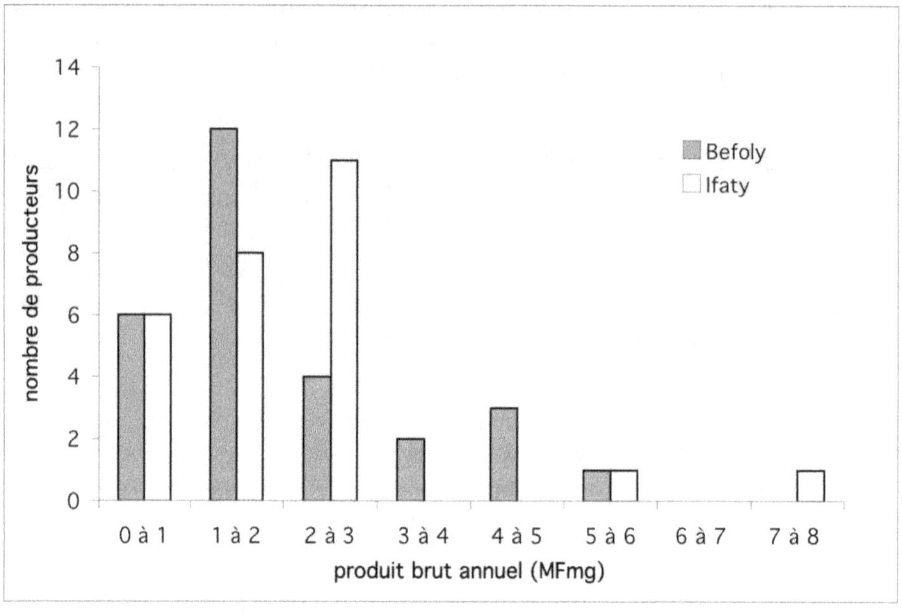

FIG. 4 – Répartition du produit brut annuel par producteur

CONCLUSION

L'exploitation du bois d'énergie, dans les conditions où elle est actuellement pratiquée dans le sud-ouest de Madagascar, ne tient aucun compte du renouvellement de la ressource ligneuse. Elle se conjugue aux autres types de prélèvement pour accélérer les processus de dégradation des espaces forestiers, tout particulièrement à proximité des centres urbains, et là où existent des voies de communication permettant l'évacuation de la production. La question du coût écologique de cette exploitation se pose néanmoins dans des termes différents dans les deux situations examinées.

À Ifaty, les prélèvements de bois d'œuvre et d'énergie entraînent une dégradation progressive et intense du couvert forestier. On pourrait suggérer que le fourré xérophile de cette zone côtière soit, s'il en est encore temps, préservé en quelques points. L'originalité de cette formation devrait permettre de la valoriser de façon moins prédatrice, notamment grâce au tourisme, au bénéfice des communautés locales. Sur le plateau calcaire, l'exploitation charbonnière est directement associée à la culture pionnière du maïs, en progression rapide. Elle suit, ou anticipe de peu, le défrichement de la forêt pour sa mise en culture sur des surfaces considérables. La perturbation écologique y est radicale, et sans doute irréversible. Mais l'exploitation du bois n'en est que très secondairement responsable. Il reste qu'une amélioration des conditions de carbonisation, techniquement possible, pourrait prolonger la durée d'exploitation des ressources encore disponibles, et retarder quelque peu l'extension des prélèvements dans les espaces voisins des zones actuellement exploitées.

RÉFÉRENCES BIBLIOGRAPHIQUES

BATTISTINI R., 1964 – Géographie humaine de la plaine côtière Mahafaly. Thèse complémentaire de doctorat, Paris, Éditions Cujas, 197 p.

BAZILE D., 1998 – La gestion des espèces ligneuses dans l'approvisionnement en énergie des populations. Cas de la zone soudanienne du Mali. Thèse de doctorat en géographie, Université de Toulouse le Mirail, multigr., 338 p.

HOERNER J.M., 1985 – La « production migratoire » dans l'interface villes-campagnes au sein du tiers monde pauvre : l'exemple malgache, *Mad. Rev. de Géo.*, n° 46, janvier-juin 1985 : 9-22.

JALLAIS C., 1996 – La filière charbon de bois dans la région de Tuléar. Mémoire CNEARC-ENESAD, multigr., 62 p. + ann.

KOECHLIN J., GUILLAUMET J.L., MORAT P., 1974 – *Flore et végétation de Madagascar.* J. Cramer, Vaduz, 687 p.

MINISTÈRE DE LA COOPÉRATION, 1989 – *Mémento du forestier.* Coll. Techniques rurales en Afrique, Paris, 1266 p.

REJO-FIENENA F., 1995 – Étude phytosociologique de la végétation de la région de Tuléar (Madagascar) et gestion des ressources végétales par les populations locales (cas du P.K. 32). Thèse de doctorat en ethnobotanique, MNHN, multigr., 181 p.

UNE ALLIANCE DE DISCIPLINES SUR UNE QUESTION ENVIRONNEMENTALE : LA DÉFORESTATION EN FORÊT DES MIKEA (SUD-OUEST DE MADAGASCAR)

Chantal BLANC-PAMARD, Pierre MILLEVILLE, Michel GROUZIS,
Florent LASRY, Samuel RAZANAKA

Le projet GEREM (Gestion des espaces ruraux et environnement à Madagascar)[1], engagé en 1996 dans le sud-ouest du pays, s'est donné pour objectif de rendre compte des interrelations entre systèmes de production et systèmes écologiques, dans des milieux affectés de mutations agraires rapides, et d'un processus accéléré de déforestation en raison de l'expansion de la culture pionnière du maïs sur abattis-brûlis. Consacrée au couplage d'une question d'environnement (déforestation) et d'une question agronomique (performances et durabilité des systèmes de culture sur abattis-brûlis), la recherche s'est élargie rapidement aux stratégies d'acteurs. Il s'agissait donc, en mobilisant des chercheurs relevant des sciences de la nature (écologie), des sciences biotechniques (agronomie) et des sciences sociales (géographie), d'explorer les réseaux de détermination entre activités humaines, processus de production et dynamiques du milieu. Il convenait en particulier de ne pas s'en tenir à une évaluation d'impacts, mais d'examiner aussi en retour les réponses des acteurs aux transformations des milieux. Le terme « gestion » adopté dans l'intitulé du programme traduit, d'une part, la reconnaissance du caractère organisé de l'espace rural et de son exploitation par des acteurs, d'autre part, l'objectif, pour l'équipe de recherche, de contribuer à la conception d'alternatives en la matière. Le site de la forêt des Mikea, situé à une centaine de kilomètres de Tuléar, a été retenu pour son exemplarité, compte tenu de l'ampleur et de la rapidité des dynamiques à l'œuvre (Fig. 1).

LA DÉFORESTATION UN PROBLÈME ENVIRONNEMENTAL

Avec 13 millions d'hectares, la forêt ne recouvre plus que 20 % environ du territoire de Madagascar. La déforestation atteint des proportions alarmantes. Chaque année, quelque 200 000 hectares de forêt disparaîtraient. Ce processus s'est récemment accéléré, tout particulièrement dans le Sud et le Sud-Ouest de l'île. Dans la forêt des Mikea, massif forestier de 1500 km^2, les surfaces déboisées ont quadruplé depuis la fin des années 1980.

---

[1] Conduit en partenariat entre l'IRD (UR « Transitions agraires et dynamiques écologiques ») et le CNRE (Centre national de recherches sur l'environnement), avec la collaboration de chercheurs du CNRS et de l'INRA, ce programme a établi des liens avec les Universités d'Antananarivo et de Tuléar.

Natures Sciences Sociétés, 13, 2001 : 7-20

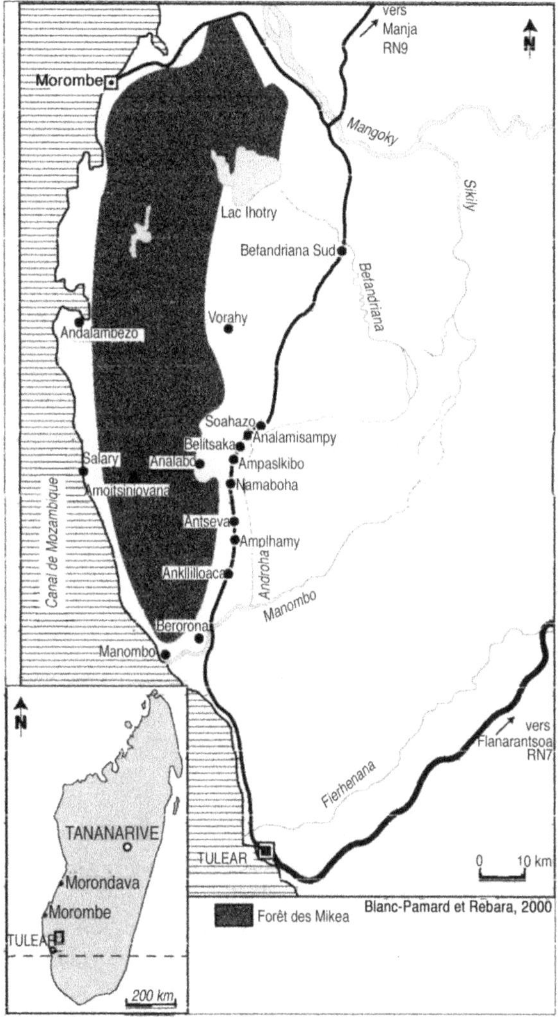

Fig. 1 – Carte de localisation

La déforestation est à imputer, pour l'essentiel, au développement de la culture du maïs sur abattis-brûlis, appelée localement *hatsaky* (Photo 1). Cette agriculture pionnière se développe rapidement aux dépens de la forêt, sous l'effet de plusieurs facteurs : une pression démographique accrue par l'arrivée de migrants, une saturation foncière des terres les plus fertiles, le relâchement du contrôle par l'État des défrichements forestiers. Enfin et surtout, culture vivrière à l'origine, le maïs est devenu une culture principalement commerciale, pour répondre aux besoins du marché national et de celui de l'île de la Réunion. La culture du maïs, ainsi stimulée, ne cesse de gagner sur la forêt.

La forêt de l'Ouest, dite forêt des Mikea, est une zone de chasse et de cueillette, perçue comme l'espace sauvage, le monde des esprits. Elle est riche de nombreuses ressources : des tubercules sauvages, du miel, des animaux (hérissons, lémuriens, sangliers...) et différentes essences de bois. C'est le domaine des Mikea, « gens de la forêt », qui diffèrent des populations voisines, les Masikoro, par leur mode de vie forestier et surtout par leur adaptation à l'absence d'eau (YOUNT *et al.*, 2001). Ce n'est qu'à partir des années 1920 que

Photo 1 – Culture du maïs après défriche-brûlis (photo C. Blanc-Pamard)

des éleveurs masikoro se sont installés dans la région, considérée comme vide d'hommes, où ils ont trouvé des terres de parcours pour leurs troupeaux de zébus et ont créé le village d'Ampasikibo. Des terroirs agricoles se sont développés sur les terres de l'Est en liaison avec les grands booms agricoles qui ont touché la région, d'abord le pois du Cap entre les deux guerres mondiales, puis le coton dès 1980. De gros villages dont l'importance n'a cessé de croître se sont installés le long de la RN9. Avec le développement de la culture du maïs, dès les années 1970 puis 1980, des campements sont créés en forêt à partir des villages de la RN9. À leur tour, les Masikoro ont accueilli de nombreux migrants, dont les Tandroy, originaires du Sud (BLANC-PAMARD, 2000).

Cette région se caractérise par un climat tropical semi-aride, avec une saison humide unique de 4 à 5 mois (novembre à mars), une pluviométrie annuelle moyenne de l'ordre de 850 mm, une forte variabilité interannuelle des précipitations[2]. Deux grands types de sols sableux d'origine éolienne s'y distinguent à l'ouest de la RN9 (LEPRUN, 1998) : d'une part, des sols ferrugineux non lessivés correspondant aux formations dunaires de l'erg ancien (sables roux foncés contenant 10 à 15 % d'argile) ; d'autre part, les sols intergrades entre les précédents et les sols bruns sub-arides, qui correspondent aux formations dunaires récentes (sables roux clairs avec 5 à 15 % d'argile). Un deuxième ensemble de sols se situe à l'est de la RN9, le long du réseau hydrographique ennoyé du Tsivora. Les matériaux beaucoup plus argileux d'origine colluvio-alluviale portent des sols ferrugineux tropicaux lessivés à taches et concrétions, ou à hydromorphie de profondeur et des sols hydromorphes à pseudo-gley. Dans cet ensemble, on trouve des sols appelés *baiboho* plus strictement localisés dans ou le long des lits majeurs des axes hydrographiques. Ces terres alluviales constituent les meilleurs sols de la région.

Les formations végétales originelles correspondent à la série des forêts denses sèches à *Dalbergia*, *Commiphora* et *Hildelgardia* définie par HUMBERT et COURS-DARNE (1965). Le peuplement pluristratifié se compose d'une strate arborescente inférieure continue dense d'une dizaine de mètres de haut (*Commiphora, Delonix,*

---

[2] Les précipitations annuelles enregistrées durant les années d'étude (1996 à 2001) ont varié entre 630 et 1500 mm.

Givotia...), dominée par une strate arborescente supérieure discontinue d'arbres pouvant atteindre 20 m (*Adansonia za, Euphorbia enterophora...*).

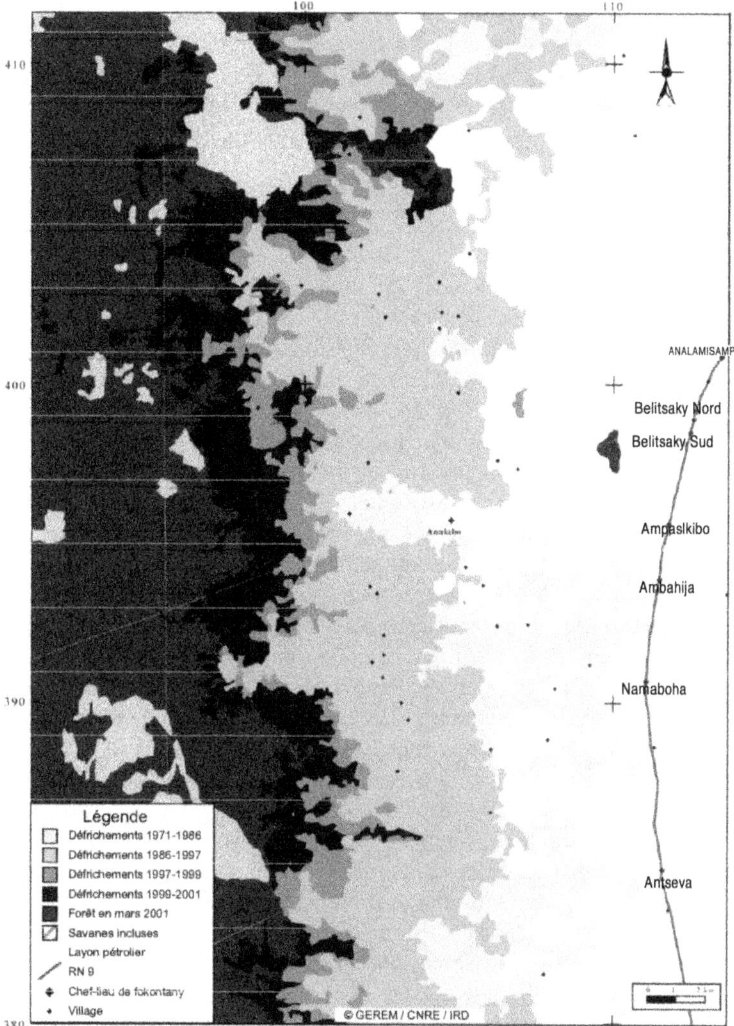

Fig. 2 – Évolution de la déforestation entre 1971 et 2001

Le sous-bois arbustif (*Grewia, Euphorbia, Pandanus, Baudouina..*) est assez clair, la strate herbacée inexistante (KOECHLIN *et al.*, 1974 ; RAZANAKA, 1995). Cette forêt témoigne de particularités biologiques d'adaptation à l'aridité : réduction du feuillage et caducité, crassulescence, pachycaulie et géophytisme. L'examen des scènes satellites couplé aux relevés de végétation montre que deux types de forêts coexistent (LASRY *et al.*, 2004) : l'un dominé par des ligneux hauts à couvert dense, qui colonise les sols de l'erg ancien, les plus aptes à la culture ; l'autre caractérisé par des ligneux bas et un recouvrement plus faible, occupant les sols de l'erg récent. À l'est de la forêt s'étendent des savanes à *Heteropogon contortus*, avec une strate arborée composée de *Tamarindus indica, Poupartia caffra, Gymnosporia linearis...*

L'exploitation des photographies aériennes de 1949 et d'images satellites à différentes périodes (1986, 1997, 1999 et 2001), combinée aux travaux de terrain et à une reconnaissance aérienne à basse altitude, a permis de préciser la dynamique et les modalités de la déforestation dans la partie centrale de la forêt des Mikea (LASRY *et al.*, 2004). Les défrichements, engagés véritablement en 1971, ont affecté près de 55 % de la forêt primaire au cours des trente années suivantes (Fig. 2). Mais ce rythme s'est considérablement accéléré au cours du temps : sur l'espace témoin considéré, il est passé de 5,9 km^2/an entre 1971 et 1986 à 19,3 km^2/an entre 1986 et 2001, pour atteindre 34,9 km^2/an entre 1999 et 2001. La vitesse de déforestation a sextuplé par rapport à la première période, et l'existence même de la forêt des Mikea se trouve donc compromise à brève échéance.

L'analyse des trois dernières images satellites montre que le front de défrichement ne progresse pas de façon linéaire. Des agriculteurs anticipent sur cette avancée, en ouvrant des essarts à l'intérieur de l'espace forestier, afin d'être les premiers à s'attribuer des lots de terre de grande taille qui ne pourront pas ultérieurement leur être contestés ; ces îlots se trouveront plus tard inclus dans la zone uniformément cultivée. Par ailleurs, les défrichements apparaissent épouser finement les limites des deux types de forêt identifiés, en évitant soigneusement la forêt basse, dont les sols sont jugés d'une aptitude culturale médiocre. Ces espaces forestiers de « deuxième choix » sont néanmoins défrichés par la suite, à mesure que progresse le front de défrichement et que la forêt haute a disparu. On constate enfin que la plus grande partie des espaces cultivés en 1997 ne l'était plus en 2001, laissant place, après quelques années d'exploitation, à des abandons culturaux. Mais sur les friches les plus anciennes, de façon encore limitée, les agriculteurs commencent à ouvrir des parcelles de manioc. En quatre ans, l'emprise des cultures sur ces friches a considérablement augmenté, conséquence de la densification de l'occupation humaine, liée à la création de nouveaux villages à proximité des limites forestières et aux abandons culturaux.

Le coût écologique de la culture sur abattis-brûlis apparaît considérable. La diversité spécifique, évaluée à 146 espèces dans la forêt primaire, se stabilise à 65 espèces environ après 15 années d'abandon cultural (faisant suite à 5 à 8 années de culture). En fait, durant les phases culturale et post-culturale, apparaissent de nombreuses espèces nouvelles (soit une quarantaine entre 2 et 4 ans d'abandon). Après 15 et 30 ans d'abandon, une centaine d'espèces forestières originelles (soit 70 %) disparaîtraient donc. Celles-ci présentent une importante valeur patrimoniale. En effet, plus de 95 % des taxons sont des espèces ligneuses, plus de 50 % sont des espèces endémiques dont certaines (*Euphorbia*, orchidées, *Aloe*) sont inscrites à l'annexe II de la CITES[3], plus de 15 % des plantes présentent des particularités biologiques d'adaptation à la sécheresse. Par-delà l'érosion de la biodiversité, les travaux d'écologie démontrent que le défrichement de cette forêt, suivi de la pratique du *hatsaky*, ne permet pas qu'une formation forestière secondaire s'y installe par la suite.

Par ailleurs, les espèces forestières constituent des ressources exploitées à différentes fins par les populations locales. Dans la forêt des Mikea, une enquête réalisée en 1999 auprès de quelques villageois sur les catégories d'usage des 146 espèces végétales présentes dans deux sites (RAHERISON, 2000 ; RAKOTOJAONA, 2000) montre que seules 40 d'entre elles sont déclarées sans usage. Les types d'utilisation (hors usage pastoral) des 106 autres espèces se répartissent comme suit, sachant qu'une

---

[3] CITES : Convention sur le commerce international de flore et de faune sauvages menacées d'extinction.

même espèce peut être utilisée à plusieurs titres : pharmacopée (29 %), construction (23 %), outillage (14 %), alimentation (12 %), divination (10 %), combustible (3 %), divers (9 %).

L'exploitation du bois d'œuvre contribue depuis longtemps à une dégradation de l'écosystème forestier, car elle se révèle essentiellement spéculative et minière, ne tenant aucun compte des principes de renouvellement des ressources (GARDETTE, 1997). La forêt, dans ses sites les plus accessibles, se trouve à présent presque totalement dépouillée des individus d'essences précieuses et semi-précieuses correspondant aux tailles recommandées d'exploitabilité, et les arbres sont coupés de plus en plus jeunes. Dans de telles conditions, il est manifeste que les forêts s'appauvrissent et que le renouvellement des espèces ligneuses exploitées (dont beaucoup sont à croissance très lente) s'en trouve fortement compromis. Mais il est vrai que ces prélèvements anarchiques se justifient en partie par la menace que fait peser sur ces sites la progression des défrichements sur les fronts pionniers, dont l'impact écologique est bien plus radical.

Parmi les ressources alimentaires, les tubercules sauvages présentent localement une grande importance (TERRIN, 1998 ; BLANC-PAMARD, 2002b ; AUBRY et RAMAROMISY, 2003). Une dizaine d'entre eux, appartenant notamment au genre *Dioscorea* (et d'ailleurs présents pour plusieurs d'entre eux dans les *hatsaky*, les abandons culturaux et les savanes), contribuent pour une part appréciable à l'alimentation et à l'apport en eau. Ces tubercules jouent localement un rôle important comme compléments alimentaires durant la période de soudure alimentaire en saison des pluies. Ils représentent depuis longtemps, avec d'autres ressources végétales spontanées, le miel et les produits de chasse (hérissons, oiseaux), un fondement de l'alimentation des Mikea. Ils sont recherchés également par les populations masikoro et migrantes des villages situés à proximité des limites forestières, tout particulièrement par de petits agriculteurs ne disposant que de surfaces cultivées réduites. Certains de ces tubercules sont par ailleurs proposés sur les marchés locaux, constituant alors des apports de revenus monétaires non négligeables pour les collecteurs.

La disparition accélérée des espaces forestiers se traduit donc par une raréfaction de ressources qui contribuaient, à titre complémentaire ou principal (pour la population mikea), à la satisfaction des besoins vivriers et monétaires.

La dynamique de déforestation en cours aboutit à un déplacement continu vers l'ouest des fronts de défrichement et à une reconversion de la forêt en espaces agricoles et pastoraux. L'accès à la forêt devient de plus en plus difficile pour la plupart des habitants, les ressources qu'ils en tirent s'amenuisent. Ces changements apparaissent acquis et en grande partie irréversibles. Si l'on doit s'interroger sur la poursuite de cette dynamique et sur les moyens de l'enrayer, il convient aussi de se pencher sur la question de la viabilité des systèmes d'exploitation du milieu et des systèmes de production lorsque la composante forestière disparaît (RAZANAKA, 2004).

UN TERRAIN, DES DISCIPLINES

En accord avec la thématique d'ensemble du programme, chaque discipline est conduite à préciser ses propres questions et à recueillir sur le terrain l'information nécessaire, en adoptant des niveaux d'analyse et des méthodes appropriés. Comme dans la plupart des pays du Sud, les données disponibles se révèlent fragmentaires et très insuffisantes, en quantité comme en qualité, pour alimenter la recherche, qui doit, de ce fait, produire et construire son information. Dans une première phase, l'accent a donc été mis sur la compréhension des processus et l'acquisition des indispensables références. Le choix d'un petit espace rural s'est alors imposé, comme cadre d'analyses particulières et d'exercice de la pluridisciplinarité. Il s'est agi du *fokontany*[4] lié au village d'Analabo, riverain lors de sa fondation en 1940 du massif forestier de l'Ouest. Cet espace restreint rassemblait des situations variées (*hatsaky* et abandons culturaux anciens et récents), permettant d'appréhender dans leur dynamique spatiotemporelle et de relier entre eux des faits relevant de différentes catégories (socio-démographiques, agraires, écologiques). Un tel objectif rendait nécessaire une certaine unité de lieu et le choix de sites pour partie communs. Par la suite, les investigations ont été étendues à de plus amples espaces, en particulier au territoire de la commune rurale[5] d'Analamisampy (Fig. 3).

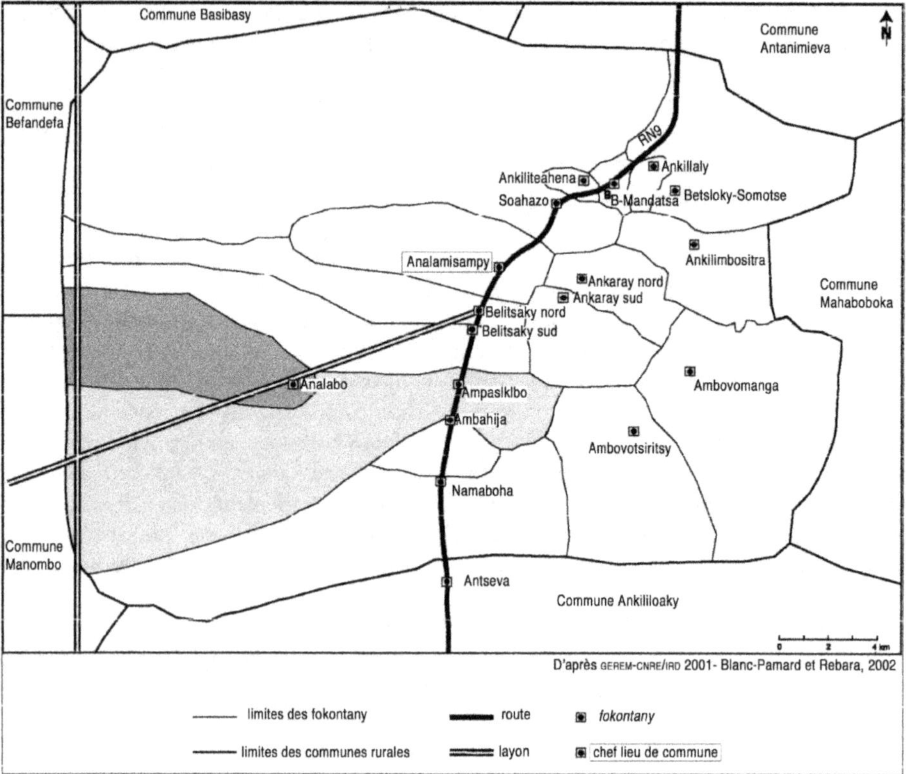

Fig. 3 – Carte de la commune d'Analamisampy et des *fokontany* d'Analabo et d'Ampasikibo

Des questions spécifiques relevant des différentes disciplines ou d'interfaces entre ces disciplines ont pu ainsi être traitées :

[4] *Fokontany* : cellule administrative de base regroupant généralement plusieurs villages et hameaux.

[5] À Madagascar, la commune regroupe un ensemble de *fokontany* et est d'une taille comparable à celle du canton français. La commune d'Analamisampy rassemble ainsi 17 *fokontany* et 82 villages.

• Les travaux d'écologie végétale ont permis de caractériser les écosystèmes forestiers, en relation avec le type de sol (RAKOTOJAONA et GROUZIS, 2005). Ils ont tout particulièrement porté sur la compréhension des dynamiques temporelles de la végétation et des paramètres édaphiques, en relation avec la pratique de la culture sur abattis-brûlis (RAHERISON et GROUZIS, 2005). Durant la phase culturale, l'accent a été mis sur la question de l'enherbement, en spécifiant l'évolution au cours du temps des peuplements d'adventices en termes de successions floristiques, de spectre biologique, de recouvrement et de phytomasse (GROUZIS et RAZANAKA, 2001). Le suivi conjoint, par l'écologue et l'agronome, de stations culturales d'ancienneté croissante de mise en culture montre clairement que l'enherbement constitue une contrainte de plus en plus forte pour la conduite de la culture et qu'il exerce un effet dépressif majeur sur le rendement du maïs (MILLEVILLE *et al.*, 2000) (Fig. 4). L'étude de la dynamique post-culturale de la végétation et du milieu édaphique, conduite sur une série d'abandons culturaux de 2 à 30 ans, montre que d'importants changements apparaissent dans la succession, marquée par une régression progressive de la richesse floristique (GROUZIS *et al.*, 2001). L'examen des trajectoires, établies à l'aide d'une analyse multivariée des paramètres biologiques et édaphiques, indique que l'évolution de la végétation après 30 ans conduit à une formation mixte ligneux-herbacées, ouverte, à caractère savanicole, contrairement à ce qui prévaut dans les systèmes d'abattis-brûlis des zones tropicales humides, caractérisés par une dynamique de reconstitution forestière au cours de la phase postculturale. Ainsi, dans les zones humides de l'Est et du Nord-Ouest de Madagascar, la culture sur abattis-brûlis (*tavy*) repose principalement sur le riz pluvial. La brièveté de la phase culturale (2 ans en général) et la forte résilience des systèmes forestiers y conduisent à une dynamique de reforestation (RASOLOFOHARINORO *et al.*, 1997 ; GAUTIER *et al.*, 1999 ; AUBERT *et al.*, 2003). De ce fait, des *tavy* peuvent être ouverts sur les mêmes sites après de longues périodes de jachères arbustive et arborée. Dans le Sud-Ouest, au contraire, la durée beaucoup plus longue de la phase de culture (5 à 8 ans), les conditions climatiques et édaphiques plus drastiques et la très faible résilience des forêts induisent une dynamique post-culturale de savanisation.

• Les agronomes se sont attachés, d'une part, à l'étude de la conduite des systèmes de culture (MILLEVILLE et BLANC-PAMARD, 2001) ainsi qu'à l'évolution et à la variabilité des rendements du maïs (MILLEVILLE *et al.*, 2001), d'autre part, au fonctionnement des unités de production familiales sur les fronts pionniers.

– Les premiers de ces travaux ont été menés selon différentes procédures d'enquête et d'expérimentation. Au cours de la phase culturale, longue de 5 à 8 ans ou plus, le rendement en grain du maïs subit une chute sensible dès la troisième ou quatrième année, en raison de la pression croissante des adventices et de la dégradation des paramètres physico-chimiques de la fertilité des sols. De l'ordre de 1 500 kg/ha durant les premières années de culture, les rendements se situent ainsi à des niveaux généralement inférieurs à 500 kg/ha à partir de la cinquième année, tandis que les besoins en travail augmentent et qu'il devient difficile de contrôler efficacement l'enherbement dans ce contexte de culture manuelle extensive. Les paysans préfèrent donc abandonner plus ou moins précocement les sites de culture et poursuivre plus avant les défrichements, afin de maintenir à un niveau élevé la productivité de leur travail (la dépense en travail à l'unité de surface étant très limitée durant les premières années de culture) et de s'assurer pour l'avenir d'un contrôle foncier sur de grands espaces.

Néanmoins, l'éloignement progressif vers l'ouest des fronts de défrichement pousse de plus en plus d'agriculteurs à remettre en culture d'anciens abandons, mais à l'aide d'autres techniques que celles de l'abattis-brûlis. En effet, le maintien d'une strate herbacée dans les friches explique que le *hatsaky* ne constitue pas un système de culture durable en tant que tel (MILLEVILLE *et al.*, 2001). Il caractérise seulement la première étape, celle de la conquête pionnière de l'espace forestier. Plusieurs essais montrent qu'un travail du sol et une fertilisation légère permettent d'obtenir, lors de la remise en culture des friches, des rendements très satisfaisants en arachide et en maïs.

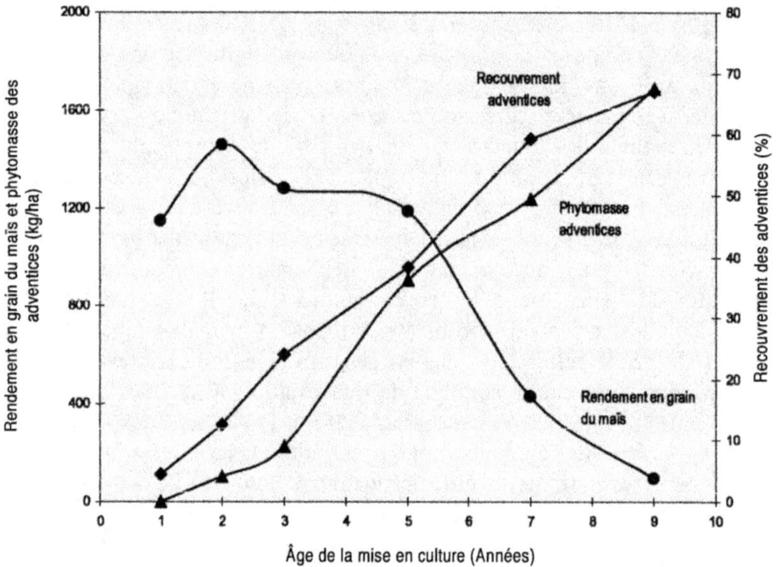

Fig. 4. Variations du rendement en grain du maïs, de la phytomasse et du recouvrement des adventices en fonction de l'ancienneté de la mise en culture au cours du cycle 1997-1998.

– La caractérisation et la catégorisation des unités de production sur les fronts pionniers ont été réalisées par des enquêtes portant sur l'histoire de l'unité de production et de la famille, la constitution actuelle du système de production et les perspectives envisagées par l'agriculteur et sa famille (AUBRY et RAMAROMISY, 2003). Neuf types de fonctionnement ont pu être distingués, à partir de plusieurs critères, dont :

– La taille de l'exploitation et son inscription dans le territoire : de moins de 5 à plus de 100 ha, les exploitations sont généralement bipolaires, un pôle étant situé en front pionnier, avec comme seule culture le maïs sur abattis-brûlis, l'autre sur des terres anciennement défrichées (et partiellement remises en culture avec manioc et maïs) à proximité des habitations. Certaines exploitations possèdent aussi des cultures (coton en particulier) sur les terres d'origine alluviale (*baiboho*), mises en valeur depuis longtemps à l'est de la RN9.

– L'importance du troupeau bovin : les troupeaux bovins sont peu nombreux, sauf dans deux types d'exploitations de grande taille, les autres n'ayant au mieux qu'un troupeau réduit à moins de 5 têtes. Les terres en friches sont considérées comme espace pastoral par les possesseurs de troupeaux. Par ailleurs, l'attelage et les bœufs de trait, fort utiles pour le transport de l'eau et des récoltes, existent systématiquement dans plusieurs types d'exploitations ; ils sont minoritaires, voire exceptionnels, dans d'autres.

– La main-d'œuvre mobilisable : elle est la clé de la capacité de défriche d'une exploitation[6] : les plus gros défricheurs sont ceux qui peuvent avoir accès, du fait de leurs capacités financières, à une main-d'œuvre salariée temporaire importante pendant la saison sèche.

Le suivi d'un échantillon d'unités de production durant une année montre de grandes disparités quant à la part du maïs dans l'alimentation familiale, aux revenus monétaires et au temps de travail. Par ailleurs, le *hatsaky* ne constitue jamais la seule activité des exploitants : salariat agricole dans les plus grosses exploitations, coupe de bois en forêt, petit commerce et transport, voire vente de produits forestiers de chasse et de cueillette, représentent des sources de revenus souvent plus importantes.

La connaissance des unités de production donne accès, de façon organisée, à la diversité des acteurs de la déforestation et permet d'identifier les catégories de défricheurs les plus actifs : 45 à 55 % de la surface défrichée annuellement sur l'ensemble de la commune d'Analamisampy, qui regroupe quelque 20 000 habitants, serait ainsi le fait de 17 à 20 gros producteurs.

• Les études géographiques ont traité de l'histoire du peuplement, des stratégies d'acteurs, de leurs perceptions et représentations, de l'organisation du paysage. Dans la mesure où la déforestation est bien visible dans le paysage, celui-ci tient une place importante, d'une part comme expression du réel (d'où l'utilité de l'imagerie aérienne et satellitaire), de l'autre comme construction sociale, résultat des interactions entre dynamiques écologiques, techniques et sociales. L'étude a concerné plus particulièrement Analabo, un terroir d'agriculture extensive en situation pionnière, et les villages et campements que ses habitants ont créés (Fig. 3). La pratique du *hatsaky* a produit, sur de grandes étendues, un paysage très particulier qui ne cesse d'étonner par son ampleur et sa répétitivité. L'espace défriché se structure à travers les représentations que se font les protagonistes de la dynamique et de l'orientation des essarts qui les concernent directement. On assiste, en forêt, à l'émergence d'un territoire dès lors que la société attribue à cet espace des toponymes associés à la pratique des défrichements.

La recherche a porté sur les aspects dynamiques de l'occupation du sol, plus particulièrement sur la progression du front de culture et les arrangements spatiaux qui en découlent, en associant l'analyse des dynamiques agraires à celle des mécanismes sociaux. Les membres des clans fondateurs jouent un rôle de premier plan pour l'accès à la forêt, car ce sont eux les *tompon-tany* (maîtres de la terre), et c'est à eux que s'adressent les nouveaux venus pour se faire attribuer une portion de forêt. L'histoire du village d'Ampasikibo, créé en 1922, est riche d'enseignements sur la dynamique pionnière. Un travail sur la généalogie du clan fondateur Lazafara permet de suivre la dynamique de l'organisation de l'espace, de repérer les modalités d'accueil et d'installation des étrangers et de mesurer le jeu des alliances matrimoniales (BLANC-PAMARD et REBARA, 2001). Les villages et campements créés au cours du temps se sont structurés par les liens de parenté, puis se sont développés par des relations matrimoniales dans un objectif de consolidation d'un territoire en forêt. Les pratiques sociales des clans fondateurs témoignent de l'efficacité du système dans le contrôle et la

---

[6] En moyenne, un homme seul défriche entre 2,5 et 3 ha par mois en travaillant à temps plein.

construction d'un territoire. Cet ordre social, que cherchent à instaurer les premiers occupants, rencontre les appétits d'autres exploitants expansionnistes, agroéleveurs le plus souvent, qui leur disputent l'espace disponible à l'intérieur de leur territoire.

La figure 5 résume une séquence historique : celle de la construction du territoire, de 1922 à 2001, à partir d'Ampasikibo puis d'Analabo. Soit six périodes, de la mise en valeur commencée en savane dans les années 1920 avec l'élevage, puis le pois du Cap et le coton, à l'exploitation de la forêt pour le bois puis, dès les années 1970, pour la culture du maïs sur abattis-brûlis. Les premiers villages se sont installés le long de la RN9 dans les années 1920. Ils ont commandé eux-mêmes d'autres établissements, orientés vers l'élément essentiel que représente la forêt à l'ouest, qui, à leur tour, ont fondé des campements. Le front de défrichement est situé en 2001 à 18 km de la RN9 contre 7 km en 1973. Les habitants des fronts pionniers représentent 13 % de la population totale de la commune rurale d'Analamisampy.

Une stratégie obsédante de course à la forêt, une poursuite de la culture du maïs sur les *hatsaky* pendant quatre, cinq années, voire plus, et l'amorce d'une agriculture permanente sur les terres conquises en forêt sont, en 2001, les caractères principaux de la dynamique du système agraire en forêt. Dans la mesure où le défrichement vaut appropriation du sol, sur le front pionnier où les terres sont en accès libre, les stratégies vont bon train. Les défrichements se poursuivent toujours plus loin à l'ouest, mais la pénétration en forêt se traduit par de lourdes contraintes, comme l'éloignement croissant de la RN9 et des points d'eau permanents. L'accès inégal à la forêt est devenu un facteur de différenciation entre exploitants. La perturbation environnementale forte que constitue la destruction de la forêt s'accompagne d'une recomposition des rapports sociaux, économiques et fonciers.

Cette étude géographique, localisée à l'échelle d'un terroir, a été élargie, par des enquêtes extensives, à d'autres fronts pionniers, dans les limites de la commune rurale et hors de celle-ci, afin d'appréhender l'ampleur du phénomène d'agriculture sur abattis-brûlis, son avenir, ses acteurs (autochtones et migrants) et leurs stratégies, les réponses apportées à la fin prochaine de la forêt « utile » (BLANC-PAMARD et REBARA, 2002 ; BLANC-PAMARD, 2002a).

• La géomatique permet, à partir de l'imagerie satellitale, le repérage, l'identification et la cartographie des différents faciès de végétation (naturels et cultivés) et constitue, par ailleurs, un outil très intéressant pour rendre compte par des analyses diachroniques de l'extension spatiale des phénomènes, et en particulier de la quantification des surfaces et des vitesses de déforestation au cours des 30 dernières années. L'étude a porté sur l'ensemble du front actif de la forêt, soit une zone de 751 km^2 définie à l'ouest par la limite de la forêt considérée comme exploitable pour l'agriculture. Les images utilisées ont été des SPOT HRV Xs multidates (image de 2001 en programmation et les autres en archive), toutes acquises en fin de saison des pluies à l'optimum de végétation.

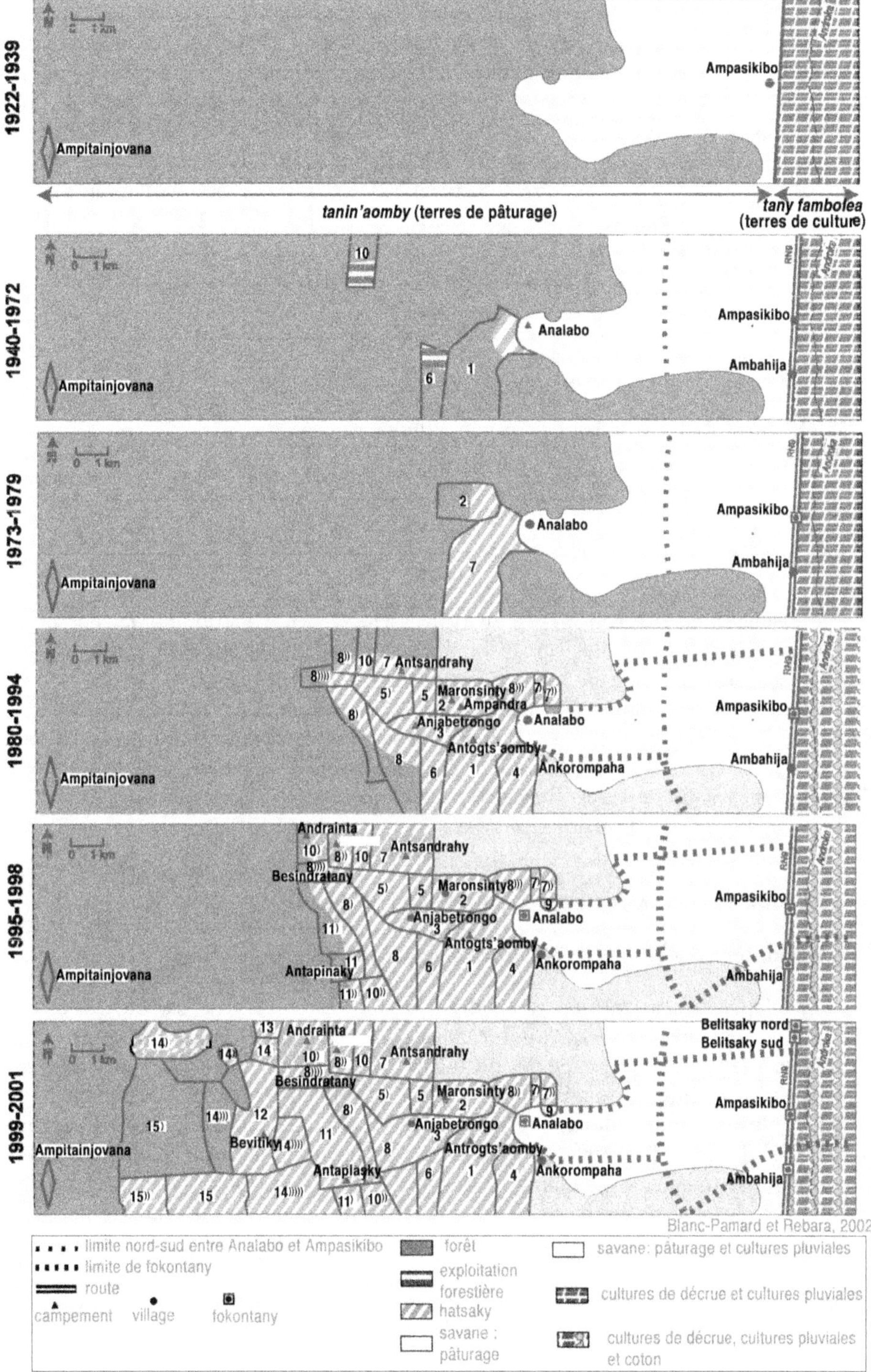

Fig. 5 – Ampasikibo et Analabo : la construction du territoire de 1922 à 2001

Les données de terrain correspondent aux observations réalisées sur les segments d'enquête, principalement types de végétations, couleur et type de sol, recouvrement (sol nu, strates herbacée et ligneuse) et degré d'artificialisation, couplées à des relevés GPS. Parallèlement, une mission de photographies aériennes à basse altitude (paramoteur) a été conduite. L'identification des faciès a alors été effectuée pour établir une cartographie précise de l'occupation du sol et de la limite forestière pour l'année 2001. L'évolution du front de défrichement en 1971 et 2001 est représentée sur la figure 2. Le tableau I enregistre les surfaces défrichées et les vitesses de déforestation à différentes périodes. Ces travaux de géomatique ont été conduits en étroite collaboration avec l'écologie, l'agronomie et la géographie.

TABLEAU I

SURFACES FORESTIÈRES, SURFACES DÉFRICHÉES ET VITESSE ANNUELLE
DE DÉFORESTATION À QUATRE PÉRIODES

Période de défrichement	Surface forestière (km^2)	Surface défrichée (km^2)	%	Vitesse annuelle de défrichement (km^2/an)
1971-1986	751	88,07	11,7	5,87
1986-2001	664,6	289,05	43,6	19,3
1997-1999	486,3	41,39	8,5	20,69
1999-2001	444,9	69,72	15,7	34,86

Si chacun construit son propre objet de recherche, le souci d'aborder des objets conjoints, à l'interface de plusieurs disciplines, impose néanmoins, pour partie, le choix de sites communs et une certaine uniformisation des échelles de travail et des rythmes de collecte de l'information. Par-delà la spécificité des questions et des approches, la référence à l'espace permet aux différentes disciplines de prendre la mesure de leurs objets d'étude en termes de localisation, d'extension et de dynamique spatiotemporelle des phénomènes. À ce titre, l'imagerie satellitale constitue un matériau précieux de dialogue et de confrontation des résultats.

TERRITOIRES, NOUVEAUX OBJETS, NOUVELLES MÉTHODES

Des évaluations convergentes : savoirs de chercheurs et savoirs locaux

Les diagnostics scientifiques, établis à travers les grilles de caractérisation des chercheurs, rejoignent assez précisément les nomenclatures et perceptions paysannes. Cela concerne la reconnaissance des différents types de sols et de formations végétales « naturelles » (éléments relativement stables du milieu) ainsi que des objets qui évoluent plus ou moins vite au cours du temps (cultures récentes/anciennes en rapport avec l'abondance des adventices, classes d'abandons culturaux). Les dénominations paysannes, de par leur validation, constituent aussi des outils de catégorisation communs à plusieurs disciplines qui sont en outre opératoires dans leur démarche.

Dans le système de culture sur abattis-brûlis, la variable-clé est l'âge de la parcelle. La plupart des agriculteurs désignent par *hatsabao* les deux premières années qui ne nécessitent aucun sarclage, et par *mondra* les années suivantes, où le contrôle des adventices est reconnu comme nécessaire. À travers leurs grilles d'observation, l'agronome et l'écologue confirment que l'envahissement par les adventices devient effectivement sensible dès la troisième année de culture, et qu'il augmente ensuite progressivement. Un travail à l'échelle de la forêt des Mikea (BLANC-PAMARD et

REBARA, 2002) signale des variations dans la dénomination des stades du cycle cultural et dans la durée de la phase culturale suivant la forme et l'intensité que prennent localement les défrichements. Cette terminologie non encore fixée témoigne probablement d'une histoire agraire récente ainsi que d'éventuelles variations locales des conditions de milieu. À ce titre, on peut constater que sur les affleurements calcaires, où la prolifération des mauvaises herbes est plus rapide que sur sables, le terme d'*hatsabao* est réservé à la première année de culture. À travers un tel exemple, on perçoit comment la pratique et le discours des paysans contribuent à l'identification d'objets scientifiques communs qui permettent une collaboration entre différentes disciplines.

Photo 2 – Friche d'une trentaine d'années (photo C. Blanc-Pamard)

Changements techniques, processus écologiques et dynamiques sociales

Dans de telles situations pionnières, le temps construit le territoire. Celui-ci est en perpétuelle mouvance, se transformant dans ses limites, son contenu, son organisation et sa fonctionnalité. Ses utilisateurs, agents de ces transformations, doivent aussi s'y adapter, en modifiant leurs pratiques et/ou en introduisant de nouveaux changements territoriaux, dans un contexte de forte incertitude et de déficit de références. Une perspective temporelle s'impose donc à toutes les disciplines, les conduisant à retenir des modalités de découpage du temps et de l'espace fondées sur les pratiques des acteurs et les dynamiques du milieu. Le front pionnier est affaire de vitesses et aussi de durées, de pas de temps différents : itinéraire de défriche, phase culturale et évolution du milieu cultivé, phase post-culturale et processus de savanisation, progression des fronts pionniers et du peuplement... La recherche, poursuivie sur plusieurs années, permet de saisir les différentes dynamiques dans leurs manifestations et leurs processus, et d'en reconstituer les étapes et la transcription spatiale sur de plus longues durées (plusieurs décennies).

Au cours du temps, l'emprise spatiale des abandons culturaux s'est considérablement accrue (Photo 2). Ils deviennent un nouvel objet de recherche, dans la mesure où des enjeux décisifs leur sont liés. En effet, chacun perçoit que les possibilités de poursuite des défrichements en forêt se raréfient, avec l'éloignement des fronts de défrichement et la péjoration des conditions de culture du maïs (sols de plus en plus pauvres, pluviométrie limitée). L'avenir réside donc, pour la plupart des paysans, dans la reprise des friches, afin d'y installer des systèmes de culture durables. Mais les agriculteurs manquent de références techniques sur cette question, et sont conduits à expérimenter différentes modalités techniques permettant de cultiver ces friches en assurant un contrôle satisfaisant de l'enherbement sans dépense en travail excessive. La pratique du paillage déjà expérimentée par certains paysans, ainsi que les techniques de semis direct sous couvert, telles que les préconisent des acteurs de développement régional[7], pourraient constituer sous certaines conditions des alternatives au travail du sol, qui reste encore la méthode couramment adoptée pour assurer le contrôle de l'enherbement. La recherche se trouve de ce fait impliquée dans la mise au point d'alternatives techniques (conception de systèmes de culture), mais aussi dans les options de gestion future de ces espaces (organisation territoriale des activités agricoles et pastorales).

La prise en compte du temps a constitué à l'évidence un élément déterminant de cette recherche. Chaque chercheur, quelle que soit sa discipline, s'est trouvé confronté à des objets en mutation profonde et a donc été conduit à évaluer des changements et à expliciter des processus en y accordant sans aucun doute plus d'attention qu'à la compréhension synchronique de ces situations. Par ailleurs, c'est progressivement autour des évolutions à venir et des perspectives d'action et de gestion que se sont orientés, en cours de programme, les efforts de recherche. Autrement dit, il convient de ne plus s'en tenir à l'analyse des changements passés ou observables, mais aussi d'accompagner les changements en cours et à venir, dans des espaces de référence reconnus pertinents tant pour les chercheurs que pour les usagers.

Recompositions territoriales

Compte tenu de ces dynamiques, la configuration territoriale se transforme profondément. La zone de *baiboho* située â l'est, affectée depuis longtemps par une forte saturation foncière, n'évolue qu'à travers l'importance relative qu'y tiennent les différentes cultures[8] et le contrôle foncier exercé respectivement par les petites exploitations et les gros producteurs. À l'ouest de la RN9, par contre, les changements apparaissent radicaux, avec la disparition des espaces forestiers, le déplacement des *hatsaky*, l'expansion des abandons culturaux, la création de blocs de cultures en savanes. À l'échelle de la commune d'Analamisampy, la superficie de forêt défrichée depuis une trentaine d'années peut être estimée en 2001 à 237 km^2 (soit 32 % de la surface du territoire communal), se répartissant en 48 km^2 d'abandons culturaux anciens, 115 km^2 d'abandons culturaux récents, 27 km^2 de *hatsaky* anciens et 47 km^2 de *hatsaky* récents (Photo 3). Il en résulte une expansion de l'ordre de 58 % de l'espace pastoral (les terres de culture pouvant être fréquentées par les troupeaux durant la saison sèche, les friches comme les savanes l'étant toute l'année). Cette transformation territoriale ne concerne que les *fokontany* de l'ouest, qui profitent de parcours beaucoup plus étendus que par le passé, et donc d'une possibilité, au moins théorique, d'accroissement important de leur cheptel. Ceux de l'est, par contre, conservent quasiment le même espace de parcours que par le passé. On pouvait ainsi évaluer, en 2001, les surfaces de parcours disponibles (incluant les zones de culture) à 2,5 hectares par tête de bovin à l'est, et à 4,6 hectares par tête à l'ouest.

La référence au territoire communal s'est, on le voit, peu à peu imposée à l'équipe de recherche. Il convenait d'abord d'élargir l'espace de référence initial, le *fokontany* d'Analabo, à la commune rurale d'Analamisampy (Fig. 3) afin de valider les résultats

---

[7] Le projet Sud-Ouest (PSO) avec l'ONG TAFA a contribué à tester et diffuser ces techniques dans la région de Tuléar depuis le milieu des années 1990.

[8] La crise que traverse la filière cotonnière se traduit depuis plusieurs années par une réduction sensible des surfaces consacrées au coton.

acquis et de prendre en considération d'autres situations, différant de la première par les conditions de milieu ou/et les aspects sociodémographiques et l'histoire de la dynamique pionnière. Il était en outre indispensable d'appréhender les phénomènes étudiés sur des espaces d'activité de communautés clairement identifiables. Le territoire communal représente à cet égard une entité d'importance particulière, intermédiaire entre le terroir et la région. Depuis la décentralisation mise en place en 1995, la commune, constituée d'un ensemble de *fokontany*, représente un cadre territorial conçu comme un territoire de projets. C'est un niveau local de participation, d'initiative et de prise de décision par les acteurs locaux pour définir et mettre en place des projets de développement rural et des actions de gestion et de conservation des ressources naturelles renouvelables. Il nous est donc apparu nécessaire, à cette échelle spécifique, de collecter des compléments d'information, de réaliser des bilans, et de constituer un système d'information géographique (SIG) prenant notamment en compte les faits de peuplement et d'occupation des terres. Ce travail, par nature interdisciplinaire, a été réalisé en phase finale du programme et a largement profité des connaissances acquises antérieurement. Un ensemble de cartes thématiques (1/100 000e) constitue pour l'équipe de recherche un cadre privilégié de partage des connaissances, un niveau d'analyse spécifique et un outil-relais à partir duquel de nouvelles opérations de recherche deviennent possibles. Ces documents représentent par ailleurs, pour les acteurs locaux, une source d'information précieuse, utile à la prise de décision. Il reste que, dans un contexte affecté de dynamiques aussi rapides et massives, les données deviennent vite obsolètes, et que se pose donc la question cruciale de leur actualisation.

Photo 3 – Parc à baobabs (*Adansonia za*) résiduel
Photo © Gerem-CNRE/IRD

Par ailleurs, l'équipe GEREM a souhaité poursuivre le travail collectif entrepris pour la constitution d'un SIG par la fabrication d'un CD-ROM (LASRY *et al.*, 2005). C'est un outil de synthèse et de valorisation des recherches : il fournit aux chercheurs, aux acteurs du développement, aux gestionnaires de l'environnement et à tout professionnel impliqué dans les thématiques abordées une base de données très riche sur une partie de la région du Sud-Ouest. Avec ce CD-ROM, l'équipe se positionne dans une approche « systèmes d'information ». Le CD-ROM amplifie le rôle de la carte et de toute représentation spatiale (carte, croquis, image satellitale, photographie aérienne..). Plus encore, il semble que toute l'iconographie disponible dans le CD-ROM permette une rencontre et puisse aider à construire un dialogue entre chercheurs, décideurs et acteurs locaux dans un objectif de développement et d'environnement. L'intérêt du CD-ROM réside dans la place qui est faite à l'outil cartographique (cartes thématiques au 1/100 000ᵉ et cartes à différentes échelles). La carte permet de communiquer, d'accompagner, voire de susciter des négociations entre les divers partenaires.

CONCLUSION

Par le passé, les disciplines des sciences de la nature (écologie), des sciences biotechniques (agronomie) et des sciences de la société (géographie) se sont rarement rencontrées aux mêmes échelles d'observation. Avec les questions d'environnement, de telles alliances s'imposent. Ces questions entraînent en effet un repositionnement des disciplines sur d'autres bases que celles d'une dichotomie entre les domaines de l'agraire et du rural, d'une part, et ceux de la nature, d'autre part (JOLLIVET, 1992 ; BENOIT et PAPY, 1998 ; LESCURE, 1997 ; MILLEVILLE *et al.*, 2000). Les alliances s'imposent dans ce type de conception de l'environnement où l'on est amené à prendre en compte les relations entre des espaces et des types de milieux très contrastés de par leur niveau d'artificialisation, d'une part parce qu'ils coexistent dans des territoires contrôlés et gérés par des collectivités et que, d'autre part, ils entretiennent entre eux des relations de filiation à travers des dynamiques temporelles. Les relations dynamiques qui existent entre ces types de milieux font qu'il devient artificiel d'aborder les problèmes environnementaux d'une manière autonome pour chacun d'entre eux. Cette étude plaide donc pour une approche temporelle et territorialisée des problèmes d'environnement, d'où l'exigence transdisciplinaire.

Le programme GEREM, via la collaboration entre ces disciplines, a fait émerger la déforestation comme un problème d'environnement, au sens où les connaissances scientifiques acquises donnent l'alerte sur l'ampleur du phénomène, son caractère irréversible et sur la perte de biodiversité qui en résulte. Les acteurs de cette déforestation, quant à eux, qui considèrent la forêt comme une ressource quasi illimitée, ne traduisent dans leurs discours et leurs pratiques que des préoccupations liées aux difficultés de la mise en valeur de cette ressource. Un tel décalage entre les représentations d'un problème est source de réflexion commune sur le temps et la notion de développement durable.

Un problème d'environnement n'est pas en soi une question de recherche. S'y intéresser implique d'identifier des questions de recherche disciplinaires, puis de les mettre en commun pour révéler de nouveaux objets pertinents pour l'action (HUBERT, 2001). Ceux-ci apparaissent orientés vers la recherche concertée de solutions à des problèmes complexes d'environnement. Pour l'agronomie et l'écologie, il convient ainsi de ne pas s'en tenir aux échelles de la station et de la parcelle, mais d'aborder aussi le devenir des phases culturale et post-culturale dans leurs dimensions spatiales, et d'apprécier à l'échelle territoriale les alternatives de type intensif/extensif et la question de la durabilité.

La notion de territoire s'est donc imposée progressivement à l'ensemble de l'équipe de recherche. S'il constitue un objet d'évidence de la géographie (et ce, dès l'engagement de la recherche), il n'en va pas de même en écologie et en agronomie, lorsque priorité est donnée à la compréhension de processus et de comportements que l'on peut appréhender à l'échelle locale. Le souci de spatialisation des phénomènes résulte alors souvent d'une étape ultérieure de la recherche, visant à prendre la mesure de leur importance, ainsi qu'à valider à d'autres échelles les résultats établis localement. La notion de territoire traduit enfin, au-delà de la spatialisation, la reconnaissance du rôle et de la place des acteurs dans l'exploitation et la dynamique des milieux. On peut donc légitimement s'interroger sur le bien-fondé de politiques purement protectionnistes qui, face à la déforestation galopante, n'ont d'autres solutions à proposer que la création d'aires protégées dont sont exclus en grande partie les acteurs locaux.

Le double processus d'émergence d'un problème d'environnement et de sa traduction en questions de recherche caractérise la posture adoptée dans le programme GEREM. C'est bien le couplage agraire-environnement, ainsi que la combinaison des notions de temps et de territoire, qui ont permis, au sein de l'équipe de recherche, la mise en commun de questions scientifiques et la conception de produits d'interface disciplinaire.

RÉFÉRENCES

AUBERT, S., RAZAFIARISON, S., BERTRAND, A., 2003 – *Déforestation et systèmes agraires à Madagascar. Les dynamiques des* tavy *sur la côte orientale*, Montpellier/Antananarivo, CIRAD/CITE/FOFIFA.

AUBRY, C., RAMAROMISY, A., 2003 – Typologie d'exploitations agricoles dans un village du front pionnier de la forêt des Mikea (Sud-Ouest de Madagascar), *Cahiers Agricultures*, 12 : 153-165.

BENOIT, M., PAPY, F., 1998 – La place de l'agronomie dans la problématique environnementale, *Les Dossiers de l'environnement de l'INRA*, 17 : 53-62.

BLANC-PAMARD, C., 2000 – À l'ouest d'Analabo. La trame du maïs. Agriculture pionnière et construction du territoire en pays masikoro (Sud-Ouest de Madagascar), GEREM, CNRE-IRD, CNRS/EHESS.

BLANC-PAMARD, C., REBARA, F., 2001 – L'école de la forêt : dynamique pionnière et construction du territoire, *in* Razanaka, S., Grouzis, M., Milleville, P., Moizo, B., Aubry. C. (Éds), *Sociétés paysannes, transitions agraires et dynamiques écologiques dans le Sud-Ouest de Madagascar,* Antananarivo, IRD/CNRE.

BLANC-PAMARD, C., REBARA, F., 2002 – Paysans de la commune d'Analamisampy. Dynamiques sociales et transitions agraires en pays masikoro (Sud-Ouest de Madagascar), GEREM, CNRE-IRD, CNRS/EHESS.

BLANC-PAMARD, C., 2002a – Territoire et patrimoine dans le Sud-Ouest de Madagascar : une construction sociale, *in* Cormier-Salem, M.-C., *et al.* (Éds), *Patrimonialiser la nature tropicale*, IRD Éditions.

BLANC-PAMARD, C., 2002b – La forêt et l'arbre en pays masikoro (Madagascar) ; un paradoxe environnemental ? *Bois et forêts des Tropiques*, 271 : 5-22.

GARDETTE, Y.-M., 1997 – Évaluation historique et économique de l'exploitation du bois d'œuvre dans la région de Tuléar (Madagascar). Mémoire ORSTOM-MAA et MRAQ-CNRE, Université de Paris 10 - Nanterre.

GAUTIER, L., CHATELAIN, C., SPICHIGER, R., 1999 – Déforestation, altitude, pente et aires protégées : une analyse diachronique des défrichements sur le pourtour de la réserve spéciale de Manongarivo (N-O Madagascar), *in* Humi, H., Ramamonjisoa, J. (Éds), *African Mountain Development in a changing world*, African Mountains Associations : 255-279.

GROUZIS, M., RAZANAKA, S., 2001 – Aspects qualitatifs et quantitatifs de l'évolution des adventices en fonction de la durée de la mise en culture dans les systèmes de culture sur abattis-brûlis d'Analabo, *in* Razanaka, S., Grouzis, M., Milleville, P., Moizo, B., Aubry, C. (Éds), *Sociétés paysannes, transitions agraires et dynamiques écologiques dans le Sud-Ouest de Madagascar*, Antananarivo, IRD/CNRE : 269-279.

GROUZIS, M Razanaka, S., LE FLOC'H, E., LEPRUN, J.-C., 2001 – Évolution de la végétation et de quelques paramètres édaphiques au cours de la phase post-culturale dans la région d'Analabo, *in* Razanaka, S., Grouzis, M., Milleville, P., Moizo, B., Aubry C. (Éds), *Sociétés paysannes, transitions agraires et dynamiques écologiques dans le Sud-Ouest de Madagascar*, Antananarivo, IRD/CNRE : 327-337.

HUBERT, B., 2001 – Évolution du questionnement de la recherche par les problèmes environnementaux, in Razanaka, S., Grouzis, M., Milleville, P., Moizo, B., Aubry, C. (Éds), *Sociétés paysannes, transitions agraires et dynamiques écologiques dans le Sud-Ouest de Madagascar*, Antananarivo, IRD/CNRE : 361-369.

HUMBERT, H., COURS-DARNE, G., 1965 – Notice de la carte de Madagascar, *Travaux sect. Sci. et Techn.*, Institut français de Pondichéry, h.s. 6 : 46-78.

JOLLIVET, M. (Éd.), 1992 – *Sciences de la nature, sciences de la société. Les passeurs de frontières*, Paris, CNRS Éditions.

KOECHLIN, J., GUILLAUMET, J.-L., MORAT, R, 1974 – *Flore et végétation de Madagascar*, Vaduz, J. Cramer.

LASRY, F., GROUZIS, M., MILLEVILLE, R, RAZANAKA, S., 2004 – Dynamique de la déforestation et agriculture pionnière dans une région semi-aride du Sud-Ouest de Madagascar : exploitation diachronique de l'imagerie satellitale haute résolution, *Photo-Interprétation*, 1 : 26-33.

LASRY, F., BLANC-PAMARD, C., MILLEVILLE, P., RAZANAKA, S., GROUZIS, M. (Éds), 2005. *Environnement et pratiques paysannes à Madagascar,* Atlas Cédérom, IRD Éditions.

LEPRUN, J.-C., 1998 – Compte rendu de mission à Madagascar (projet GEREM), Anatananarivo, ORSTOM-CNRE.

LESCURE, J.-P., 1997 – Ruralité ou environnement ? *in La Ruralité dans les pays du Sud à la fin du XXe siècle*, Paris, ORSTOM Éditions.

MILLEVILLE, P., GROUZIS, M., RAZANAKA, S., RAZAFINDRANDIMBY, J., 2000 – Systèmes de culture sur abattis-brûlis et déterminisme de l'abandon cultural dans une zone semi-aride du Sud-Ouest de Madagascar, *in* Floret, C., Pontanier, R. (Éds), *La jachère en Afrique tropicale : rôles, aménagement, alternatives*, Actes du Séminaire international, Dakar, 13-16 avril 1999, Paris, John Libbey Eurotext : 59-72.

MILLEVILLE, P., BLANC-PAMARD, C., 2001 – La culture pionnière de maïs sur abattis-brûlis (*hatsaky*) dans le Sud-Ouest de Madagascar. 1. Conduite des systèmes de culture, *in* Razanaka, S., Grouzis, M., Milleville, R, Moizo, B., Aubry, C. (Éds), *Sociétés paysannes, transitions agraires et dynamiques écologiques dans le Sud-Ouest de Madagascar*, Antananarivo, IRD/CNRE : 243-254.

MILLEVILLE, P., GROUZIS, M., RAZANAKA, S., BERTRAND, M., 2001 – La culture pionnière du maïs sur abattis-brûlis (*hatsaky*) dans le Sud-Ouest de Madagascar. 2. Évolution et variabilité des rendements, *in* Razanaka, S., Grouzis, M., Milleville, P., Moizo, B., Aubry, C. (Éds), *Sociétés paysannes, transitions agraires et dynamiques écologiques dans le Sud-Ouest de Madagascar*, Antananarivo, IRD/CNRE : 255-268.

RAHERISON, S. M., 2000 – Écosystème forestier de la région d'Analabo (forêt de Mikea) sur sables roux clairs : structure, production et réserve en eau du sol. DEA,

Département de Biologie et d'Écologie végétales, Université d'Antananarivo, co-encadrement GEREM, CNRE-IRD.

RAHERISON, S. M., GROUZIS, M., 2005 – Plant Biomass, Nutrient Concentration and Nutrient Storage in a Tropical Dry Forest in the South-west of Madagascar, *Plant Ecology*, volume 180, number 1 : 33-45.

RAKOTOJAONA, H., 2000 – Écosystème forestier de la région d'Analabo (forêt de Mikea) sur sables roux foncés : diversité, structure et dynamique de l'eau dans le sol. DEA, Département de Biologie et d'Écologie végétales, Université d'Antananarivo, co-encadrement GEREM, CNRE-IRD.

RAKOTOJAONA, H., GROUZIS, M., 2005 – Diversité floristique, structure et phytomasse d'un écosystème forestier du sud-ouest malgache (forêt des Mikea), *in* Recueil d'articles pour le suivi du Programme Environnemental, ONE, Antananarivo.

RASOLOFOHARINORO, M., BELLAN, M.-F., BLASCO, E, 1997 – La reconstitution végétale après l'agriculture itinérante à Andasibe-Périnet (Madagascar), *Écologie*, 28, 2 : 149-165.

RAZANAKA, S., 1995 – Délimitation des zones de contacts semi-arides et sub-arides de la végétation du Sud-Ouest de Madagascar. Thèse de 3e cycle, Département de Biologie et d'Écologie végétales, Université d'Antananarivo.

RAZANAKA, S., 2004 – La Forêt des Mikea : un espace et des ressources assiégés. Thèse d'État ès sciences, Département de Biologie et d'Écologie végétales, Université d'Antananarivo.

TERM, S., 1998 – Usages alimentaires et technologiques des végétaux spontanés dans la région de la forêt des Mikea (Sud-Ouest de Madagascar). Mémoire de DESS, Université Paris 12 – Val-de-Marne, Créteil.

YOUNT, J.W., TSIAZONERA, TUCKER, B.T., 2001 – Constructing Mikea identity: past or present links to forest and foraging, *Ethnohistory*, 48,1-2 : 257-291.

BIBLIOGRAPHIE

Ouvrages

FILLONNEAU C., MILLEVILLE P., 1988 – *Enquêtes agronomiques en milieu rural tropical.* Les Cahiers de la formation professionnelle à la recherche en milieu rural des régions chaudes, CIRAD-CNEARC. Fasc. 3, vol. 3, 47 p.

ELDIN M., MILLEVILLE P., (éds), 1989 – *Le risque en agriculture.* Paris, ORSTOM, coll. À travers champs, 620 p.

GRAS, R., BENOIT, M., DEFFONTAINES J.-P., DURU M., LAFARGE M., LANGLET A., OSTY P.-L., 1989 – *Le fait technique en agronomie. Activité agricole, concepts et méthodes d'étude.* INRA - L'Harmattan, 184 p.

CHABERT J.P., HERVÉ D., MILLEVILLE P., 1990 – *Labours en pays de coopération. Catalogue pour une exposition itinérante.* AFMA, 112 p. + planches.

CLAUDE J., GROUZIS M., MILLEVILLE P. (éds), 1991 – *Un espace sahélien : la mare d'Oursi, Burkina Faso.* Paris, ORSTOM, 241 p.

NAVARRO H., COLIN J. PH., MILLEVILLE P. (éds), 1993 – *Sistemas de Producción y Desarrollo Agricola.* Mexico, ORSTOM-CONACYT-Colegio de Postgraduados, 492 p.

RAZANAKA S., GROUZIS M., MILLEVILLE P., MOIZO B., AUBRY C. (éds), 2001 – *Sociétés paysannes, transitions agraires et dynamiques écologiques dans le sud-ouest de Madagascar.* Antananarivo, CNRE–IRD, 400 p.

LASRY F., BLANC-PAMARD C., MILLEVILLE P ., RAZANAKA S., GROUZIS M. (éds), 2005 – *Environnement et pratiques paysannes à Madagascar.* Atlas Cédérom, Paris, IRD.

Articles et chapitres d'ouvrages

FLEURY A., MILLEVILLE P., 1971 – Influence d'une haie vive sur une culture de maïs. *C.R. Acad. Agr. Fr.* : 278-284.

MILLEVILLE P., 1972 – Approche agronomique de la notion de parcelle en milieu traditionnel africain : la parcelle d'arachide en moyenne Casamance. *Cah. ORSTOM, sér. Biol.*, n° 17 : 23-37.

MILLEVILLE P., 1974 – Enquête sur les facteurs de la production arachidière dans trois terroirs de moyenne Casamance. *Cah. ORSTOM, sér. Biol.*, n° 24 : 65-99.

MILLEVILLE P., 1976 – Comportement technique sur une parcelle de cotonnier au Sénégal. *Cah. ORSTOM, sér. Biol.*, Vol. XI, n° 4 : 263-275.

MILLEVILLE P., 1976 – Terroirs de moyenne Casamance (1 carte + notice) et notice de la carte des cultures commerciales, in *Atlas National du Sénégal.*

FELLER C., MILLEVILLE P., 1977 – Évolution des sols de défriche récente dans la région des Terres Neuves (Sénégal oriental). Première partie : présentation de l'étude et évolution des principales caractéristiques morphologiques et physico-chimiques. *Cah. ORSTOM, sér. Biol.*, Vol. XII, n° 3 : 199-211.

MILLEVILLE P., DUBOIS J.P., 1979 – Réponses paysannes à une opération de mise en valeur de terres neuves au Sénégal. Actes du colloque ORSTOM/CNRST *Maîtrise de l'espace agraire et développement en Afrique au Sud du Sahara. Logique paysanne et rationalité technique.* Paris, Mém. ORSTOM, n° 89 : 513-518.

QUILFEN J.P., MILLEVILLE P., 1983 – Résidus de culture et fumure animale : un aspect des relations agriculture-élevage dans le nord de la Haute-Volta. *L'Agron. Trop.* 38-3 : 206-212.

MILLEVILLE P., 1984 – Acte technique et itinéraire technique : une méthode d'enquête à l'échelle du terroir villageois. *Cah. Rech. Dév.*, n° 3-4 : 77-83.

MILLEVILLE P., 1984 – Le rôle de l'enquête agronomique dans la démarche de recherche-développement. in *Recherche-Développement en milieu rural*, GRET- CFECTI : 47-58.

MILLEVILLE P., 1985 – Sécheresse et évolution des systèmes agraires dans le Sahel Voltaïque. *Cah. Rech. Dév.*, n° 6 : 11-13.

BLANC-PAMARD C., MILLEVILLE P., 1985 – Pratiques paysannes, perception du milieu et système agraire. in *À travers champs, agronomes et géographes.* Paris, ORSTOM, coll. Colloques et Séminaires : 101-138.

MILLEVILLE P., 1986 – Une méthode d'approche du rôle social de l'élevage dans un milieu sahélien : l'enquête généalogique sur le bétail, in *Méthodes de la recherche sur les systèmes d'élevage en Afrique intertropicale,* Études et Synthèses de l'IEMVT, n° 20 : 167-177.

LHOSTE P., MILLEVILLE P., 1986 – La conduite des animaux : techniques et pratiques d'éleveurs, in *Méthodes de la recherche sur les systèmes d'élevage en Afrique intertropicale,* Études et Synthèses de l' IEMVT, n° 20 : 247–268.

MILLEVILLE P., 1986 – Utilisation de la fumure animale, in *Méthodes de la recherche sur les systèmes d'élevage en Afrique intertropicale,* Études et Synthèses de l'IEMVT, n° 20 : 407-412.

MILLEVILLE P., 1987 – Recherches sur les pratiques des agriculteurs. *Cah. Rech. Dév.*, n° 16 : 3-6.

LANDAIS E., LHOSTE PH., MILLEVILLE P., 1987 – Points de vue sur la zootechnie et les systèmes d'élevage tropicaux. *Cah. ORSTOM, sér. Sci. Hum.*, 23 (3-4) : 421-437.

ELDIN M., MILLEVILLE P., 1989 – Avant-propos/Foreword, *in* ELDIN M. et MILLEVILLE P. (éds) *Le risque en agriculture,* Paris, ORSTOM, coll. À travers champs : 9-15.

MILLEVILLE P., 1989 – Risque agricole et pratiques paysannes : diversité des réponses, disparité des effets, in ELDIN M. et MILLEVILLE P. (éds) *Le risque en agriculture.* Paris, ORSTOM, coll. À travers champs : 179-186.

MILLEVILLE P., 1989 – Activités agro-pastorales et aléa climatique en région sahélienne, *in* ELDIN M. et MILLEVILLE P. (éds) *Le risque en agriculture.* Paris, ORSTOM, coll. À travers champs : 233-241.

MILLEVILLE P., 1989 – Avant-propos au n° spécial « Dynamique des Systèmes Agraires », *Cah. Rech. Dév.*, n° 21, 3 p.

MILLEVILLE P., 1989 – Conditions sahéliennes et systèmes de culture de mil. *Rev. Rés. Amélior. Prod. Agr. Milieu Aride*, 1989 1 : 83-106.

MILLEVILLE P., 1990 – De la rareté du temps à l'abondance de l'herbe : quelques remarques sur les fondements techniques des agricultures pluviales de l'Afrique sahélienne et soudanienne, in *Labours en pays de coopération,* Paris, AFMA : 59-78.

MILLEVILLE P., 1991 – Systèmes de culture, systèmes d'élevage. *in* CLAUDE J., GROUZIS M., MILLEVILLE P. (éds) *Un espace sahélien : la mare d'Oursi, Burkina Faso,* Paris, ORSTOM : 141-178.

MILLEVILLE P., 1992 – Conditions sahéliennes et déplacements des troupeaux bovins (Oudalan, Burkina Faso), *in* LE FLOC'H E., GROUZIS M., CORNET A., BILLE J.C. (éds) *L'aridité, une contrainte au développement,* Paris, ORSTOM, coll. Didactiques : 539-553.

MILLEVILLE P., SERPANTIÉ G., 1992 – Regards sur l'élaboration de la production en agriculture paysanne tropicale. Problèmes de méthodes, in *Seminfor 5 : Statistique Impliquée.* Paris, ORSTOM, coll. Colloques et Séminaires : 107-124.

BOSC P.M., FAYE J., MILLEVILLE P., 1992 – Dynamique des systèmes agraires, in *Environnement et Développement durable. Contribution de la Recherche Française dans les Pays en Développement.* Paris, Ministère de la Recherche et de l'Espace : 8-9.

LERICOLLAIS A., MILLEVILLE P., 1993 – La jachère dans les systèmes agro-pastoraux Sereer au Sénégal, in *La jachère en Afrique de l'Ouest.* Paris, ORSTOM, coll. Colloques et Séminaires : 133-145.

SERPANTIÉ G., MILLEVILLE P., 1993 – Les systèmes de culture paysans à base mil *(Pennisetum glaucum)* et leur adaptation aux conditions sahéliennes, in *Le mil en Afrique.* Paris, ORSTOM, coll. Colloques et Séminaires : 255-266.

MILLEVILLE P., 1993 – La actividad de los agricultores : un tema de investigación necesario para los agrónomos, in NAVARRO H., COLIN J. PH., MILLEVILLE P. (éds) *Sistemas de Producción y Desarrollo Agricola,* Mexico, ORSTOM-CONACYT-Colegio de Postgraduados : 37-41.

MILLEVILLE P. 1994 – Commentaires sur l'article de J. FONTAN « Changements globaux et développement », *Natures, Sciences, Sociétés,* vol. 2, n°2 : 153-154.

MILLEVILLE P., SERPANTIÉ G., 1994 – Dynamiques agraires et problématique de l'intensification de l'agriculture en Afrique soudano-sahélienne. *C.R. Acad. Agr. Fr.,* 80, n° 8 : 149-161.

LE GAL P.Y., MILLEVILLE P., 1996 – Du transfert technique à l'aide à la décision, in *Recherches systèmes en agriculture et développement rural : conférences et débats.* Actes du symposium international « Recherches systèmes en agriculture et développement rural », Montpellier, 21-25 nov. 1994 : 129-140.

LERICOLLAIS A., MILLEVILLE P., 1996 – La recherche face au changement des systèmes de production agricoles sahéliens, *in* Actes du symposium international *Recherches système en agriculture et développement rural,* Montpellier, 21-25 novembre 1994 : 236-241.

LERICOLLAIS A., MILLEVILLE P., 1997 – Les temps de l'activité agricole. *in* BLANC-PAMARD C. ET BOUTRAIS J. (coord) *Thème et variations, nouvelles recherches rurales au sud. Dynamique des systèmes agraires.* Paris, ORSTOM, coll. Colloques et Séminaires : 125-141.

BIARNES A., MILLEVILLE P., 1998 – Du fonctionnement de l'agrosystème aux déterminants des choix techniques. *in* BIARNES A. (éd) *La conduite du champ cultivé : points de vue d'agronomes.* Paris, ORSTOM, coll. Colloques et Séminaires : 13-25.

MILLEVILLE P., 1998 – Conduite des cultures pluviales et organisation du travail en Afrique soudano-sahélienne. Des déterminants climatiques aux rapports sociaux de production. *in* BIARNES A. (éd) *La conduite du champ cultivé : points de vue d'agronomes.* Paris, ORSTOM, coll. Colloques et Séminaires : 165-180.

LERICOLLAIS A., MILLEVILLE P., PONTIÉ G., 1998 – Terrains anciens, approches renouvelées : analyse du changement dans les systèmes de production sérères au

Sénégal, *in* CLIGNET R. (éd) *Observatoires du développement, observatoires pour le développement*. Paris, ORSTOM, coll. Colloques et Séminaires : 33-46.

MILLEVILLE P., 1999 – Techniques des agronomes, pratiques des agriculteurs. *in* CHAUVEAU J.P., CORMIER-SALEM M.C., MOLLARD E. (éds) *L'innovation en milieu agriculture. Questions de méthodes et terrains d'observation*. Paris, IRD, coll. À travers champs : 35-42.

MILLEVILLE P., SERPANTIÉ G., 1999 – Dynamiques agraires et problématique de l'intensification de l'agriculture en Afrique soudano-sahélienne, *in* CHAUVEAU J.P., CORMIER-SALEM M.C., MOLLARD E. (éds) *L'innovation en milieu agriculture. Questions de méthodes et terrains d'observation*. Paris, IRD, coll. À travers champs : 255-269.

LERICOLLAIS A., MILLEVILLE P., PONTIÉ G., 1999 – Terrains anciens, approche renouvelée : analyse du changement dans les systèmes agraires sereer. Introduction générale. *in* LERICOLLAIS (éd) *Paysans sereer. Dynamiques agraires et mobilités au Sénégal*. Paris, IRD, coll. À travers champs : 15-33.

DUBOIS J.P., MILLEVILLE P., 1999 – Évolution des systèmes de production sur les terres neuves. Dispositif d'enquête. Activité agricole et dynamique des systèmes de culture, *in* LERICOLLAIS A. (éd) *Paysans sereer. Dynamiques agraires et mobilités au Sénégal*. Paris, IRD, coll. À travers champs : 383-422.

LERICOLLAIS A., MILLEVILLE P., PONTIÉ G., 1999 – Crise de l'agriculture dans le Sine et stratégies paysannes élargies. Conclusion générale, *in* LERICOLLAIS (éd) *Paysans sereer. Dynamiques agraires et mobilités au Sénégal*. Paris, IRD, coll. À travers champs : 577-591.

MILLEVILLE P., GROUZIS M., RAZANAKA S., RAZAFINDRANDIMBY J., 2000 – Systèmes de culture sur abattis-brûlis et déterminisme de l'abandon cultural dans une zone semi-aride du sud-ouest de Madagascar, *in* FLORET et PONTANIER (éds) *La jachère en Afrique tropicale*, Paris, John Libbey Eurotext : 59-72.

RANAIVOARIVELO N., MILLEVILLE P., 2001 – Exploitation pastorale des savanes de la région de Sakaraha (sud-ouest de Madagascar), *in* RAZANAKA S., GROUZIS M., MILLEVILLE P., MOIZO B., AUBRY C. (éds) *Sociétés paysannes, transitions agraires et dynamiques écologiques dans le sud-ouest de Madagascar*. Antananarivo, CNRE–IRD : 181-197.

MANA P., RAJAONARIVELO S., MILLEVILLE P., 2001 – Production de charbon de bois dans deux situations forestières de la région de Tuléar, *in* RAZANAKA S., GROUZIS M., MILLEVILLE P., MOIZO B., AUBRY C. (éds) *Sociétés paysannes, transitions agraires et dynamiques écologiques dans le sud-ouest de Madagascar*. Antananarivo, CNRE–IRD : 199-210.

GROUZIS M., MILLEVILLE P., 2001 – Modèle d'analyse de la dynamique des systèmes agro-écologiques, *in* RAZANAKA S., GROUZIS M., MILLEVILLE P., MOIZO B., AUBRY C. (éds) *Sociétés paysannes, transitions agraires et dynamiques écologiques dans le sud-ouest de Madagascar*. Antananarivo, CNRE–IRD : 229-238.

MILLEVILLE P., BLANC-PAMARD C., 2001 – La culture pionnière du maïs sur abattis-brûlis (*hatsaky*) dans la sud-ouest de Madagascar. 1 : Conduite des systèmes de culture, *in* RAZANAKA S., GROUZIS M., MILLEVILLE P., MOIZO B., AUBRY C. (éds) *Sociétés paysannes, transitions agraires et dynamiques écologiques dans le sud-ouest de Madagascar*. Antananarivo, CNRE–IRD : 243-254.

MILLEVILLE P., GROUZIS M., RAZANAKA S., BERTRAND M., 2001 – La culture du maïs sur abattis-brûlis (*hatsaky*) dans le sud-ouest de Madagascar. 2 : Évolution et variabilité des rendements, *in* RAZANAKA S., GROUZIS M., MILLEVILLE P., MOIZO B., AUBRY C. (éds)

Sociétés paysannes, transitions agraires et dynamiques écologiques dans le sud-ouest de Madagascar. Antananarivo, CNRE–IRD : 255-268.

BLANC-PAMARD C., MILLEVILLE P., 2004 – Cultiver avec, cultiver contre … les mauvaises herbes. in *Agro-tribulations, l'amitié Pierre-Louis Osty*. Paris, INRA.

LASRY F., GROUZIS M., MILLEVILLE P., RAZANAKA S., 2004 – Dynamique de la déforestation et agriculture pionnière dans une région semi-aride du Sud-Ouest de Madagascar : exploitation diachronique de l'imagerie satellitale à haute résolution. *Photo-Interprétation*, 1 : 26-33.

BLANC-PAMARD C., MILLEVILLE P., GROUZIS M., LASRY F., RAZANAKA S., 2005 – Une alliance de disciplines sur une question environnementale : la déforestation en forêt des Mikea (Sud-Ouest de Madagascar). *Natures Sciences Sociétés*, 13 : 7-20.

Communications à rencontres scientifiques (hors parutions dans ouvrages collectifs)

MILLEVILLE P., DUBOIS J.P., 1975 – Quelques problèmes posés par l'introduction de cultures nouvelles en milieu paysan : deux exemples au Sénégal. *Deuxième conférence générale de l'AAASA*, Dakar 24-28 mars 1975, multigr., 11 p.

GROUZIS M., MILLEVILLE P., SICOT M., 1982 – Activités de l'ORSTOM dans le domaine de la recherche sur les systèmes de production agro-pastoraux et les pâturages sahéliens en Haute-Volta. *Commissions techniques de la recherche agronomique et zootechnique,* 15-19 mars 1982. ORSTOM Ouagadougou, multigr., 15 p.

MILLEVILLE P., 1985 – Approche agronomique globale des processus de production agricole. Séminaire ICARDA, Montpellier, juillet 1985, 3 p.

DUBOIS J.P., LERICOLLAIS A., MILLEVILLE P., PONTIÉ G., 1987 – Terrains anciens, approche renouvelée : analyse du changement dans les systèmes agraires Serer au Sénégal. Communication au Colloque *Dynamique des Systèmes Agraires,* MRES, Paris, nov. 1987, multigr., 38 p.

FILLONNEAU C., MILLEVILLE P., SERPANTIÉ G., 1988 – Recherches sur les systèmes de production à l'ORSTOM. Séminaire du RESPAO, Ouagadougou, 24-26 oct. 1988, multigr., 13 p.

MILLEVILLE P., DUBOIS J.P., 1989 – L'activité agricole dans les terres-neuves : caractéristiques et dynamique des systèmes de culture. *Atelier sur l'évolution des systèmes agraires Sereer.* Montpellier 17-21 avril 1989, multigr., 12 p.

MILLEVILLE P., 1991 – Du souhaitable agronomique au possible agricole : à propos du modèle technique et des vicissitudes de son transfert. *Table-Ronde LEA,* ORSTOM Montpellier, 17-18 oct., 5 p.

CLAUDE J., LAMACHERE J.M., MILLEVILLE P., GROUZIS M., FROMENT A., 1992 – Présentation et caractérisation de l'écosystème. Les ressources naturelles et leur dynamique, *in* OUADBA J.M. et GAUTUN J.C. (éds) : Actes du *Colloque scientifique international sur la mare d'Oursi,* CNRST, Ouagadougou, 17-21 février 1992 : 20-52.

MILLEVILLE P., 1993 – À propos des ressources renouvelables en agriculture : quelques réflexions d'agronome. Séminaire DURR, ORSTOM, Montpellier, 18-20 janvier 1993, 5 p.

MILLEVILLE P., SERPANTIÉ G., 1994 – Intensification et durabilité des systèmes agricoles en Afrique soudano-sahélienne. CTA, 1994 : 33-45. Actes du Séminaire régional *Promotion de systèmes agricoles durables dans les pays d'Afrique soudano-sahélienne,* FAO-CIRAD, Dakar, 10-14 janvier 1994.

MILLEVILLE P., 1994 – La conduite des systèmes de culture dans les exploitations agricoles Serer des Terres Neuves du Sénégal : des conditions climatiques à l'organisation sociale de la production. Communication au séminaire des agronomes de l' ORSTOM, Montpellier, 6-9 septembre 1994.

MILLEVILLE P., 1995 – L'activité des agriculteurs, un nécessaire objet de recherche pour les agronomes. Séminaire franco-vietnamien de sociologie rurale, Hanoï, 29-31 mars 1994, 12 p.

MILLEVILLE P., 1995 – Pratiques des agriculteurs et modèles techniques : quelques réflexions sur l'intensification de l'agriculture en Afrique de l'ouest. Séminaire du LEA, ORSTOM, Montpellier, 11-12 octobre 1995, 9 p.

MILLEVILLE P., 1995 – Confrontation savoirs paysans - savoirs des chercheurs : exposé introductif. *in* Actes du Séminaire *Fertilité du milieu et stratégies paysannes sous les tropiques humides,* CIRAD-Ministère de la Coopération, Montpellier, 13-17 novembre 1995 : 564-565.

LASRY F., GROUZIS M., MILLEVILLE P., RAZANAKA S., 2001 – Dynamique de la déforestation et agriculture pionnière dans une région semi-aride du sud-ouest de Madagascar : exploitation diachronique de l'imagerie satellitale haute résolution. Communication au Symposium international *Les régions arides surveillées depuis l'espace. De l'observation à la modélisation pour la gestion durable.* Marrakech, 12-15/11/2001, multigr., 12 p. + 2 cartes.

Articles dans revues non scientifiques

MILLEVILLE P., GROUZIS M., 1978 – Ressources et exploitation du milieu dans le Sahel Voltaïque. *Bulletin du CESAO,* n° 2 : 12-13.

LERICOLLAIS A., MILLEVILLE P., 1985 – Stratégies paysannes et modèles de production. Forces novatrices des agricultures traditionnelles. *Le Monde Diplomatique,* novembre 1985.

MILLEVILLE P., PONTIÉ G., 1990 – Agricultures : des réponses variées à la crise. *ORSTOM actualités, spécial Sahel,* n° 28, avril-mai 1990 : 17-19.

LERICOLLAIS A., MILLEVILLE P., 1995 – La recherche face au changement des systèmes de production agricole sahéliens. *Marchés Tropicaux,* n° 2591 : 1438-1440.

Documents multigraphiés

DUBOIS J.P., MILLEVILLE P., TRINCAZ P., 1973 – Opération Terres Neuves. Étude d'accompagnement. Rapport d'activités scientifiques de l'équipe ORSTOM et premières réflexions sur le déroulement de l'opération au cours de l'année 1972. ORSTOM Dakar, multigr., 27 p.

DUBOIS J.P., MILLEVILLE P., TRINCAZ P, 1973 – Opération Terres Neuves, projet pilote Koumpentoun-Maka. Étude d'accompagnement, rapport de fin de campagne 1972-1973. ORSTOM Dakar, multigr., 4 fasc.

DUBOIS J.P., MILLEVILLE P., TRINCAZ P., 1974 – Opération Terres Neuves. Étude d'accompagnement. Rapport de fin de campagne 1973-1974. ORSTOM Dakar, multigr., 79 p. + annexes.

DUBOIS J.P., MILLEVILLE P., 1974 – Le projet pilote Koumpentoum-Maka. Situation et résultats après la seconde campagne agricole. ORSTOM Dakar, multigr., 12 p.

DUBOIS J.P., MILLEVILLE P., TRINCAZ P., 1975 – Opération Terres Neuves. Étude d'accompagnement. Rapport de fin de campagne 1974-1975. ORSTOM Dakar, multigr., 2 tomes, 107 et 72 p.

DUBOIS J.P., MILLEVILLE P., TRINCAZ P., 1976 – Opération Terres Neuves. Étude d'accompagnement. Rapport de synthèse. ORSTOM Dakar, multigr., 59 p.

LANGLOIS M., MILLEVILLE P., SODTER F., 1979 – Projet DGRST Mare d'Oursi. Carte toponymique et carte des lieux de résidence en fin de saison sèche 1978. ORSTOM Ouagadougou.

MILLEVILLE P., 1980 – Étude d'un système de production agro-pastoral sahélien en Haute-Volta. Première partie : le système de culture. ORSTOM Ouagadougou, multigr., 66 p.

MILLEVILLE P., TRAORE S., 1980 – Rapport de mission pour le compte de l'Institut du Sahel : Recherches sur les systèmes de production en culture pluviale. Institut du Sahel, Bamako, multigr., 70 p.

MILLEVILLE P., MARCHAL J., 1981 – Enquête sur l'utilisation de quatre mares temporaires de l'Oudalan et l'opportunité de leur aménagement. Projet FED *Développement de l'élevage dans l'ORD du Sahel,* ORSTOM Ouagadougou, multigr., 13 p.

MILLEVILLE P., COMBES J., MARCHAL J., 1982 – Systèmes d'élevage sahéliens de l'Oudalan : étude de cas. ORSTOM Ouagadougou, multigr., 129 p.

MILLEVILLE P., COMBES J., 1982 – Note sur l'utilisation et le projet de surcreusement de la mare de Souringou. ORSTOM Ouagadougou, multigr., 6 p. + carte.

MILLEVILLE P. (coord.), 1995 – Stratégies et comportements des agriculteurs les plus pauvres vis-à-vis de l'intensification et de la préservation des ressources naturelles dans les pays de l'Afrique soudano-sahélienne. FAO, LEA, multigr., 141 p.

MILLEVILLE P., MOIZO B., BLANC-PAMARD C., GROUZIS M. (éds), 2000 – Sociétés paysannes, dynamiques écologiques et gestion de l'espace rural dans le Sud-Ouest de Madagascar. Rapport final, Programme Thématique CNRS « Systèmes Écologiques et Actions de l'Homme », IRD-CNRE-CNRS, multigr., 125 p.

Fichier préparé par Nicolas Perrier, société 4P
Imprimé pour vous par Books on Demand (Allemagne)